ブライアン・ヘイズ

# ベッドルームで群論を

## 数学的思考の愉しみ方

冨永星 訳

みすず書房

# GROUP THEORY IN THE BEDROOM,

and Other Mathematical Diversions

by

Brian Hayes

First published in 2008 by Farrar, Straus & Giroux.

担当してくれた編集者の方々へ

ベッドルームで群論を　目次

はじめに　1

1　ベッドルームで群論を……5

マットレスを一定の操作でひっくり返し、マットレスがとりうるすべての配置を順繰りに実現する方法はあるのか？　群論は、「マットレス返しの黄金律」が実はこの世にないことなど、興味深い事実を教えてくれる。

2　資源としての「無作為」……29

「無作為（ランダムさ）」が枯渇するかもしれないとは、ふつうは考えられていない。非常に質の高い「無作為」は有益であり価値もあるのだが、困ったことに、わたしたちは無作為を生みだす術を知らない。では、無作為をどうやって入手する？

3　金を追って……49

金持ちはさらに豊かになり、貧乏人はさらに貧しくなる。それを裏付ける事実には事欠かず、そこに抗いたがい物理法則があると思えてくるほどだ。わたしたちの直感が当たっているかどうか、富の分配をシミュレーションしてみよう。

4　遺伝暗号をひねり出す……77
DNAの二重らせん構造の解明以降、生物学者たちは「遺伝暗号」解読のパズルにこぞって取り組んだ。わたしはその当時の研究に魅せられた……理論家たちが編みだしたエレガントな暗号にくらべれば、本物の遺伝暗号のほうが見劣りするほどだ。

5　死を招く仲違いに関する統計……105
ルイス・フライ・リチャードソンによる武力衝突の数学の研究によれば、戦争は気体分子の衝突のようにランダムで、いつどこで起こるかをあらかじめ知ることはできないが、長期的に見ればいくつくらい起こるのかはわかる。

6　大陸を分ける……127
北米大陸を横断するときに、分水嶺が最も高い地点になるとはかぎらない。だとすると、分水嶺を分水嶺たらしめているのはいったいなんなのか。幾何学的なものなのか、それともトポロジー的なものなのか。

7　歯車の歯について……149
計算の歴史において、歯車がいかに重要だったかは想像にかたくない。しかし、歯車の歴史において計算がどれほど重要だったかは、あまり知られていない。歯車の歯の数を計算するアルゴリズムを模索した、時計職人たちの思考の跡をたどる。

8　一番簡単な難問　171
$n$個の整数を二組に分けて、二組の整数の和がなるべく近い数になるようにする。子どもたちが力の拮抗する二つのチームを作るのにも似たこの課題は、実は「NP完全」という、難しいことで悪名高い問題に分類されている。

9　名前をつける　193
物に名前をつけたり番号を振ったりする作業は、今や大きな頭痛の種となっている。いろいろなものの「名前空間」が、すでに満杯になりつつあるのだ。それに、名前のつけ方にうまい下手があるのなら、やはり賢明な名前をつけたいではないか。

10　第三の基数　215
人間は10ずつまとめて数え、機械は2ずつまとめて数える。それらほど広く知られておらず、使われてもいない3進法には、実はユニークな利点がある。さあここで、3進法のすばらしさをご堪能あれ。

11　アイデンティティーの危機　243
等号＝の意味は、一見明快なように見える。しかし、同一や均等といった概念の微妙さは、ときとして数学の世界に問題を引き起こす。またコンピュータの世界では、2つのものを「同じ」にするにも、それを確認するにも技術が要る。

12　長く使える時計……265
長期的な視点でものごとを考えるのは難しい。実に一万年使えるストラスブールの時計は、どんな展望をもって作られたのだろう。人が「未来の世代のため」に語るとき、それは誰にとって望ましい未来なのか。

訳者あとがき　291
参考文献
索　引

装画　落合佐和子

# はじめに

バイオリンを片手にステージにあがると、指揮者はこちらに向かってうなずき、聴衆は静まりかえる。ところが次の瞬間に、パガニーニの難曲を下稽古していなかったことに気づく。それどころか、一度もバイオリンを弾いたことがない。

わたしは昔から幾度となく、この古典的な夢をあれこれ形を変えて見てきた。そして一度などは、この悪夢を地でいったことがある。一九八〇年代のはじめに、わたし自身も編集に携わっていた『サイエンティフィック・アメリカン』誌が、「コンピュータを使う喜び」をめぐって「コンピュータ・レクリエーション」という月刊コラムをはじめようとしたときのことだった。それなら自分が書こう、とわたしは申しでた。そして、それまで一度もコンピュータに手を触れたことがなかったので、まずコンピュータを買いにいった。

それから数週間、手に汗握る瞬間もあれば、こんなことをはじめてよかったのだろうかと疑わしく思える瞬間もあった。それでも結局、恐れていたような悪夢に至らずにすんだのは、一つには、たくさんの救いの手が差し伸べられたおかげだった。コンピュータ業界きっての達人たちは、わたしを根気よく指導してくれたし、『サイエンティフィック・アメリカン』誌のコラムを長年担当してきたマーティン・ガードナーやダグラス・ホフスタッターも、助言をくれた。だがなんといっても、コンピュータはバイオリンとは違う、ということを発見したのが大きかった。天賦の才能や、たゆみない努力などなくても、コンピュータからは美しい調べを引きだすことができる。それどころか、コンピュータはずば抜けて寛容な道具で、使う人の才能をふくらませたうえに、欠点や過ちを補ってくれる。些細な例でいうと、ワープロは日々わたしたちの綴りを訂正してくれるし、検索エンジンのグーグルはちょっとした勘違いを訂正してくれる。そしてもっと深い意味でも、コンピュータは、人がものごとを理解し、調べ、問題を解決するのを助けてくれるのだ。

『サイエンティフィック・アメリカン』誌の「コンピュータ・レクリエーション」と題するコラムの執筆という即興演奏は、数ヶ月で幕を閉じ、わたしはふたたび編集の仕事に戻ったが、コンピュータや数学をめぐるコラムの執筆という火遊びは、わたしの心に鮮明な印象を残した。そこで、一年後に雑誌編集の仕事から身を引いたわたしは、このやけぼっくいにふたたび火をつけることにした。『コンピュータ・ランゲージ』という雑誌にたくさんのコラムを書き、ニューヨーク・サイエンス・アカデミーの『ザ・サイエンス』という雑誌にもいくつかのコラムを書いた。（残念ながらこれらの雑誌はすでに廃刊になっている。）また、一九九三年からは、シグマ・ザイという科学研究団体の雑誌『アメリカン・サイエンティスト』に、コンピュータ・サイエンス（計算機科学）のコラムを書いている。本書の最後の章に収めた「長く使える時計」は『ザ・サイエンス』に載った文章で、そのほかの文章はすべて『アメリカン・サイエンティスト』に載ったものである。

この本では、（戦争と平和や、富と貧困といった）非常に深刻な問題から、（マットレス返しの数学のような）実に軽薄な問題まで、さまざまな問題を取り上げた。コンピュータがシリコンチップではなく真鍮の歯車で作られていた時代を振り返ったものも二つあり、自然そのものがDNAを解釈するために作った枠組みよりも（わたしの好みでいえば）はるかにエレガントな架空の遺伝暗号について論じた章があるかと思えば、二つの物が等しいということの意味をめぐるきわめて微妙な問題について論じた章もある。これらのコラムを書きはじめたときにわたしが掲げた「コンピュータを使う喜び」というモットーは、本書にもぴったりといえそうだ。

これらの随筆は十年以上にわたって執筆されたもので、なかには、いささか古色がつきはじめたものもある。そこで、そのテーマについての最近の情報を加味するために、それぞれの章の終わりに、「後から考えてみると」という一節をもうけた。文章そのものを大幅に変更することはできるかぎり慎んだが、実はわたしは、編集者をいらだたせることにかけては名うての執筆者で、原稿についつい手を加えてしまう。あちこちにあったちっぽけなミスは知らん顔で訂正してあるし、文章をわかりやすくしたいという誘惑に勝てずに、一節丸ごと手を加えた箇所もある。大きなへま（一つではない）は、「後から考えてみると」で取り上げた。

すべてが著者であるわたしと編集者との共同作業であり、なかでも、（現在は『サイエンティフィック・アメリカン』にいる）『ザ・サイエンス』のピーター・ブラウンと、『アメリカン・サイエンティスト』のロザリンド・リードとデイヴィッド・シュナイダーとフェネッラ・ソーンダーズの助力に感謝したい。（また、これらの随筆をあらためて世にだすことを許してくれた、これらの雑誌にも感謝する。）三十年来の同僚であり友達でもあるジョセフ・ヴィスノフスキーが、この本の出版を監督してくれた。そして最後に、わたしは著作のすべてを、『サイエンティフィック・アメリカン』の最盛期の編集者にして、当時の科学物の執筆者にとってのよき指導者であった故デニス・フラナガンに負うている。

# 1　ベッドルームで群論を

先日の晩、いくら羊を数えても眠れそうになかったわたしは、とうとうマットレスの返し方を数えはじめた。昼のうちに、ベッドのマットレスをひっくり返しておいたのだが、この作業をめぐるある謎を解くことができず、不満が鬱積していたのである。自分の尻が当たる所だけマットレスがへこむのは嫌だといって、わざわざマットレスをひっくり返すくらいなのだから、何事も正確に、マットレスをそのつど別の方向に向けて、マットレスのでこぼこをならし、偏りがないようにするべきだ。ところがやっかいなことに、マットレスを返してから、次に返すまでにかなりの間があるので、前回どう動かしたのかを忘れてしまう。その晩わたしはベッドのなかで、ああでもないこうでもないと頭のなかでこの問題をひっくり返し、「マットレス返しの黄金律」を探しつづけた。

黄金律というからには、誰にでもつねに通用する普遍的規則でなくてはならない。黄金律のお手本ともいうべき、自分がされたくないことは人にするな、という有名なルールは、たしかにこの要件を満たしている。また、「車は左側を」という道路交通のルールも（あるいは、「車は右側を」でもかまわない。どちらの側であろうと、みんなが同じ側を選ぶということが重要なのだ）やはりこの要件を満たしている。しかしだからといって、どんな規則でもすんなり一般化できるというわけではない。すべての扉に「別の扉をお使いください」という標識を貼っても、なんの役にも立たない。仮に「マットレス返しの黄金律」があるとすれば、その規則は、つねにまったく同じように実行できるいくつかの幾何学的な行動からなっていて、この手順を繰り返すだけで、マットレスのあらゆる敷き方が順繰りに実現されるはずだ。このアルゴリズムにしたがえば、裏返したり回したりが一度ではすまず、毎回余分な労力を使う羽目に陥るかもしれないが、少なくとも、記憶するという精神の労力は省くことができる。

残念ながらここで、この問題についてあれこれ考えて眠れぬ夜を過ごしたことがある読者の皆さんに、芳しからぬお知らせをしなくてはならない。この随筆には、「マットレス返しの黄金律」はでてこない。実は「マットレス返しの黄金律」は、少なくとも当初わたしが思い描いたような形では、この世に存在しないのだ。とはいえ、どうかこの先をお読みいただきたい。というのも、マットレス返しのアルゴリズムを探していくと、いくつかの興味深い数学、寝室だけでなくガレージや朝食のテーブルにも関係する数学が見つかるからだ。それに、「マットレス返しの黄金律」そのものは示せなくても、実際的な助言ならして差し上げられると思う。

## 眠れる者よ、目を覚ませ

朝になって、グーグルに「マットレス返し」という言葉を入れて検索をかけたところ、このくだらない雑用にとりつかれているのはわたし一人でないことが判明した。「そうじの女王」というサイトを開いているリンダ・コブは、マットレスを季節ごとにひっくり返すよう勧めている。春と秋は長辺に沿って、夏と冬は短辺に沿って。それとも逆だったろうか。よく覚えていない。かと思うと、「ありとあらゆることのやり方を、明快に教えます」と銘打ったeHow《イーハウ》というウェブサイトには、次のような助言が載っていた。「マットレスは、年に二回──製造者から特別な指示がある場合はもっとひんぱんに──回します。使いはじめて六ヶ月経ったら、完全にひっくり返します。さらに六ヶ月経ったら、今度はひっくり返したうえで、頭と足が逆になるように回転させます」。これで、明快といえるのだろうか。どうやれば、不完全にひっくり返したことになるんだ？　それに、回転させるのとひっくり返すのと回すのは、正確にはどう違うんだろう。さらに、最後にでてくる、ひっくり返して回転させるというのは、一回の動作ではできないものなのだろうか。

「フィルが語る家具についてのほんとうのこと」というウェブサイトでは、ご丁寧にこれらの言葉を定義してあった。「ひっくり返すというのは上下を完全にひっくり返すことで、回転させるというのはマットレスを平らなままで4分の1回転させること」（試しに4分の1回転させてみたが、あまり寝心地がよさそうではなかった。）さらに、何十というウェブサイトに左図のような図が載っていて、はじめてこの図にいきあたったときには、一瞬、ついに黄金律を見つけた！と思った。4分の1回転させて、それからひっくり返して、さらに4分の1回転すると……「これで完成……上下はひっくり返ったし、頭と足も逆になりました！」というわけだ。きっとこれが魔法の公式なのだ。ところがどっこい。マットレスの小さな模型を使って実験してみたところ、わたし自身はペーパーバックの本をマットレスに見立てたのだが、この図にある御念の入った操作をおこなうと、半回転させてから頭と足をひっく

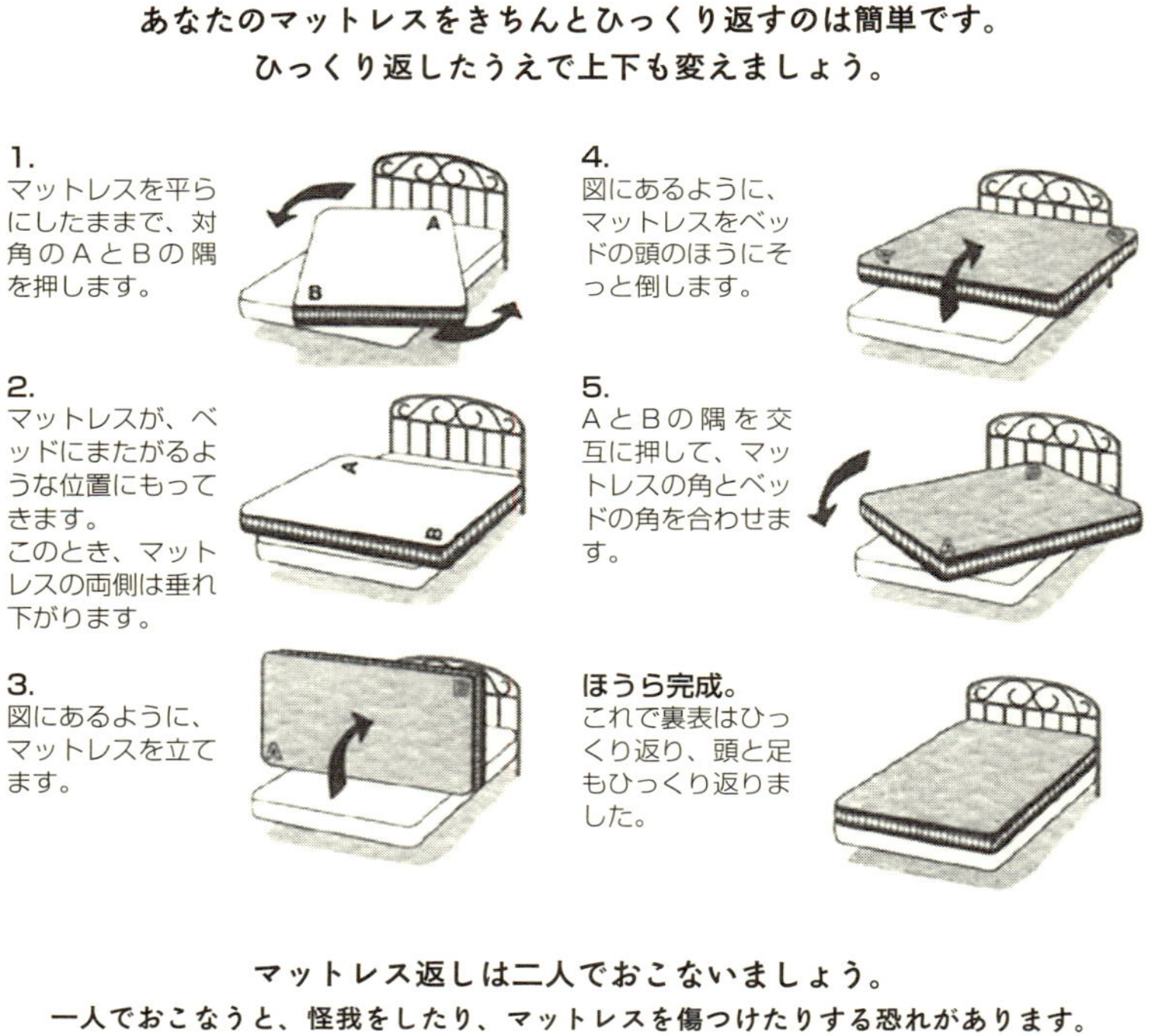

**あなたのマットレスをきちんとひっくり返すのは簡単です。**
**ひっくり返したうえで上下も変えましょう。**

**1.**
マットレスを平らにしたままで、対角のAとBの隅を押します。

**2.**
マットレスが、ベッドにまたがるような位置にもってきます。
このとき、マットレスの両側は垂れ下がります。

**3.**
図にあるように、マットレスを立てます。

**4.**
図にあるように、マットレスをベッドの頭のほうにそっと倒します。

**5.**
AとBの隅を交互に押して、マットレスの角とベッドの角を合わせます。

**ほうら完成。**
これで裏表はひっくり返り、頭と足もひっくり返りました。

**マットレス返しは二人でおこないましょう。**
**一人でおこなうと、怪我をしたり、マットレスを傷つけたりする恐れがあります。**

いくつかの製造業者や小売業者は、マットレス返しの方法として、「裏表を返して頭と足をひっくり返す」ことを勧めている。つまり、マットレスを２つの軸のまわりで回転させるのだ。ところが実際には、短い辺が入れ替わるようにくるりと返してしまえば、１つの動作でまったく同じ結果が得られる。（ヴィヴェティーク Vivetique 社の好意により「ナチュラル・ベッドルームのパンフレット」より転載）

り返したのと同じになることがわかった。（とはいえこのややこしい手順にしたがうのも、部屋の天井が低い場合は悪くない。）

## 空飛ぶマットレスに乗って

これらの回転やひっくり返しの意味を理解するには、まず、明確な表記を決めなくてはならない。マットレスを回転させる場合、互いに直行する3本の中心軸が考えられる。そこで、これらの軸を $x$、$y$、$z$ としてもよいのだが、それではどれがどれだったのかわからなくなりそうなので、飛行術の用語を使うことにしよう。マットレスをヘッドボードに向かって飛ぶ飛行機に見立てると、3つの回転は、横揺れ——つまりローリング——と、縦揺れ——つまりピッチ——と、偏揺れ——つまりヨー——に相当する。ロールの回転軸は、マットレスの一番長い辺（頭から足まで）と平行で、ピッチの回転軸は、その次に長い辺（右端から左端まで）に平行で、ヨーの回転軸は、最も短い辺（上下）と平行になる。

さて、この3本の軸を中心にしてマットレスを180度回転させる操作は、シンメトリーな操作である。つまり、マットレスをベッドの上にきちんと置いてこれらの操作をおこなうと、マットレスの状態は前と変わるが、やはりベッドの上にきちんと収まる。したがって、マットレスの表面にまるで目印がなく、いっさい区別がつかない場合は、シンメトリーな操作の前と後の状態を区別することはできなくなる。ここで、回転の大きさが180度未満だと、前とは同じに見えなくなることに注意しておこう。

「フィルが語る家具についてのほんとうのこと」の助言には4分の1回転が登場するが、軸をどう選んでも、4分の1回転させただけでは、マットレスが実に寝にくい状態になるのは明らかだ。さらに、マットレスはふつう長方形（専門用語ではオルソトープ）なので、対称軸はこの3本しかない。対角線を中心軸にして半回転させると、マットレスが斜めにずれてしまうのである。

マットレスには、眠るのに適した面が2つあり、それぞれの面の置き方は、どの短辺をヘッドボードに向けるかによって2通りあるから、全部で4つの配置が考えられる。仮に「マットレス返しの黄金律」があるとすれば、この法則を繰り返し適用するうちに、すべての配置が実現され、最後にまた元の状態に戻ってくるはずだ。基本になる3種類のシンメトリーな操作のどれか1種類だけをおこなってもうまくいかないことは、簡単にわかる。マットレスの頭と足をひっくり返しつづけても、（つまり、ピッチ軸の周りを何度回転させても）、4通りある置き方のうちのたった2種類のあいだを行ったり来たりするだけで、ほかの2つには決してたどり着かない。ロール軸のまわりの回転やヨー軸のまわりの回転のみをいくら繰り返しても、やはり2つの状態（ただし、それぞれ異なる状態の組み合わせになる）のあいだを行ったり来たりするだけだ。1種類の操作だけではだめなのだから、当然黄金律は、ロール回転をしてからピッチ回転をして、さらにさっきとは別の方向にロール回転をしてからヨー回転をするといったふうに、いくつかの操作を組み合わせたややこしい動きになるはずだ。

## マットレスの乗法

このような魔法の回転をなにがなんでも見つけだそうと、マットレスをあれこれひっくり返してごらんになるのもよいだろう。でもひょっとすると、すこしばかり数学をもちこんだほうが楽になるかもしれない。数学のなかでも、昔からシンメトリーの研究に使われてきた群論というツールが役に立ちそうだ。

一般に、いくつかの対象とそれらを組み合わせるための操作をまとめたものを「群」という。たとえば数を対象として、足し算やかけ算を操作とみなせば、群ができる。ところがマットレス返しの場合には、操作そのものが群の要素、つまり対象になる。マットレスのひっくり返し方にはいろいろあるが、これらの要素を組み合わせるときの規則は、ある操作に続いて別の操作をすることに尽きる。

しかし、どんな操作を集めてきても群ができるというわけではなく、群には4つの条件がある。まず、集めてきた操作のなかに、恒等の操作、つまりその系をまったく変えない操作がなくてはならない。マットレス返しの場合は、当然、まったくいじらないことが恒等操作になる。

次に、どの要素にも逆がなくてはならない。つまり、状態を「元へ戻す」操作が含まれている必要がある。マットレス返しの場合は、この条件も簡単に満たされる。基本的な3つの回転は、それじたいが自分の逆になっていて、マットレスをロール軸のまわりに半回転させてからもう一度同じことをすると、マットレスは元の状態に戻るし、ピッチ軸やヨー軸の周りを半回転させても、ふたたび同じことを繰り返せば、やはり元の状態に戻る。（いうまでもなく、何もしないという恒等要素は、それじたいの逆になっている。）

第三に、集めた操作が群となるには、それらの操作が結合則にしたがっていなくてはならない。つまり$f$、$g$、$h$がその群の操作だとすると、$(fg)h$と$f(gh)$はつねに等しい。この結合法則はマットレス返しでも成り立つが、とくにおもしろい話でもないので、これ以上は触れない。

そして最後に、群は閉じていなくてはならない。つまり、これらの操作の集まりはある意味で完全でなくてはならない。もっとしゃっちょこばっていうと、$f$と$g$の2つの操作が群の要素であるとき、$f$に続いて$g$をおこなうという操作もその群に含まれていなければならない。閉じているという言葉の意味をはっきりさせるには、次のページの図のような群の「乗積表」を作ってみるとよい。この表には、I、R、P、Y（恒等操作と、ロール軸、ピッチ軸、ヨー軸の周りの180度回転）の4つの回転を組み合わせてできる回転がすべて載っている。ここで鍵となるのが、どの2つの操作を組み合わせても、必ずいずれかの基本操作と同じ結果になるという事実で、たとえば、ロールしてからヨーすると、ピッチしたのと同じ状態になるのだが、実はこれが、黄金律探索の成否を決めている。この表を見ると、基本操作をどう組み合わせようと、1つの操作で置き換えられることがわかる。ところが、1種類の操作をどんなに繰り返しても網羅できないマットレスの置き方があることは、すでにわかっている。よって、組み合せのいかんにかかわらず、2つの操作では黄金律はできない。

では、シンメトリーな操作をもっとたくさん、何種類も続けてみたらどうだろう。それでもやはり無理だ。誰かが進みでて、ロールやピッチやヨーを組み合わせた複雑な$n$段階の操作をすれば黄金律が得られる、といったとしよう。しかしあの乗積表を使うと、最初の2つの操作を1つの操作で置

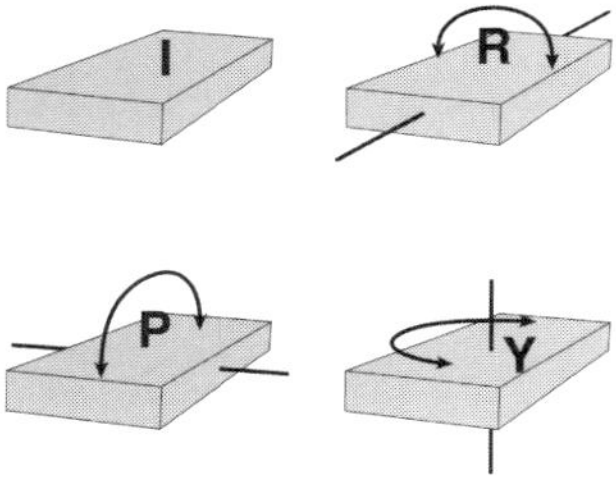


次の操作（列）／最初の操作（行）

| | I | R | P | Y |
|---|---|---|---|---|
| I | I | R | P | Y |
| R | R | I | Y | P |
| P | P | Y | I | R |
| Y | Y | P | R | I |

マットレスを回転させたりひっくり返したりする方法をすべてまとめると、数学でいうクラインの四元群という構造になる。ここで許されるのは、何も操作せずにマットレスをそのままにしておく恒等（I）とロール軸（R）、ピッチ軸（P）ヨー軸（Y）の周りの180度回転の4つの操作だけである。マットレスがベッド枠にぴたりとはまって正しい位置にくる操作は、この4つしかないのだ。右の図にあるのは、2つの操作を組み合わせた結果を一覧にした群の「乗積表」で、たとえば、ロール軸の回転をしてからピッチ軸の回転をすると、ヨー軸の回転と同じになる。これらの操作はそれぞれが自分自身の逆の操作になっていて、同じ操作を2回続けると、何もしなかったのと同じになる。

き換えることができるから、元の $n$ 段階の操作と同じ結果を生む $n-1$ 段階の操作があることになる。さらに乗積表を繰り返し使いつづけると、結局は、その操作の列全体がたった1つのシンメトリーな操作で置き換えられることになるが、1回の操作が黄金律でありえないことは、すでに明らかである。

ちょっと待った！　ひょっとすると、対角線のまわりで回転させたり、4分の1回転させたりといったシンメトリーでない操作をすれば、黄金律が作れるのかもしれない。だがやっかいなことに、およそ立派なマットレス返したるもの、マットレスがベッドの枠にちゃんと収まった正しい状態（全部で4通り）からはじまって、正しい状態で終わらなければならない。別に、途中で一輪車に乗って、頭にマットレスを乗せて指でくるくる回そうが何をしようが、いっこうにかまわないのだが、下に降ろした段階では、

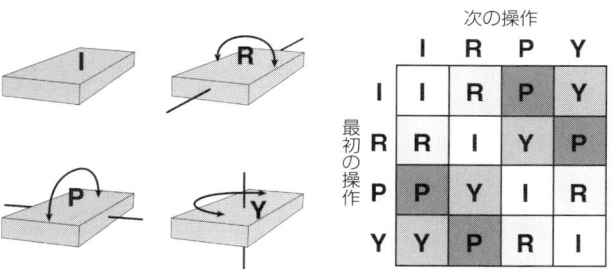

正味の回転の効果しか残らない。しかるにこの群の乗積表によれば、いかに軽業的な操作を試みたところで、その結果はシンメトリーな基本操作I、R、P、Yのどれかで置き換えられる。

したがって、黄金律はマットレスの下には隠れていないと言いきれるのである。

## ガレージで群論を

マットレス返しよりも数学的に楽に扱える家事が、ないわけではない。たとえば車のタイヤの位置を取り替える作業の場合、黄金律は簡単に見つかる。単純な戦略のひとつに、つねに時計回りに4分の1回転させるという方法があって、右前のタイヤを右後ろに、右後ろのタイヤを左後ろに、という具合に移していけばよい。あるいは、反時計回りに4分の1回転させてもいい。どちらにしても、同じ手順を4回繰り返すと、すべてのタイヤがすべての隅をめぐって元の場所に戻る。

タイヤの交換とマットレス返しがここまで違うのは、これらの作業の裏に潜む群が違っているからだ。4分の1回転させるという操作は、実は「位数4の巡回群」という群の要素である。位数4の巡回群は、平面内で回転する（が、平面からもち上げたりひっくり返したりはできない）正方形のシンメトリーを表す群で、0度の回転（恒等要素）と90度の回転と、180度の回転と270度の回転が、この群の基本となるシンメトリー操作になる。（あるいは270度の回転を、逆方向に90度の回転と呼んでもよい。）左の図は、位数4の巡回群の乗積表で、4分の1回転と4分の3回転の2つの操作が、この群の黄金律になる。つまり、これらの操作を繰り返せば、正方形をあらゆる方向に回転させることができるのだ。

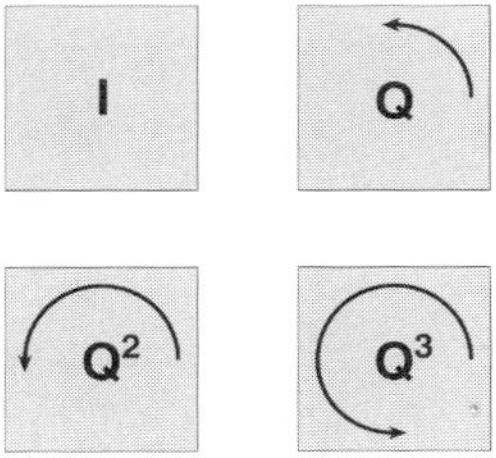


次の操作 / 最初の操作

| | I | Q | $Q^2$ | $Q^3$ |
|---|---|---|---|---|
| I | I | Q | $Q^2$ | $Q^3$ |
| Q | Q | $Q^2$ | $Q^3$ | I |
| $Q^2$ | $Q^2$ | $Q^3$ | I | Q |
| $Q^3$ | $Q^3$ | I | Q | $Q^2$ |

位数4の巡回群は、平面に閉じこめられた正方形のシンメトリーを表していて、4つの要素からなる群は、クラインの四元群とこの群しかない。この群の要素は、恒等操作（I）と90度の回転（Q）と180度の回転（$Q^2$）と270度の回転（$Q^3$）である。最後の動きは、逆方向への90度回転ととらえることもできる。Q、$Q^2$、$Q^3$と書くのは、4分の1回転を1回、2回、3回行っていることをはっきりさせるためである。この群が位数4の巡回群と呼ばれるのは、操作Qを4回続けておこなえば、正方形の4つの方向すべてを経て元の状態に戻るからで、$Q^3$を4回続けても同じことが起きる。ところがクラインの四元群では、どれかひとつの操作を繰り返しても、すべての状態を作りだすことはできない。

先ほど論じた別の群、マットレス返しの裏に潜んでいた群のほうは、ドイツの数学者フェリックス・クラインにちなんでクラインの四元群と呼ばれている。この群は、正方形ではなく長方形のシンメトリーを表す群で、しかもこの場合の長方形は3次元にあってひっくり返すことができる。（あるいは、鏡に映すことができるといってもよい。）

この2つの群の乗積表を見くらべると、ある重要な類似点が浮かび上がってくる。どちらも、（左上から右下に走る）対角線に関して対称なのだ。言い換えれば、$j$列$k$行の記号と$k$列$j$行の記号はつねに一致する。したがって、2つの操作を続けておこなうときに、操作の順序を入れ替えても結果は同じになる。マットレスでいうと、ロールさせてからヨーさせても、ヨーさせてからロールさせても、結果は同じになるのである。このよう

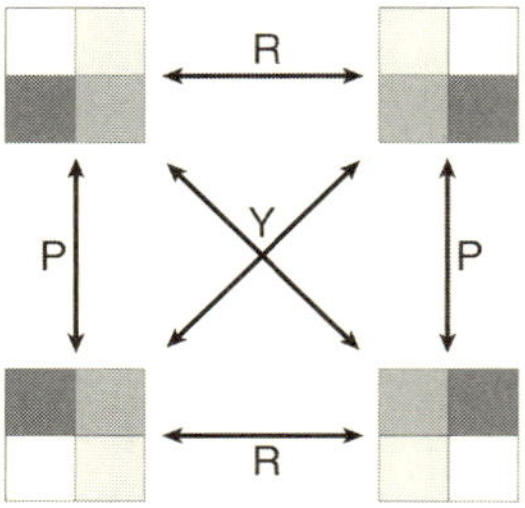


クラインの四元群

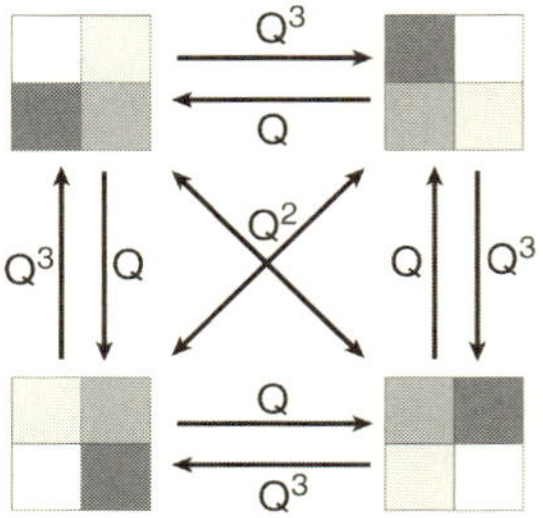


位数４の巡回群

4つの要素からなるこれら2つの群が引き起こす変化は、一見たいへんよく似ているが、実は微妙な違いがあるために、タイヤの交換よりもマットレス返しのほうが難しくなっている。この2つの群はどちらも、4つの状況（ここでは四角の向きや状態で表現）からなる系に働きかける。ところが、この2つの図に示されている4つの状況はそっくり同じではない。たとえば、クラインの四元群の右上の状況は、位数4の巡回群のどの状況とも異なる。位数4の巡回群のQや$Q^3$という操作は黄金律になっていて、どちらかの操作を繰り返しおこなうと、4つの状態をすべて作りだすことができる。ところがクラインの四元群には、黄金律となる操作が一つもない。いくつかの動きを組み合わせないと、4つの状態をすべて作りだすことはできないのだ。

な性質をもつ群を可換群、あるいはノルウェーの数学者ニールス・ヘンリック・アーベルにちなんで、アーベル群という。

実は、要素が4つしかない群は、位数4の巡回群とクラインの四元群の2つしかないことは、すでに明らかになっている。したがって、4つの操作を群の条件を満たすように組み合わせると、どうしてもどちらかの群になってしまう。ところがこの2つの群は、さらに大きな、4つのものを並べ替えるやり方すべてを集めた$S_4$と呼ばれる群に埋めこまれている。そこで今度は群論を台所にもちこむと、$S_4$は、四人家族の朝食のすべての席順を集めたものとみなすことができる。最初に起きてきた人は、4つある席のどれを選んでもよい。次に起きた人は、残る3つの席から選ぶことになり、3番目

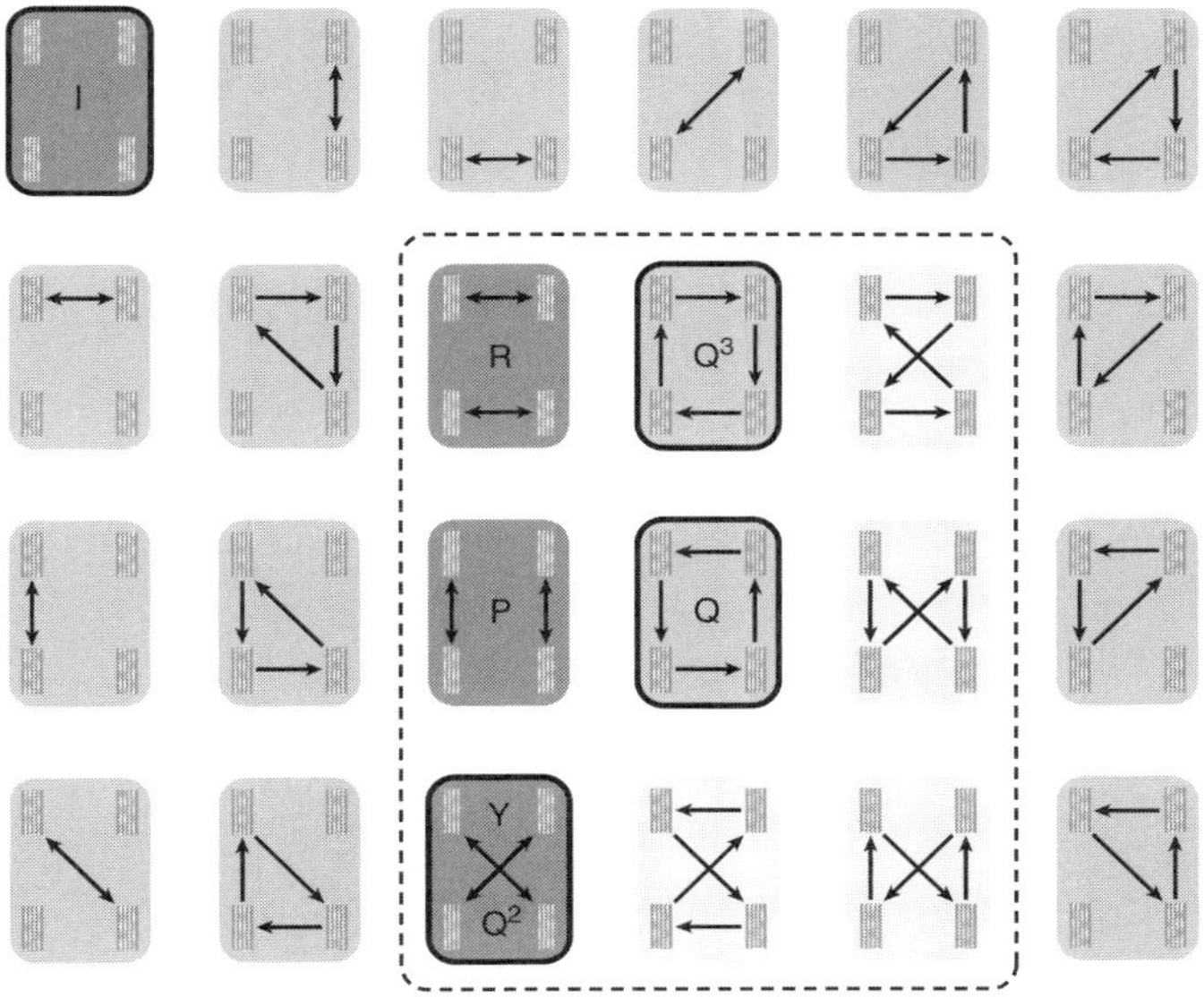


車のタイヤ交換のパターンをすべて並べ上げると、4つの物の並べ方すべてを集めた群、つまり24個の要素からなる$S_4$という群ができる。クラインの四元群も位数4の巡回群も、$S_4$の部分群である。この図の濃い灰色をしているのがクラインの四元群の要素で、太い輪郭で縁取ってあるのが巡回群の要素だ。（両方の群に属する操作もある。）点線で囲った9つの操作は、すべてのタイヤが移動する攪乱である。攪乱には、あと4つの操作（明るい灰色）が含まれていて、これらはすべてタイヤ交換の黄金律になるが、マットレス返しの黄金律にはならない。

の人は残る2つのどれかになって、最後の人は残った席に着くしかない。だから、4人の席順は4の階乗（4!と書く）通り、すなわち、4×3×2×1＝24通りになる。つまり、$S_4$の24個の要素は食卓の席順のすべての変え方に相当するのである。

これら24通りの並べ替えのなかには、誰ひとり元と同じ席には座らない「攪乱」が9つ含まれている。ちなみに、クラインの四元群や位数4の巡回群の要素は、恒等操作をのぞけばすべて攪乱である。$S_4$にはこのほかに、クラインの四元群にも位数4の巡回群にも属さない攪乱が4つあり、この残った攪乱からも、タイヤ交換に使えるパターンが得られる（前ページの図を参照）が、それらの攪乱も、やはりマットレス問題の解には結びつかない。

## 次善の方策

マットレス返しに黄金律がないというのには、いささかがっかりさせられるが、なに、文明の消滅が予言されたわけでなし。事実を受け入れて、現実と折りあいをつけることは可能だ。

今、マットレスを定期的にひっくり返すことにしよう。ただし、どの軸を中心に回転させるかは、毎回でたらめに選ぶ。さて、このどこからどう見ても最適とはいいがたいアルゴリズムには、はたしてどれくらいのデメリットがあるのだろう。理想的なスケジュールで回転させると、マットレスはどの向きも均等にへたる。そこで、手早くコンピュータ・シミュレーションをしてみると、十年間、季節ごとにマットレス返しをランダムにおこなった場合、全体の31パーセントを最もよく使われる向き

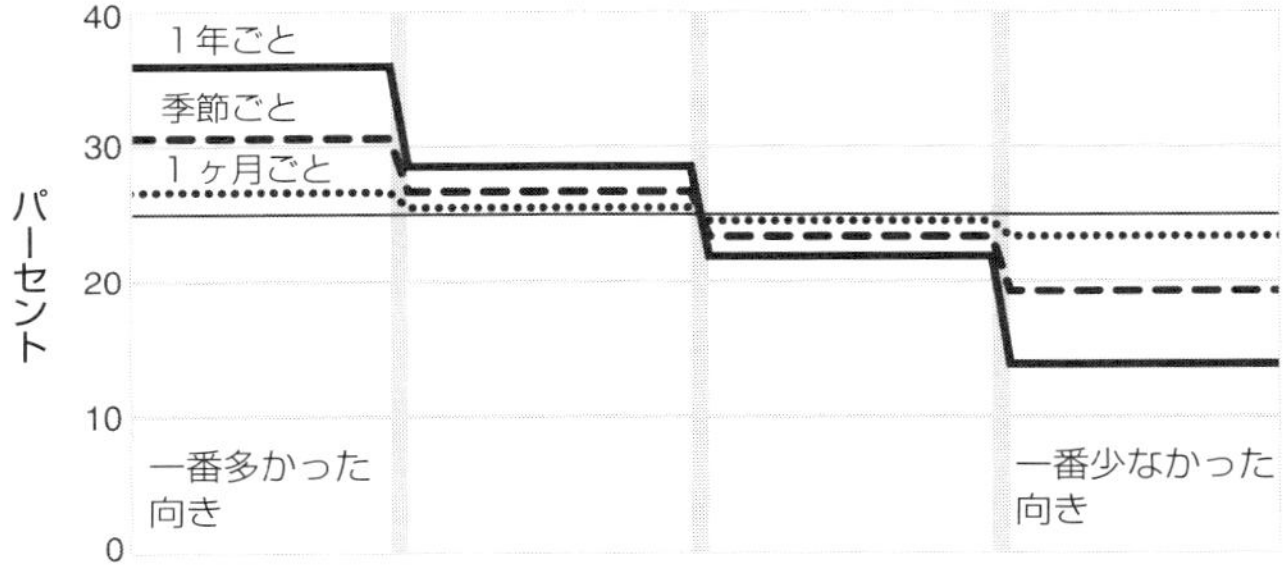


マットレスを返す人がそれほど神経質でなければ、最も簡単なアルゴリズムでことたりる。どうするかというと、この前どうやったかを思いだすのはやめて、とにかくでたらめに軸を決めるのだ。上の図は、この手順にしたがって10年間マットレスを返しつづけた場合の結果予測である。どの向きも25パーセントずつへたれば、これはもう申しぶんなし。だが、1年に1度だけランダムに返すことにすると、マットレスの向きのなかで、一番多かった向きが36パーセントを占め、一番少なかった向きが14パーセントを占める。そこで、季節ごとにマットレス返しをすると、多少バランスがよくなって、最多対最少が31パーセント対19パーセントになる。さらに、マットレスを1ヶ月に1度返すことにすれば、その差は一段と縮まる。（もっとも、マットレスを毎月返すくらい強迫的な性格の持ち主なら、1ヶ月前にどう返したのかも覚えているはずだ。）

が、19パーセントを最も少ない向きが占めることになる。アンデルセン童話の「豆粒の上に寝たお姫様」に登場するお姫様並にマットレスのでこぼこに敏感な人はいざ知らず、へたり具合の偏りが±6パーセント程度で収まるのだから、これで十分といえそうだ。

だが、もっといい手がある。インチキをすればよいのだ。

マットレス返しに黄金律がないというのは、マットレスの面に印がついていない場合、つまり、4つの置き方がまるで区別できない場合の話だ。ところが表面に印をつけてもよいことにすると、状況はがらりと変わる。ここで、マットレスの4つの向きをすべて調べ上げて、それぞれの向きに、{0、1、2、3}と番号を振ったとしよう。マットレスをベッドの上に置いたときに、4つの数のどれかがマットレスの上のヘッドボードの左側に出るようにしておく。こうして印をつけてしまうと、マットレス返しのアルゴリズムはただの数え上げにすぎなくなる。マットレスを返すことになったら、そのつどヘッドボードの左上の角に見える数をメモしてモデュロ4で次の数を計算〔今でている数の次の数が4以上になったら4を引く。したがって0、1、2、3ときたら、また0に戻ることになる〕すればよい。マットレスをひっくり返して、とにかく次の数字が上の左にくるようにするだけの話で、別に回転軸は1つでなくてもかまわないが、この群は閉じているから、どこかの軸を中心に1回返しさえすれば、必ず次の番号を左上にもってこられることは、保証済みだ。

たんなる数え上げのアルゴリズムを黄金律と呼ぶのは無理があるが、次善の策、すなわち銀の法則と呼んでもよさそうだ。実際、こんなに簡単に解決できるのだから、メーカーもこのやり方を採用して、マットレスに数字を浮きださせてはいかがだろう。なにしろ、マットレスを定期的にひっくり返すことを品質保証の条件にして、そのためのややこしい指示を与えているメーカーがあるくらいなのだから。ただ数え上げるほうが、はるかに簡単ではないか。

3つまでしか数えられない人のために、このアルゴリズムをさらに簡単にすることもできる。マットレスの片面に縦縞を、もう片面に横縞を入れておけば、たえず縞に平行にマットを返すようにするだけで、4つの向きを順繰りにたどることができる。さらにもう一つ、「このラベルをとらないでください」（これぞまさに黄金律！）と書いてあるラベルをうまく使ってもよいだろう。

わたし自身は数学者ではないが、数学者ともそこそこつきあいがあるので、彼らがどのように考えを進めるのか、だいたいの見当はつく。数学者は、ある問題が解けると、今度はその問題を見る影もないほど一般化する。「まん丸な牛があるとしよう」という台詞が落ちになっている有名なジョークがあるが、その伝で、今、「立方体のマットレスがある」としよう。

立方体は、通常のマットレスのような一般の長方形（オーソトープ）よりも、はるかにシンメトリーが強い。6つある面のどれを上に向けても眠ることができ、それぞれの面に4つの方向があるので、計24通りの置き方がある。（群としては、ガレージや朝食のテーブルででくわしたのと同じ、$S_4$群になる。）では、印がついていない立方体のマットレスを返すときの黄金律は、はたして存在するのだろうか。たった1つの操作を24回繰り返して、あらゆる置き方を一巡することは可能なのか。「できない」というのがその答えだが、証明は、練習問題としてみなさんに残しておこう。

立方体のマットレス返しにも、次善の策がある。長方形のマットレスと同じように、すべての置き方を区別できるように印をつけておけば、あとは数え上げていくだけで、すべての置き方を順次なぞっていくことができる。ところが立方体の場合、実は、長方形とはすこし違うところもある。通常のマットレスでは、置き方を区別するための番号の振り方、つまり0から3までの数を並べる方法は6通りあって、どの振り方でもかまわない。番号の振り方には関係なく、1回返せば必ず次の状態に移れる。ところが立方体の場合は、印の付け方がぐんとふえ（正確には、23!、つまり23の階乗個で、実際に計算してみると、25,852,016,738,884,976,640,000通りになる)、しかも、印の付け方しだいで操作が複雑になる。24通りあるマットレスの置き方すべてを順番になぞるとして、うまく印をつけると、ロール軸かピッチ軸かヨー軸のどれかのまわりを4分の1回転しただけで次の置き方に移れる。ところが印のつけ方をまちがうと、いくつかの軸のまわりを続けて回転させるといった複雑な操作を避けて通れなくなる。では、1回の回転ですむ印のつけ方とそうでない印のつけ方は、それぞれ何通りあるのだろう。また、ある印のつけ方がどちらに分類されるのかを簡単に見分ける方法は、はたして存在するのだろうか。

もしも読者のみなさんが、これらの問いを解いてもまだ眠れない場合は、どうか引きつづき、超立方体(*n*次元の空間における立方体。ただし*n*は3より大きい)の形をしたマットレス返しの方法について考えてみていただきたい。ちなみに、4次元の立方体マットレスには正方形の面が24個ある。

わたしが知るかぎりでは、シーリーもシモンズも〔どちらも、アメリカの有名なマットレスメーカー〕、まだ4次元のマットレスは売りだしていない。というよりも、トレンドはむしろ逆を向いているらしく、メーカーは、「ひっくり返さなくてよい」1面マットレスを売りこみはじめている。このマットレスでは、ヨー軸の周りの180度回転だけがシンメトリーな操作になる。この新機軸のおかげで、ついにマットレス返しの黄金律が手にはいったといえるのかもしれないが、問題解決の方法としてはいささか期待はずれで、不満が残る。

とはいえ、マットレス返しのやり方の数をふやして、独創性に満ちた問題解決の機会をふやし、人生をさらにおもしろくする方法がないわけでもない。結婚すればよいのだ。

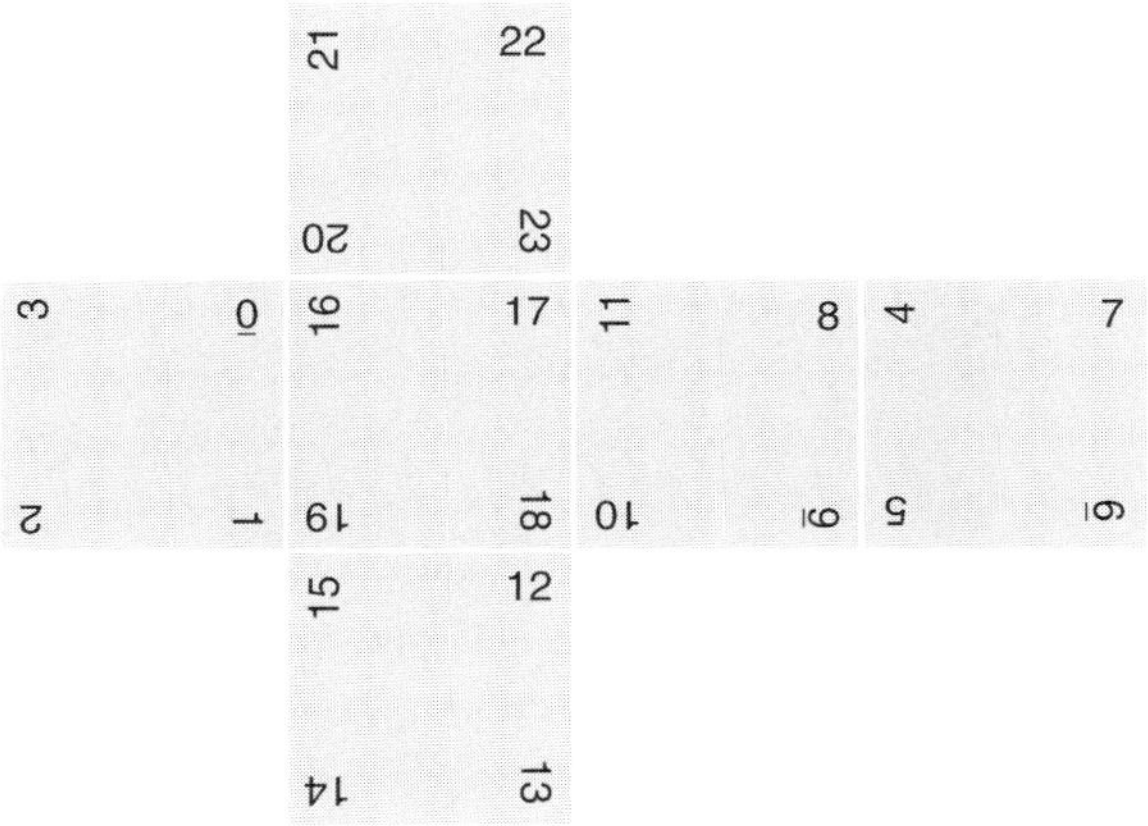


さいころ型のマットレスを思い浮かべてみよう。上の図を切り抜いて折り曲げ、立方体を作ってみれば、24 通り（上に来る面は 6 通りで、そのそれぞれについて、横に出る面の方向は 4 通りあるから）の置き方に、0 から 23 までの数が打ってあることがわかるはずだ。このさいころを、書かれている数が最も小さい面の 0 を右上にして置き、そこから、3 つの軸の周りを 4 分の 1 回転ずつさせていくと、すべての数字を順に追うことができる。

## 後から考えてみると

この随筆を最初に発表したときには、紙幅の関係でふれることができなかったのだが、マットレス業界は実に奇妙な業界である。わたしは、マットレス返しに関する助言を求めて、日ごろほとんど目を通したことのない、ベッドを買うときの手引きや販売パンフレットなどの文献を読むことになった。そして、マットレスの販売促進になんとも奇妙な特徴があることに気がついた。硬さに対する姿勢に矛盾があるのだ。どうやら理想のマットレスは、岩のように堅くて羽のように柔らかいらしい。セス・スティーヴンソンなどは、「スレート」というオンライン・マガジンに、シモンズ・ビューティーレスト・ワールドクラス・グラニット・プラッシュ（シモンズ・ビューティーレスト、世界基準の御影石のぜいたくさ）というマットレスを見つけたという記事を、寄稿しているくらいだ。

あれこれ調べるうちに、あるマットレスのチェーンストアが、マットレス返しを忘れやすい人向けに注意喚起メール・サービスをおこなっているのを知った。オリジナル・マットレス・ファクトリーというチェーンストアでマットレスを買うと、マットレス返し忠告システムに登録するよう勧められる。わたしはこの会社のマットレスを買ったことがないのだが、試しにこの忠告システムに登録してみた。するとそれ以来、四季折々に「あなたのマットレスをひっくり返す／回す時期が来ました！」という件名のメールが届くようになった。おもしろくもあり、また腹立たしいことに、このお知らせには、どっちに向けて返し／回したらよいのかの指示が一つもない。

二、三の読者からは、次善の策を使ってマットレスを返せるような印があらかじめついているマットレスを見かけた、という連絡が入った。さらに多数の読者からは、次善の策を使って自力でマットレスを返すときには、マジックペンを使ったり、ダイモテープ〔エンボステープ〕を使ったり、ポストイットを使ったりすると便利だという助言をいただいた。あるいは、「春には回し、秋にはひっくり返す」とか「ロッド・アンド・イーヴン Rodd and Yeven」（奇数の月にはロールし、偶数の月にはヨーする）といった具合に記憶してはどうか、というご意見もいただいた。

カリフォルニア州のサニー・バレー在住のマイケル・マルコムからは、4つの置き方に0から3までの数字を振るというわたしのアイデアをさらに練り上げて、どんな動かし方をしても次の番号が左上にでるようにしてはどうか、というご意見をいただいた。わたし自身は、面にどういう順序で番号を振ろうと同じことだと思っていた。ところがマルコムによると、ぼんやりしている人に向く番号の振り方とそうでもない振り方があるという。マットレスをきちんと置くと、上の面の右上と左下に、2つの数字が見えているはずだ。今仮に、マットレスを返す人が、どの角に注目するのかを忘れたとしよう。このとき、0と1、ないし0と3が同じ面にくるように数字を振っておくと、記憶力が病的に欠けている人は、ヨー方向の回転だけを繰り返して、逆の面がけっして表にならない可能性がある。ところが、0と2が同じ面にくるように数字を振る（つまり、裏面には1と3がくる）と、なんとまあすばらしいことに、表にでている数字のどちらから勘定をはじめても、同じ操作をすることになるのだ！ 選ぶ番号の位置が一定でなくても、必ずロールとピッチを繰り返す（しかも一度もヨー回転をしない）。このような番号の振り方と、縞や矢印で両面にロール軸とピッチ軸を書きこむのとは、実は同じことなのである。

ミネソタ州ノースフィールドに住む友人のバリー・シプラからは、次のような提案を受けた。「五角形のマットレスを考えてみたらどうだろう」。仮に正五角形のマットレスを使っているとしたら、区別できる状態は10ある。しかしこの場合も、すべての状態を順繰りになぞる黄金律は存在しない。そこでシプラは、次善の策を提案した。まず、片方の面に時計回りの矢を書き、もう片方の面には反時計回りの矢を書く。そして、マットレスを返すときは、ロール軸（ヘッドボードの中点からそれと向きあう頂点に向かっている軸）を中心にしてひっくり返し、さらにそれをヨー軸のまわりに矢印にしたがって5分の1回転させるのだ。これは正三角形にも使えるやり方で、実際、辺の数が奇数の正多角形すべてに通用する。（ヨー軸を中心とする$n$角形の回転角は、$\frac{360}{n}$度になる。）

セント・オラフ・カレッジのシプラの同僚、ポール・ゾーンは、このアイデアをとことんまで突き詰めて、丸いマットレスを考えた。そしてついに黄金律を発見した。まず、どこでもいいから半径を中心にしてマットレスをぱたんとひっくり返す。（円の場合は、ロールとピッチの区別がつかなくなっているから、これはロールでありピッチでもある。）そして、中心のまわりを（ヨー回転になる）360度の無理数倍だけ回転させる。ここで、回転の角度を無理数にするというのがポイントで、これによって、マットレスは二度と同じ位置に戻れなくなる。こうなると、元来黄金律とは、可能性がある置き方をすべて一めぐりして元の置き方に戻ることであって、元に戻ってこないのでは黄金律とはいえまい、とへりくつをこねる方がおられるかもしれない。しかし、円形のマットレスには方向が無数にあるわけで、ゾーンのやり方は理にかなっている。これとは別に、連続するマットレスの置き方の差が最大になるような回転角が存在する、という連絡もいただいた。問題の角度は、（全円を1として）$\varphi$（黄金比の値）分の1、つまり約0.618だという。

わたし自身は、オーストラリアのメルボルンに住むピーター・M・ローレンスからの、マットレスを改良してメビウスのマットレスとでもいったものを作ってはどうか、という提案が気に入っている。メビウスの輪というのはトポロジーのおもちゃで、ふつうは紙で作る。一本の帯を半分ねじっておいて、その両端を貼りつけるのだ。これをマットレスでやるのはかなりたいへんだが、苦労は十分報われる。メビウスの帯には面が一つしかなく、前も後ろも上も下もないので、どの点からどの点へも、縁を越えずに移動できる。したがって、メビウスのマットレスはひっくり返す必要がなく、マットレスのすべての面を一巡するための黄金律も、至極単純なのである。

## 2　資源としての「無作為《ランダムさ》」

無作為が子孫の代で不足しないように保護すべき天然資源だとは、ふつうは考えない。それどころか、カオスの近親者ともいえる無作為は、つねにどこにでも存在するように思える。どこの家にでも、尽きせぬ無秩序の提供者と化した戸棚やファイル・キャビネットの一つくらいはあるものだ。無作為のもう一人のいとこであるエントロピーともなると、ひたすら増大の一途をたどるという自然法則があるくらいのもので、そもそも、仮にみんなが世界じゅうの無作為をすべて使いきったとしても、誰も嘆き悲しんだりはすまい。無作為が枯渇するかもしれないといってくよくよと思い悩むのは、人間の無知が最後の一滴まで使いはたされてしまうかもしれないといって思い煩うようなものではなかろうか。

ところがどうして、非常に質の高い無作為は、有益であり価値もある。現代の世界には、無作為という材料が安定供給されていればこそ成り立つ出来事や過程がたくさんあるのだ。そのうえわたしたちは、無作為を生みだす術を知らず、この宇宙の、無作為がふんだんに蓄えられている領域から掘りだしてくるか、自然界で集めてきた種《たね》から無作為を育てるしかない。したがって、たとえ年季のはいったみごとな無作為の森が、まだ皆伐されてはいないとしても、今から長い目で見た無作為の供給について考えておくことは、けっして性急とはいえない。

## 無作為を使った産業

無作為《ランダムさ》がいかに大切であるかを実感するために、ランダムなものがまったくない世界を思い描いてみよう。サッカーの審判は、試合をはじめるにあたって、コインを投げるかわりにどうすればよいのだろう。政治に関する世論調査をおこなうときに、有権者のサンプルを偏りなく選ぶにはどうすればよいのか。むろん、ラス・ベガスでも問題が起きるはずだ。遊んでいる人がいてもいなくても、スロット・マシンの機械のなかでは、電気的な装置が24時間ランダムな数を吐きだしている。いわば、ドル銀貨をはるかにしのぐ無作為をむさぼっているのである。

それに、モンテカルロ法でも困ったことが起きる。モンテカルロといっても、地中海にある公国ではなく、その公国にちなんで命名されたコンピュータ・シミュレーション技術のことなのだが、この手法は、一九四〇年代にロス・アラモスで生まれた。当時、ロス・アラモスの研究所で核兵器を設計していた物理学者たちは、ウラニウムなどの原材料のなかを移動する中性子の運命を予測しようと、四苦八苦していた。核連鎖反応を引き起こす起爆剤ともいうべき中性子は、原子核にぶつかると、別の方向に跳ね返るか、吸収されるかする。そして中性子が吸収されると、それによって核分裂が引き起こされ、この分裂の過程（核分裂）でさらに中性子が放出されて核分裂が引き起こされる場合があ

2進法の1と0を白と黒の点で表した無作為の見本4種。これらは、一連のコイン投げと、ランド・コーポレーションが刊行している乱数表と、ラヴァライトに封じこめられたグニャグニャと動くシミから乱数を抽出するラヴァランドというウェブサイト（今はもうない）と、ペンシルバニアの宝くじを元に作られた。

るのだが、ここで問題なのが、このような中性子の供給ははたしてふえるのか、あるいは減るのか、という点だった。ロス・アラモスの研究グループはこの問題を解くために、コンピュータ・シミュレーションを使って、何千もの中性子がたどる経路を追ってみることにした。中性子が原子核にでくわしたときに、跳ね返るのか、吸収されるのか、核分裂を起こすのかは、乱数で決めた。科学の大義を掲げた戦いに無作為を参戦させるという発想は、当時はまだ生まれたばかりで、無作為を参戦させるのはあまりよろしくないと思われていた節がある。ところが今やモンテカルロ法は、物理はむろんのこと、何百という仮想野球リーグも言うにおよばず、経済や生命科学といった分野でも主要な産業となっている。

無作為がなくなれば、多くのコンピュータ・ネットワークがゆきづまるはずだ。ネットワークのなかの2つのノードが一斉に話をしようとすると、どちらの話も聞こえなくなる。しかも、礼儀正しく譲りあえばこの難局を打開できる、というわけでもない。今、それぞれのコンピュータが、一定の時間を置いてふたたび同じ動作を試みるようにプログラムされていたとすると、すべてのコンピュータが同一の規則にしたがって話をしようとしても、互いに頭をぶつけあうばかりで、ついには明かりが消えてしまう。イーサネットというネットワーク・プロトコルは、この問題を、わざと固定した規則を与えないという形で解決した。それぞれの機械が、1からある定数$n$までのうちのランダムな数$x$を選んで、$x$単位時間待ってから送信しなおすようにしたのだ。こうすると、2度目にコンピュータがかちあう確率は$1/n$になる。最初にこのような着想を実践したのは、ハワイのALOHAネットという「無線パケット通信」のネットワークだった。この方法がのちにイーサネットのプロトコルに採用されたときには、ほんとうに信頼に足るくらいランダムなのだろうか、という懐疑の目が向けられた。しかし今では、ネットワーク化されたコンピュータのほとんどがイーサネット経由でつながれていて、たまに「お先にどうぞ……」「いえいえそちらこそお先に……」というやりとりが起きたとしても、気づく人はまずいない。

コンピュータ科学には、そのものずばり「ランダマイズド・アルゴリズム〔乱択アルゴリズムとも〕」と呼ばれるアルゴリズムがある。このアルゴリズムにはじめて出会った人は、ランダム化されたアルゴリズムという考え方そのものに奇異な感じを受けることだろう。アルゴリズムというのは、本来決定論的な手順、適当に選んだり気まぐれに選んだりといった余地が許されない手順であるはずなのに、それをランダム化、つまり無作為にするというのは、いったいどういうことなのか。この矛盾は、無作為をアルゴリズムの外部資源とすることで解消される。通常、アルゴリズムといえば、ビットの流れを入力として受けとり、それとは別のビットの列を出力として吐きだすブラックボックスのことだが、乱択アルゴリズムには、ランダムなビットからなる2つめの入力があるのだ。

乱択アルゴリズムの長所は、世のなかを敵対的な視点から見たときに、とりわけ明確になる。というのも、こちらの意図を推し量ろう、こちらの振る舞いを予測しようとする敵の裏をかきたければ、ランダムに行動するほかないからだ。今、一連のリストのなかからある特定の目標を見つけだすプログラムを書いているとしよう。その際、左から右へ、右から左へ、あるいは中央から外へというふうに、前もって探索の戦術を決めてしまうと、敵にはこちらの動きが読めるので、リストに手を加えて、こちらが最後に探す場所に目標物を移すことが可能になる。ところが探索手順をランダムにしておくと、敵はこちらの戦術をそう簡単には推測できず、目標物をどこに隠したらいいのかがわからなくなる。というのも、ランダム化されたプログラムでは、ランダムなビットを読みこむまでは、どこを探すかが決まらないからだ。こうしておくと、敵がどんなにがんばったところで、リストを半分くらい進めば目標物が見つかると考えてよい。

## ノイズのなかに信号を隠す

もう一つ、無作為をさかんに消費しているのが、暗号技術である。この場合、計算された混乱こそが、秘密を保つ鍵になる。無作為がどんなに大きな意味をもつかは、最も単純な、そして図らずも最も強力な暗号システムを見れば一目瞭然だ。AT&Tに奉職していたギルヴァート・S・ヴァーナムという技術者は、第一次大戦中に、穴のあいた紙テープで動く印刷電信機を使った極秘通信の枠組みを考えだした。ヴァーナムの暗号機では、2本の紙テープを組み合わせて暗号文を作る。1本の紙テープには「平文」のメッセージが打ちこまれ、もう一方の「鍵テープ」には、同じ長さのランダムなパターンが打ってあって、機械はこの穴のパターンを2進数とみなし、それぞれのビットをモデュロ2で、0＋1＝1、1＋0＝1、0＋0＝0、1＋1＝0というふうに足していく。そしてこれらすべての和を、秘密の「暗号文」として相手に送るのだ。この足し算はそれじたいの逆算になっているので、電線の向こうの端で暗号文を受けとった人は、送られてきた暗号文と暗号作成時に使われたのと同じランダムな鍵テープを、発信元とまったく同じ機械で組み合わせれば、平文を再現できる。

のちに、これまたAT&Tに奉職していたクロード・E・シャノンは、ヴァーナムのこの暗号が絶対に安全だということを証明した。つまり、仮に鍵のビットがほんとうにランダムで、たった一度しか使われなかったとすると、暗号化されたメッセージを入手した人間が、いくら時間と労力と計算馬力を費やしたところで、その暗号から平文についての情報を得ることはできないのである。それどころか、鍵になりそうなパターンをしらみつぶしにあたっていくこともできない。なぜなら、鍵についてのヒントがまったくないため、平文についてのヒントも皆無だからである。シャノンはさらに、鍵の長さがメッセージより短いと安全性が下がることも示してみせた。

ランダムな鍵を長くとるのは、ヴァーナムの暗号の強みでもあり、弱みでもあった。秘密裏に意思を伝達したい場合、当事者たちは、前もって送りたいメッセージと同じ長さのランダムな鍵のコピーを2つ作って交換しておかねばならない。だが、そんなに大量の無作為を、いったいどこで見つけろというのだ。（ヴァーナムは、「たとえばキーボードをでたらめに叩くとよい」と述べているが、現代の暗号担当者たちは、そんな考えにはおぞけをふるうにちがいない。）ヴァーナムの暗号には、このような重大な不都合があるので、ワシントンとモスクワを結ぶホットラインのような、秘密厳守が最優先課題とされる経路でしか使われていない。

このところ暗号学研究では、あまり無作為に頼らない方法の開発に力点が置かれてきたが、最近になって、あらためて無作為が鍵となる一つの提案がおこなわれた。ようするに、敵をランダムなビットの大洪水でおぼれさせようというのだ。このタイプの暗号の枠組みを一九九二年に最初に発表したのは、スイス連邦工科大学のウエリ・M・マウラーだった。その後、ハーバード大学のマイケル・O・レイビンとレイビンの研究室の学生ヤン・チョン・ディン（現在はジョージア工科大学に在籍）が、さらに洗練された暗号を発表している。

この計画の成功はひとえに、誰も蓄積しきれないくらい猛烈な勢いでランダムなビットを吐きだす、たとえば衛星などの公の無線局の設置にかかっている。秘密裏に連絡をとりたい人々は、おおっぴらに送りだされているビット列のなかからわりと短いランダムな列を選び、それを鍵にしてメッセージを暗号化する。これならたとえ通信が盗聴されたとしても、使われた鍵がわからないので、メッセージは解読できない。この場合も、無意味な列をすべて蓄積しておくことなどとうてい不可能だから、鍵の候補を片っぱしからあたるというごりごりの腕力は使えない。

さて、その無線局からは、ランダムなビットをどれくらい流せばよいのだろう。レイビンとディンによると、1秒当たり50ギガバイト、つまり1日あたりCD約8万枚も流せばよいという。

## 供給側《サプライサイド》の問題

目的がなんであろうと、また、需要が多かろうと少なかろうと、無作為を作りだして供給するくらいのことは、朝飯前のように思われる。物を散らかすほうが片づけるより簡単なのと同じで、少なくとも、ランダムなビットを作るほうが、ランダムでないビットを作るよりも簡単だろう。たった一つの間違いによってすべての結果がおじゃんになりかねない長くこみ入った計算をこなせるコンピュータにとって、まるでパターンのないデジタルのごみをひねりだすくらいのことはたやすいはずだ。ところがどっこい。無作為を生みだすコンピュータ・プログラムは、どこにも存在しない。

現実には、大方のコンピュータ・プログラム言語が、嬉々として乱数を提供してくれる。たとえばLISPという言語の、「(random 100)」で表される関数は、0から99までの計100個の整数のうちのどれか一つをまったく等しい確率で出力する。ところがこの一見ランダムな数の列は、一皮むくとすべて予測可能な擬似乱数で、実は前の数によって次にでる数が決まっている。58, 23, 0, 79, 48……という数列の規則をすぐに見抜くのは無理だとしても、この数列が、1, 2, 3, 4, ……同様あらかじめ規則で決められた数列であることに変わりはないのだ。

この擬似乱数列の本物の無作為は、この列の最初の数、つまり「種《たね》」となる値に含まれていて、この「種」が同じであれば得られる列も同じになり、「種」を変えると数列も変わる。一九八〇年代にこの「種」の重要な働きを明らかにしたのが、現在カーネギー・メロン大学にいるマヌエル・ブラムだった。ブラムは、擬似乱数を作りだす乱数生成器が、実は新たな無作為を作りだしているわけではなく、「種」に含まれる無作為を薄めたり引き延ばしたりしているだけであることをつきとめた。ようするに、一ガロンの塗料に顔料を一滴垂らして薄めるように、種を薄めて長い数字の列を作りだしているのである。

実際には、擬似乱数で不都合が起きることは稀で、モンテカルロ法も、擬似乱数列でほぼうまくいく。ある種の暗号、何よりも予測不可能であることが重要で、高レベルの無作為が要求される暗号に必要な乱数も、ブラムたちが作った擬似乱数生成装置であらかた用はたりる。とはいえ、擬似乱数生成装置には「種」が必要なわけで、本物の無作為が求められていることに変りはない。そして、数学が本物の無作為を作り出す力をもたぬのならば、物理的な事象から無作為をもってくるほかない。

物質世界から無作為を抽出するというと、いかにも簡単そうに聞こえる。予測不可能なことは、わたしたちの身の回りにあふれている。明日の株式市場もそうだし、来週の天気も、五千万年後に冥王星が軌道上のどこにあるかも、予測不可能だ。ところが、まったくパターンがない事象を見つけるとなると、これはきわめて困難で、無作為を追い求めた先駆者たちの物語は、まさに骨折りと失望の年代記なのである。

たとえば、イギリスの生物統計学者W・F・R・ウェルドンとその妻、旧姓フロレンス・テッブの場合。どうやらこの夫妻は、金のためでもなく、スポーツのためでもなく、科学のために、いく晩もいく晩もさいころを転がしつづけたらしい。二人は、教室で確率の法則を教えるときに使うデータを集めようと最善を尽くしたが、一九〇〇年に、ウェルドン夫妻がおこなったさいころ投げのうち26,306回分を分析したカール・ピアソンは、夫妻の得た分布には5と6が多すぎて、本来の分布からは偏っていることをつきとめた。

一九〇一年に、今でいうモンテカルロ実験をおこなおうとしたケルヴィン卿ことウィリアム・トムソンは、実験で使う乱数を作成する段になってつまずいた。ケルヴィン卿は、脚注に次のように記している。「四角くて小さな紙に数を書いたものをボールに入れておいて、この紙を引き抜いて乱数を作ろうとしたが、結果はとうてい満足できるものではなかった。ボールの中身をどんなによく混ぜても、紙を引き抜く確率に偏りがでてしまうのだ」

一九二五年には、L・H・C・ティペットが同じ問題にぶちあたった。袋に千枚のカードを入れておいてランダムに抜き取ろうとすると、「一枚を抜いた後で、中身を十分に混ぜなかったからなのだろう。続いてそばのものを抜く傾向が見られた」のである。そこでティペットは、さらに手のこんだランダム化の手順を編みだし、二年後に、41,600個の数からなる乱数表を発表した。ところが、ティペットの乱数表を統計学的に精査したG・アドニー・ユールは、一九三八年に、この乱数表には「継いだ痕」が見られる、と報告した。

ロナルド・A・フィッシャーとフランク・イェーツは、これとは別に、二組のトランプを使って大きな対数表から数を選び、15,000個の数からなる乱数表を作り上げた。しかし二人は、すべての作業を終えたところで、60台の数が多すぎることに気づき、そのうちの50個を「ランダムに選んだ」ほかの数字で置き換えた。（二人の同僚である統計学者G・ケンダルとバーナード・バビントン＝スミスは、「こういった手順は、えてして、わたしたちを含めた他人に疑いの念を抱かせるものだ」という控えめなコメントを寄せている。）

## 固有のでたらめさ

やがて、ずっしりと持ち重りのする究極の乱数表が登場した。一九五五年にランド・コーポレーションが、「10万正規偏差の100万乱数表」と題する六百ページの書物を発表したのである。ランドでは、一秒あたり一つの数字を選ぶ「電子ルーレット」で乱数を作っていた。この装置を作るにあたっては、細心の注意が払われたが、「機械が作りだした列に統計的に有意な偏りがあったので、技師たちは、さらに回路を修正したり工夫したりしなければならなかった」。しかも、このような調整を終えた後で、さらに一ヶ月間の試運転をおこなったところ、あいかわらず満足がいく結果が得られず、さらに数をシャッフルしなおしたところ、やっと統計的な試験に及第したのだった。

今では、乱数表の刊行にはほとんど関心が集まらなくなったが、それでもやはり、無作為を生みだす機械は作りつづけられている。それらの機械の多くは、抵抗器や半導体の接合点をさまよう電子の無秩序な熱変化の様子から無作為を取りだしている。これは、オーディオ・アンプのボリュームを上げたときに聞こえる、カリカリ、ヒューという音に相当するノイズ信号で、オシロスコープにかけてみると、たしかにランダムで予測不可能に見える。ところが、これをランダムビットの流れや数の流れに変えるとなると、そう簡単ではない。

ノイズをデジタル信号にするための枠組みとしてすぐに考えつくのが、ある瞬間のノイズ信号を測って、電位差がプラスなら1を、マイナスなら0をあてるという方法だ。ところが、実際にプラスの電位とマイナスの電位のあいだに正確で一貫した閾がある計測回路を造るのはきわめて困難で、回路の部品が古くなるにつれて、閾はぐらつきはじめ、1と0の割合が偏ってくる。むろん回路や部品に工夫を施せば、こういった問題を回避できるが、そういう修正が欠かせないという事実一つをとっても、数学的な理想状態を生みだす装置を現実に作るのが、たとえその理想が純粋な無作為だったとしても、いかに面倒なことなのかよくわかる。

もう一つ、無作為を作りだすときによく使われるのが、とことん予測不可能とも思える量子現象、すなわち原子核の放射性崩壊である。この原理にもとづく単純な乱数生成器の機能は、ざっと次のとおり。まず、ガイガーミューラー管（ガイガーカウンターの中心となる装置）で、原子核の崩壊をつきとめられるようにしておいて、一方で、自走発信器を使って高周波数の矩形波信号――プラスとマイナスの電磁パルス列――を作っておく。そして、原子核が崩壊した瞬間の矩形波を取りだし、そのパルスの極性に応じて、2進数の1か0を出力する。ところがこの場合も、技術上の落とし穴が待ちかまえている。たとえば、原子核の崩壊が起きるたびに、回路に「不感時間」が発生するので、崩壊が短い間隔で連続すると、探知できなくなる恐れがある。それに、矩形波のなかのプラスとマイナスの電磁パルスの長さがすこしでも違えば、出力はどちらか片方の数に偏ることになる。

ハードウェア乱数生成器のなかには、店頭で買ってきて、コンピュータのポートに接続すればいいだけのものもあるが、このような生成器のほとんどは、熱電子ノイズを利用している。さらに、お手持ちのコンピュータに最新のインテルプロセッサが使われていれば、わざわざ周辺機器をつなぐまでもなく、CPUのチップに乱数生成器が埋めこまれている。また、無料で無作為のサンプルを提供するウェブサイトも多々あるが、これらのサイトもご多分にもれず、次々にできては消えていく。なかでも有名だったのが、シリコン・グラフィックス社のラヴァランド・サービスで、このサイトでは、六つのラバライト・ランプのなかのうごめく塊の画像を使って、ランダムビットを取りだしていた。しかしこのサイトも、残念ながら消えてしまった。このサイトの後継者にあたるLavaRnd.orgというサイトでは、今も要請があれば無作為を作りだしているが、元になっている装置を見ることはできない。もう一つのHotBitsというウェブサイトでは、放射性崩壊にもとづいてランダムビットを作っている。

## 天空から、そして実験から

実際問題としては、当面必要とされている無作為に見合う蓄えがあるらしく、ランダムビットを使っている人々も、温度や湿度が高くなったからといって、大停電を恐れる必要はない。それにしても、この先はどうなるのだろう。レイビンとディンの提案になる壮大な無作為の無線信号を実際に作るための技術は、まだ生みだされていない。二人は、毎秒500億個のランダムビットを流すことになるといっているが、今日の典型的な乱数生成器では、たかだか毎秒5万ビットの乱数しか作れない。乱数の規模を100万倍に拡大するとなると、当然、量だけでなく質にも目配りしなくてはならない。日用品の場合、量と質はほぼ反比例する。研究所がミリグラム単位で買う試薬には、99.9パーセントの純度が要求されるのに対して、工場でコンテナに何杯も使う薬には、そこまでの純度は求められない。ところが無作為の場合には、この相殺が逆転する。乱数を二、三個ほしいだけなら、どんなところからもってこようとまったく問題はなく、一握りのビットが相手では、偏りを見つけるほうが難しい。ところが、何十億という乱数を使うモンテカルロ実験では、かすかなパターンや傾向があるだけで、直接結果に響いてくる。消費する無作為の量が多くなれば多くなるほど、質が問われるのだ。

なぜ、無作為を作りだすのはかくも難しいのだろう。完璧な秩序を維持するのは困難だ、といわれて驚く人はいないだろうが、完璧な無秩序もまた人間の手の届かぬものだといわれると、ひどく意外な気がする。ところがほんとうは、完璧な無秩序のほうがはるかにやっかいな概念で、作りだすのはもとより、定義したり、想像することさえ困難なのだ。

現在広く知られている無作為、つまりランダムの定義は、一九六〇年代にIBMのグレゴリー・J・チャイティンとロシアの数学者、A・N・コルモゴロフによって定式化された。その定義によれば、あるビット列を作るのに必要なコンピュータ・プログラムが、最短でもその列と同じ長さであるとき、その列はランダムだという。たとえば1010101010という2進列はランダムではない。なぜなら、この列を作る簡単な法則があるからだ。一方、1110100010l1という列は、「1110100010l1を印刷せよ」という命令より短いプログラムでは作れそうにないから、ランダムだということになる。この基準に照らすと、ほぼすべてのビット列は、それ自体よりも短い叙述ができず、ランダムだということになる。ところが今までに、これぞランダムなり、という保証つきの列を示した人は一人もいない。理由は簡単で、その列の短い記述が存在しないと保証されたとたんに、その保証そのものがその列の短い記述になるからだ。つまりその列は、「そのような列の最初のもの」になるのである。

無作為は、チャイティン／コルモゴロフの定義のほかにも、ほとんど反語やパラドックスに等しい性質をもっている。たとえば、こんな例を見てみよう。自然界で見つかる本物の乱数は、明らかに、擬似乱数生成器の作りだした乱数より優れている。というか、少なくとも乱数の理論ではそういうことになっている。ところが、フロリダ州立大学のジョージ・マーサグリアが、さまざまなハードウェア乱数生成器や乱数生成のためのソフトウェアを一連の統計試験にかけたところ、最も優れた擬似乱数生成器が非常に高い評価を得た一方で、三つのハードウェア乱数生成器が落第した。つまり、本物よりも偽物のほうがランダムらしかったのである。

わたしにいわせれば、数学の抽象世界と重さのある物質やエネルギーでできている宇宙とが無作為によって結びつけられているという点が、なんといっても奇妙に思われる。無作為をテーマとする著作をまとめた人々は、まず例外なく無作為が数学的な源ではなく物理的な源から生みだされるという事実に気づいているのだが、この状況の奇妙さにはあまり注目していないようだ。

数学や理論計算機科学は、点や線や集合や数やアルゴリズムやチューリングマシンといった非物質からなる理想化された世界の一部で、その世界はほぼ完結しており、必要な物はおおむね自前でまかなえる。100万個目の素数や2の立方根が必要になれば、数学の領域を一歩もでることなく、コンピュータで計算をはじめることができる。ところが、無作為だけはそうはいかない。計算の最中に乱数が必要になっても、数学の装置では無作為が供給できないのだ。万やむをえず、数学の天空の外に手を伸ばして、ノイズの多い回路や原子核崩壊といった薄汚い世界に手をつっこむほかないというのだから、なんとも奇妙な話である。二次方程式の解の公式のような純粋に数学的な言明が、地球の質量や水素原子の直径しだいで変わってくるといわれたら、そんな物騒なばかげた話があるものか、という声が上がるにちがいない。だが、物理世界の無作為を数学にもちこむことも、これと似た越境行為なのだ。

もちろん別の見方もできて、仮に数学を、決定論的な操作だけにかぎられた科学と見るなら、その世界に決定論的でないものが存在しないのも当然といえよう。ひょっとすると、無作為が数学の外にしか存在しないということよりも、そもそも無作為がどこかに存在するということのほうが驚くべきことなのかもしれない。

いや待てよ。無作為はほんとうに存在するんだろうか。十八世紀の碩学たちは、無作為など存在しないと考えていた。彼らが思い描いていた機械仕掛けの宇宙では、因果の連鎖はけっして破綻せず、何かがでたらめに見えたとしても、それは、複雑すぎて完璧に分析できていないだけの話だった。さまよう彗星や回転するコインなどの正確な動きが予測できないのは、その動きに法則がないからではなく、わたしたちがまだ知らない物理法則や初期条件が存在したからだったのである。

ところが、今やこの問題に対する見方は変わった。量子力学は、極小の領域でのこうした因果関係に暗い影を投げかけ、しかも、「決定論的なカオス」がこれとは別の影を投げかけたために、理屈でいえば予測可能なはずの（ただしそのためには無限の情報を入手しなければならない）出来事の細部はあいまいになっている。現代人の目から見ると、無作為には、人間の知識の限界だけではなく、自分たちが暮らすこの世界に本来備わっている性質が反映されているのだ。とはいえ、宇宙のなかのわたしたちの身近なところで起きている事象のほとんどは、決定論的だといってよい。宙でクルクル回るコインやフェルトを敷いた板の上で転がるさいころは、量子力学的な系でもなければ、カオス的な系でもない。さいころやコインの振る舞いについて述べるときに確率の法則が使われるのは、たんに便利だからであって、コインやさいころが角運動量の法則にもとづいた振る舞いをすることに、なんら疑いの余地はない。仮にこれらの事象に生粋の無作為がからんでいたとしても、それは、量子的不確かさの片鱗にすぎないのである。だからこそ、物理学の堅い大地から無作為を掘り起こすのが、かくも困難なのだろう。

## 後から考えてみると

この随筆が『アメリカン・サイエンティスト』に載って五年になるが、未だに無作為の不足が一段と深刻になったという報告はない。暴動が起きるわけでもなければ、無作為の配給制がはじまるでもなく、価格統制もおこなわれていない。ということは、この随筆でわたしが発した警告は、すべてまちがっていたのだろうか。たしかに、無作為が危機的に不足したからといって、文明そのものが危機に瀕するわけではないのだから、パニックに陥る理由はどこにもない。とはいえ今も、かなり質のよいランダムビットをふんだんに作りだすことは、重要な実用課題である。

純粋数学の分野には無作為が存在しない、というわたしの主張に対して、数人の読者から、$\pi$や$e$のような数を小数展開するとランダムな列が得られることはよく知られた事実ではないか、という意見が寄せられた。これらの数（と、そのほかのたくさんの数）は、「正規数」だとされている。統計の正規分布を連想させる、いささか紛らわしい呼び名にもかかわらず、実は正規数は、統計とはまったく関係がない。どの桁の数字も、どの2桁、あるいは3桁の数字も、まったく同じ確率で現れる数のことを、正規数というのである。つまり、正規数をたとえば10進法で書くと、全体の10分の1の桁は0に、別の10分の1の桁は1に、さらに別の10分の1の桁は2になるのだ。また、00、01、02、03といった2桁の数も、このような数は全部で100個あるので、すべて$\frac{1}{100}$の確率で現れる。数学における正規数の立場はいささか複雑で、「ほぼすべての」数が正規数である、つまり、実数の線に向かってダーツの矢を投げると、ほぼ確実に正規数に当たるという鉄壁の証明がある一方で、具体的な数のなかで正規数であることが証明されているものはほんの二、三個にすぎず、$\pi$や$e$がほんとうに正規数なのかどうかも、今一つはっきりしていない。$\pi$も$e$も正規数で、その後ろには手つかずの無作為の宝庫が眠っているにちがいないと広く信じられているのに、誰も、これらの数が正規数であることを証明できずにいるのである。

パデュー大学のテュ・シューｰジュとエフライム・フィッシュバッハが、πを10進小数展開したときに現れる数字を乱数として使えないかどうか検討すべく、問題の数字の列を、擬似乱数を評価するために開発されたのと同じタイプの統計試験にかけたところ、πは乱数生成器としては二流だという結論が得られた。

無作為について考えはじめると哲学的になる人が多いらしく、スティーヴンス工科大学のロジャー・S・ピンカムからは、「きみ自身の哲学的な前提そのものを再検討すべきではなかろうか」といわれた。「いったいきみはどうして、α粒子の放出や電磁的なノイズといった「実際の世界」の現象が無作為だと考えているのだ?」。なるほど、これはいいところを突いている。結局のところ、無作為というのは往々にしてご都合主義の作りごとにすぎないのであって、わたしたちがコイン投げの結果が無作為だというのは、コインに働く、初期に働く力や引力や空気力学の微細な現象もろもろの力をすべて勘定に入れるよりもそうしたほうが楽だからだ。きちんと分析しさえすれば、コインの動きにはなんの不思議もない。熟練の手品師でもあるスタンフォード大学の統計学者パーシ・ダイアコニスは、コイン投げの訓練を重ねた結果、10回連続して同じ面をだせるようになった。(おまけにダイアコニスは、一見でたらめに見えて、実はカードが元の順序に戻るようなシャッフルの仕方も知っている。だから、ダイアコニスとは賭をしないほうがいい。)

コイン投げが、無作為の仮面をかぶった決定論的な物理学であるとすれば、放射性核崩壊もまた、わたしたちがその秘密を知らないだけで、一皮むけば予測可能な事象なのかもしれない。量子力学では、このような考え方を「隠れた変数理論」と呼んでいる。この理論によると、わたしたちが観察している原子レベルの粒子の振る舞いは、その出来事の現在の実験や測定では手のおよばない深い部分にあるものに、左右されていることになる。つまり、このような隠れた変数の値さえわかれば、自然界にはランダムなもの、理由のないものはいっさいなくなるのだ。

いきあたりばったりに何かが起きる世界よりも、秘密のメカニズムに支配された世界のほうが好ましいと考える人が実際にいるのは事実で、だからアインシュタインも、神はさいころを振らないといったのだろう。しかしほとんどの物理学者は、この点でアインシュタインと意見を異にしている。というのも、無作為を追い払おうとして隠れた変数を引っ張りだすと、ひどく高くつくからで、そのような変数をもちこんだとたんに、ほかの種類の因果律、すなわち、情報は過去から未来に向かってしか移動できず、その速度は光の速度を超えない、という原則をあきらめるしかなくなる。隠れた変数が存在するとなると、アインシュタインが現代物理学から抹殺したがっていた「遠くで起きる奇妙な動き」が姿を現すことにもなる。わたしは寡聞にして、隠れた変数理論をめぐる議論に決着がついたという話をまだ耳にしていないが、当面は、本物の無作為が存在するというほうに賭けたほうが賢そうだ。

# 3　金を追って

金持ちはさらに豊かになり、貧乏人はさらに貧しくなる。みなさんも、どこかでこのことわざを耳にしたことがおありだろう。こうしょっちゅう聞かされて、そのうえひんぱんに実体験で裏づけられていると、すっかりおなじみで抗いがたくもある引力にも匹敵する自然法則のような気がしてくる。たぶん実際に、この世のなかの富の分配を決める物理法則、あるいは数学の法則が存在するのだろう。仮にそういう一般法則があったとしても、誰が金持ちになって誰が貧しくなるのかを説明できるとは思えない。でも、富の分布曲線全体の形を理解する術くらいはありそうだ。

この着想の源をたどっていくと、少なくとも、百年前のイタリアの経済学者、ヴィルフレード・パレートの業績までさかのぼることができる。パレートは、文化や国が違っていても、数学的にはあらゆる収入分布が同じ形になることを示そうとした。近年、この問題をふたたび熱心に取り上げているのが、経済理論上の問題に統計力学の法則をあてはめる「経済物理学者」の小集団だ。彼らは、経済を気体のような多体物理系とみなして、分析を進める。気体の場合に、分子どうしのでたらめな衝突が温度や圧力といった巨視的性質を生みだすのと同じように、経済でも、そのシステムにおける個々人のランダムな出会いが富の分布をはじめとする巨視的現象を生みだすはずだ、というのである。

このような考えにもとづく計算モデルのなかには、作るのも実行するのも実に簡単なものがあって、実際、ほんの数分かけて、機械語によるコードを二、三本作ればできあがる。もっとも、微妙な間違いを犯すこともいともたやすいのだが、この点は追々述べていくことにしよう。それに、実はモデルを作ることよりも、その結果を解釈して、どのようなタイプのでたらめな出会いが実際の経済における出来事を表しているのかを判断することのほうが、難しいのである。

## 価格は正しい

ここではまず、純粋な自由市場における取引にもとづく、かなり特殊な経済のモデルを取り上げよう。この経済で起きる出来事は、売ることと買うことの二つだけで、誰一人として物を作らず、物を消費しない。したがってこの経済システムには、eベイ〔インターネット上の仮想市場〕やウォルマート〔アメリカに拠点を置くスーパーマーケット・チェーン〕、そしてアンティーク・ロードショー〔骨董品の鑑定をおこなう英国BBCの長寿番組〕はあっても、ゼネラル・モーターズも、家族経営の農場もない。実際の経済からこれほど大きな部分を取りのぞくのは、たしかにこのモデルの弱みだが、これによって、逆に大きな長所が生まれる。こうすると、経済全体が閉ざされた系になるのだ。この経済モデルでは、物理系におけるエネルギーやモーメントのように、富の量が保存される。富の総量が変わらないということは、誰かが富めば、必ずほかの誰かが貧しくなるということで、そのため計算が楽になる。

このミニ経済を、フリーマーケットになぞらえてみよう。参加者は皆、土曜の朝に前庭の芝生に品物を広げておいて、通りをぶらつき、近所の人たちと取引をする。やがて日が落ちてすべての取引が終わると、一人の検査官が全員の棚卸し目録を調べて、純財産の変化を計算する。

経済理論では、どの取引も適正価格でおこなわれることが前提になっている場合が多い。というよりも、このような理論では、定義からいって価格はつねに適正になる。なぜなら、どんな価格であろうと、売りたい側と買いたい側が合意しさえすれば、それがその資産の価値になるからで、損な取引や値切りなどは存在せず、価格はつねに適正である。

価格が完璧に設定されているとなると、おもしろいことは起こりそうにない。うちの古いトースターと誰かの壊れたビデオ・カセット・レコーダーを取り替えたところで、交渉によって取引条件が適正に決まっていれば、双方の純資産はまったく変わらない。だが、非の打ちどころのない価格づけという前提は、あまり現実に合っていないような気もする。買い手のなかには、人並み外れた目利きもいれば、辛抱強い人もいて、売り手の説得力にもばらつきがあるはずだ。したがって、値切りもあれば損な取引もある。ちなみに、商品にはその商品に固有の真価があり、それと支払われた価格とは必ずしも対応していない、という考えを受け入れないかぎり、損な取引は存在しないことになる。

さて、ここで完璧な価格づけからすこしでも外れると、フリーマーケット経済に新たな動きが起きる。さびついた手押し車を買って、その価値以上の支払いをした人は、この取引ですこし貧しくなり、相手はすこし豊かになる。逆に、適正な価値より少なく支払った人はすこし得をし、相手はすこし損をする。どちらにしても、取引によって（通常は、支払われた価格のほんのわずかな部分に相当する）富の移動が起きるのだ。この経済モデルでは、富の移動はこのような取引にかぎられる。しかも実際には、取引そのものは無視してよい。トースターや一輪車の話は抜きにして、実質的な富の移動だけを考えればよいのだ。このとき、取引によって移動する富の量は、支払われた価格とその品の本来の価値との差に等しくなる。

問題は、このようなやりとりが何度も繰り返されたときに、いったい何が起こるかだ。当事者のなかに、ほかより目端の利く人物がいれば、そういう人は、長い目で見て確実に財をふやしていく。一方、絶えずだまされる人は、最後には身ぐるみはがれることになる。だが、ひょっとしてみんながみんな同じように抜け目なく、それぞれの取引での損得がまったくの偶然で決まるとしたら？　しかも損得の量までランダムに決まるとしたらどうだろう？　ただし、取引による損得の量が、貧しい当事者の富の総量を超えることはなく、当事者が有り金以上のものを失う心配はないとすると、このごっこ遊びの経済では、いったい何が起きるのだろう。

ここで読者のみなさんには、この先を読みすすめる前に、このような経済の結果を予測してみていただきたい。全員がまったく同じ金額からはじめて、繰り返しランダムに取引をおこなうと、資産分布はどうなるのか。全員がほぼ均等な資産をもちつづけるのだろうか。たぶん、ガウス分布、別名正規分布に近づいて、そこそこ金のある人が大勢と、極貧の人がごくわずか、そしてやはりごくわずかの金持ちが生まれることになるのだろう。

---

左図は、この経済モデルにおける富の流れ（上端が初期状態）。垂直な線一本一本は取引の当事者を表し、水平の線は各取引における損得を表している。このモデル（「フリーマーケット」モデル）における損得の量は、けっして貧しいほうの当事者の富の量を超えない。図の一番上から出発した時点では全員が同じ立場だが、時とともに富が偏っていく。

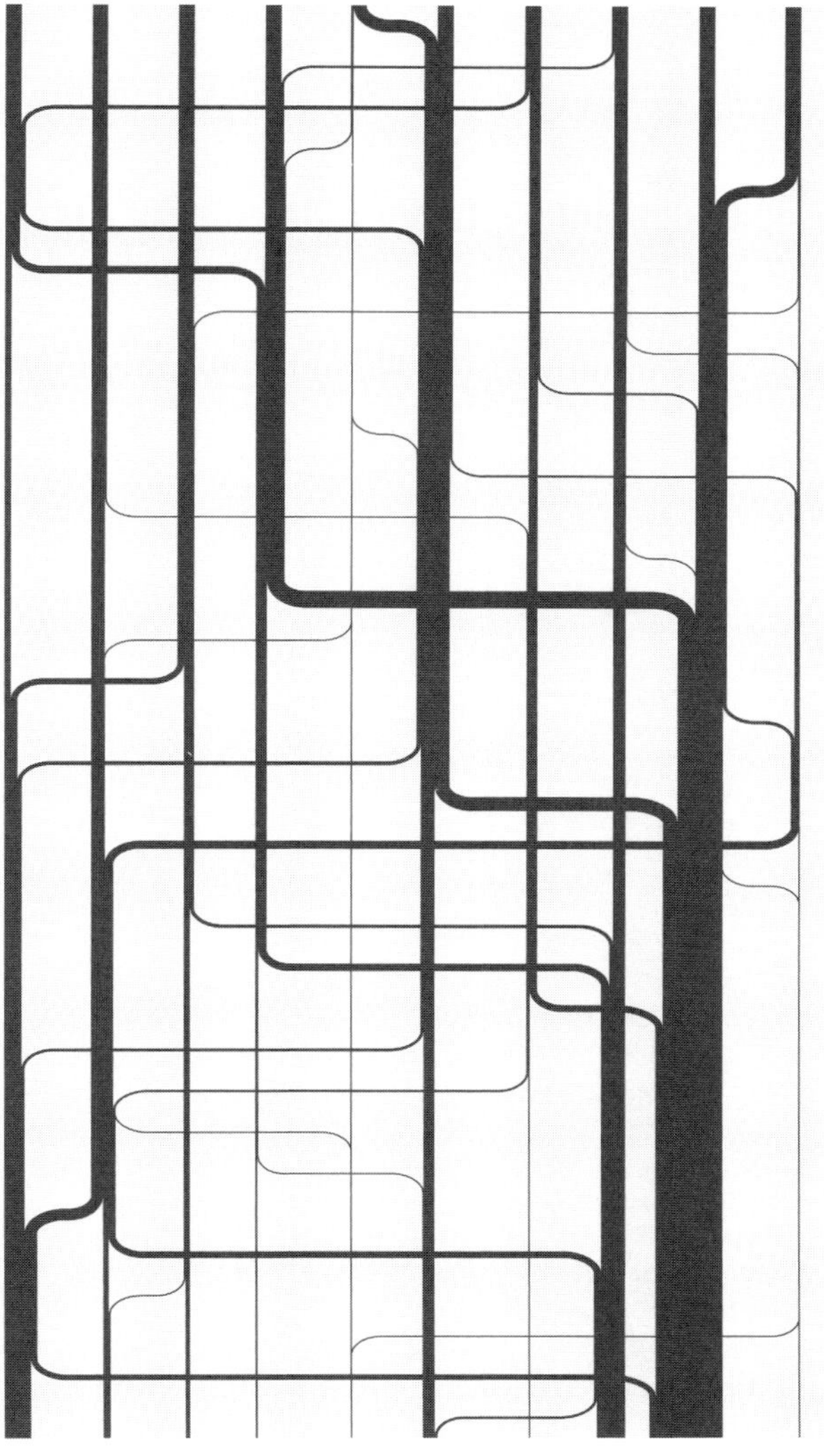

このような富の流れをシミュレートするコンピュータ・プログラムは、至極単純だ。それぞれの富を表す数字がずらりと並んでいて、はじめはどれも同じ数になっている。そこで、取引の二人の当事者、つまり、数字列のなかの二つの数字を選び、貧しいほうの当事者の手持ちの富を超えないランダムな値を、その取引による損得の額とする。さらに、どちらが得をしてどちらが損をするかを、これまたランダムに決める。こうして決まった損得を数字の列に繰りこんで、そこからまた、取引の当事者二人をでために選び……という具合に、同じ手順を繰り返す。

このプログラムを走らせてみると、実に殺伐とした結果が得られる。取引を繰り返していくと、事実上、すべての富を一人が握ることになるのだ。このモデルが表しているフリーマーケット経済は、実は当事者全員がありったけの持ち物を山積みにしてさいころを転がし、勝ったものがすべてを取る、独り勝ちの富くじのようなものなのである。（厳密にいうと、一人の人間がすべてを手にできるのは、富が量子化されている、つまり、価値の最小単位が存在して、それより小さい富がゼロになる場合にかぎる。富が際限なく分割できる場合は、勝者の取り分はいくらでも100パーセントに近づくが、けっ

---

フリーマーケット経済における富の分布は、時とともにどんどん極端になっていく。上のグラフの中央上部の点と、下のグラフの点線は、1000 人の当事者が富を 1 単位ずつもっている、という取引開始時の形を表している。灰色からしだいに黒っぽくなっていく 5 本の線は、取引が 1000 回おこなわれたとき、1 万回おこなわれたとき……1000 万回おこなわれたときの富の分布を表している。上のグラフは富の集まり具合、すなわち富のレベルごとにそのレベルに属する人々がもっている金額の合計を表している。下のグラフは、イタリアの経済学者マックス・O・ローレンツにちなんでローレンツ曲線と呼ばれるグラフで、富全体に占める割合（縦軸）ごとに、それだけの富を制している人々が全人口のどれだけの割合を占めているかを表している。たとえば取引が $10^4$ 回おこなわれた場合、富全体の 20% を、人口の 80% がもつ（よって残る 80% の富を、全体の 20% の人が制している）ことがわかる。これらのグラフによると、結局は、事実上たった 1 人の当事者がすべての富を手に入れることになる。

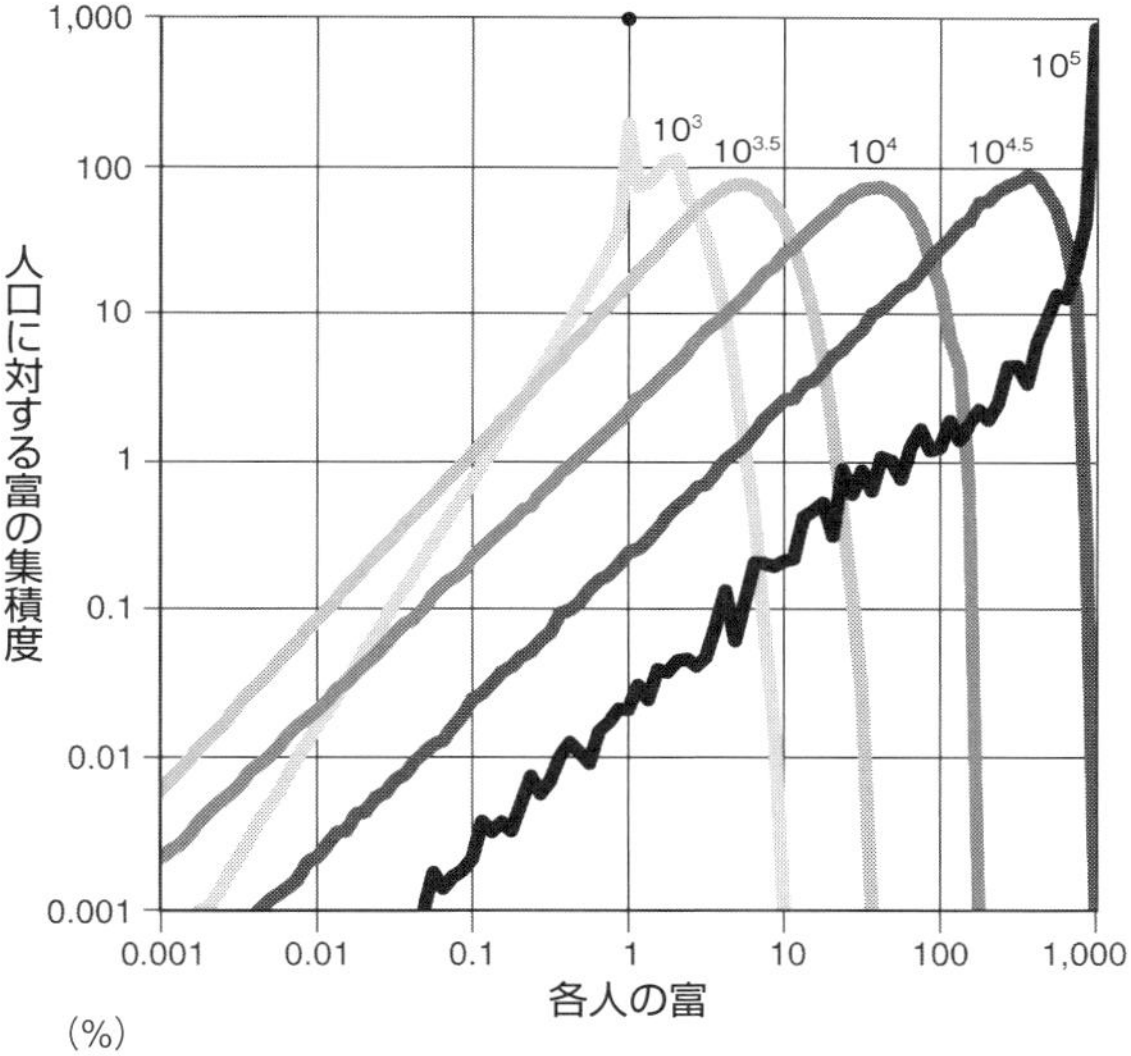
1,000
100
10
1
0.1
0.01
0.001
人口に対する富の集積度
0.001
0.01
0.1
1
10
100
1,000
各人の富
$10^3$
$10^{3.5}$
$10^4$
$10^{4.5}$
$10^5$

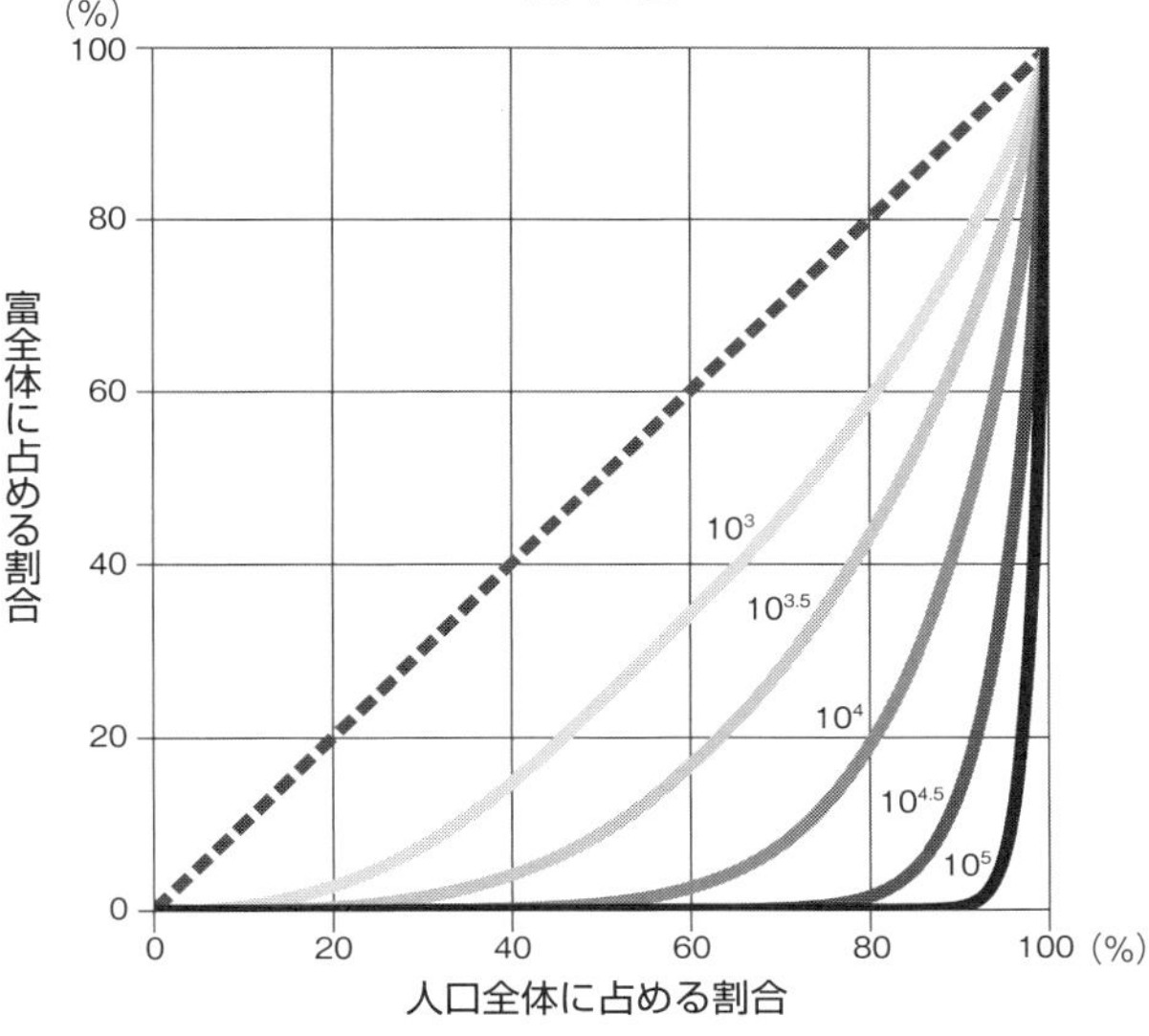
(%)
100
80
60
40
20
0
富全体に占める割合
0
20
40
60
80
100 (%)
人口全体に占める割合
$10^3$
$10^{3.5}$
$10^4$
$10^{4.5}$
$10^5$

してぴったり100パーセントにはならない。)

そして、すべての富を一人が握ると、ちょうど、天体物理学においてブラックホールが発生したのと同じことになり、その経済は破綻する。これは明らかに、ほぼ全員にとって困った状況である。なにしろ、文無しになってしまうのだから。また、独り勝ちした人にとってもむなしい勝利といえよう。なぜなら、自分は世界じゅうのすべての富を握っているというのに、ほかの誰一人として売るものをもたず、したがって何も買うことができないのだから。そのうえほかのみんなが文無しなので、自分の持ち物を売ることすらできない。かくして、経済全体が凍りつくのである。

## 分子の経済

わたしがこのフリーマーケット経済のシミュレーションに取り組みはじめたそもそものきっかけは、ボストン大学のスラヴァ・イスポラトフとポール・クラピフスキーとシドニー・レドナーによる「資産交換モデルにおける富の分布」という論文だった。その論文に載っていたコンピュータ・プログラムに興味を引かれ、簡単に再現できそうだったので、実際に走らせてみようと、即席のプログラムを作ってみたのだ。ところが、得られた結果がその論文の報告とはまるで違ったの

p. 55の経済モデルにわずかな変更を加えたとたんに、まったく異なる富の分布が現れる。すなわち、取引でやりとりされる富の量に関する規則に手を加えて、取引できる富の量を、貧しいほうの当事者ではなく、損をするほうの資産以下にかぎると、富の総量の数パーセントを超える資産をもつ人が一人もいなくなるのだ。しかもこの分布は安定していて、取引の回数が数千回を超えたあたりで、曲線の形が変わらなくなる。ところが皮肉なことに、このような好ましい結果を生みだす取引は、盗人や詐欺師の経済モデルとみなすことができる(p. 61参照)。

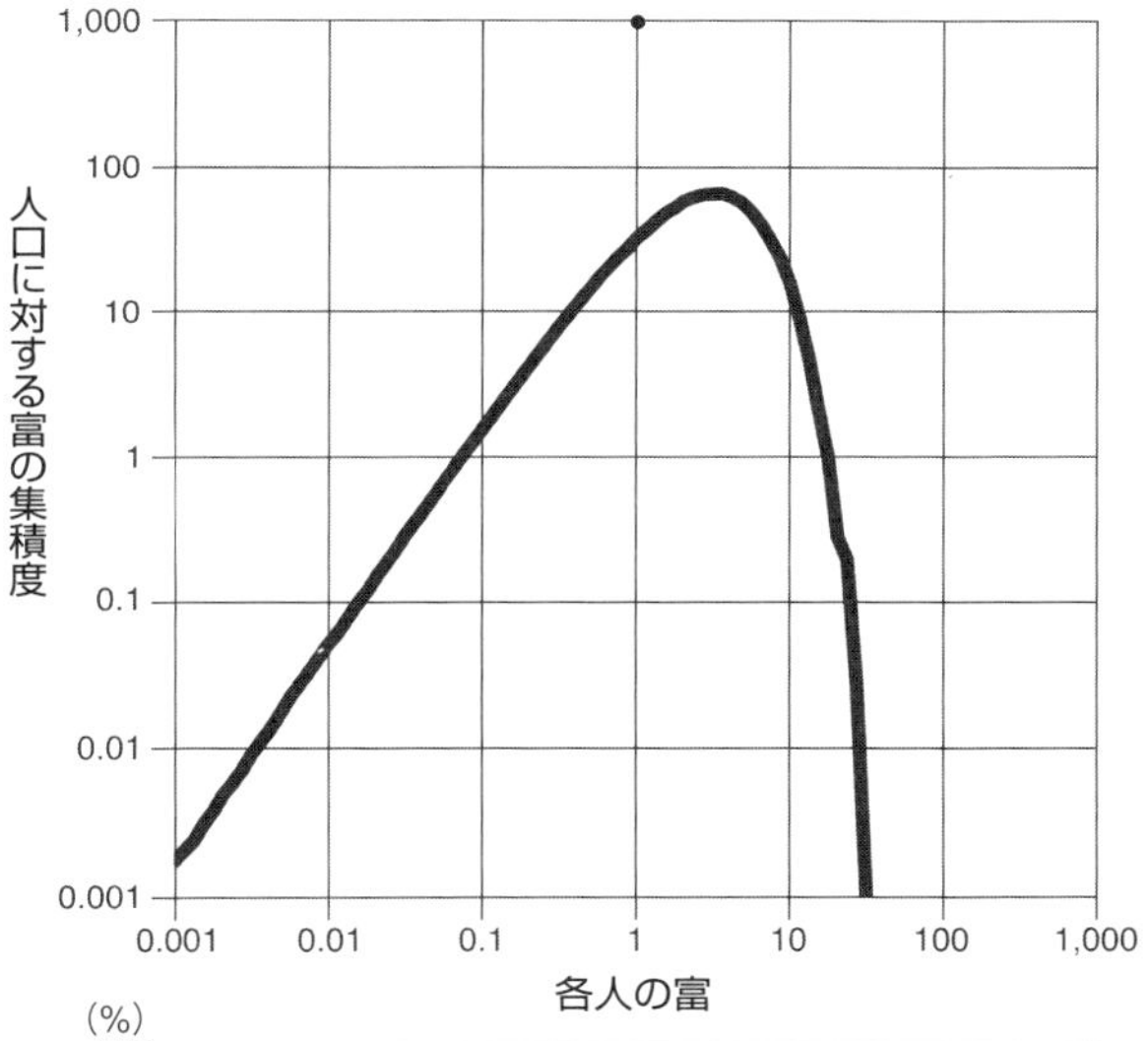
人口に対する富の集積度
1,000
100
10
1
0.1
0.01
0.001
0.001
0.01
0.1
1
10
100
1,000
各人の富

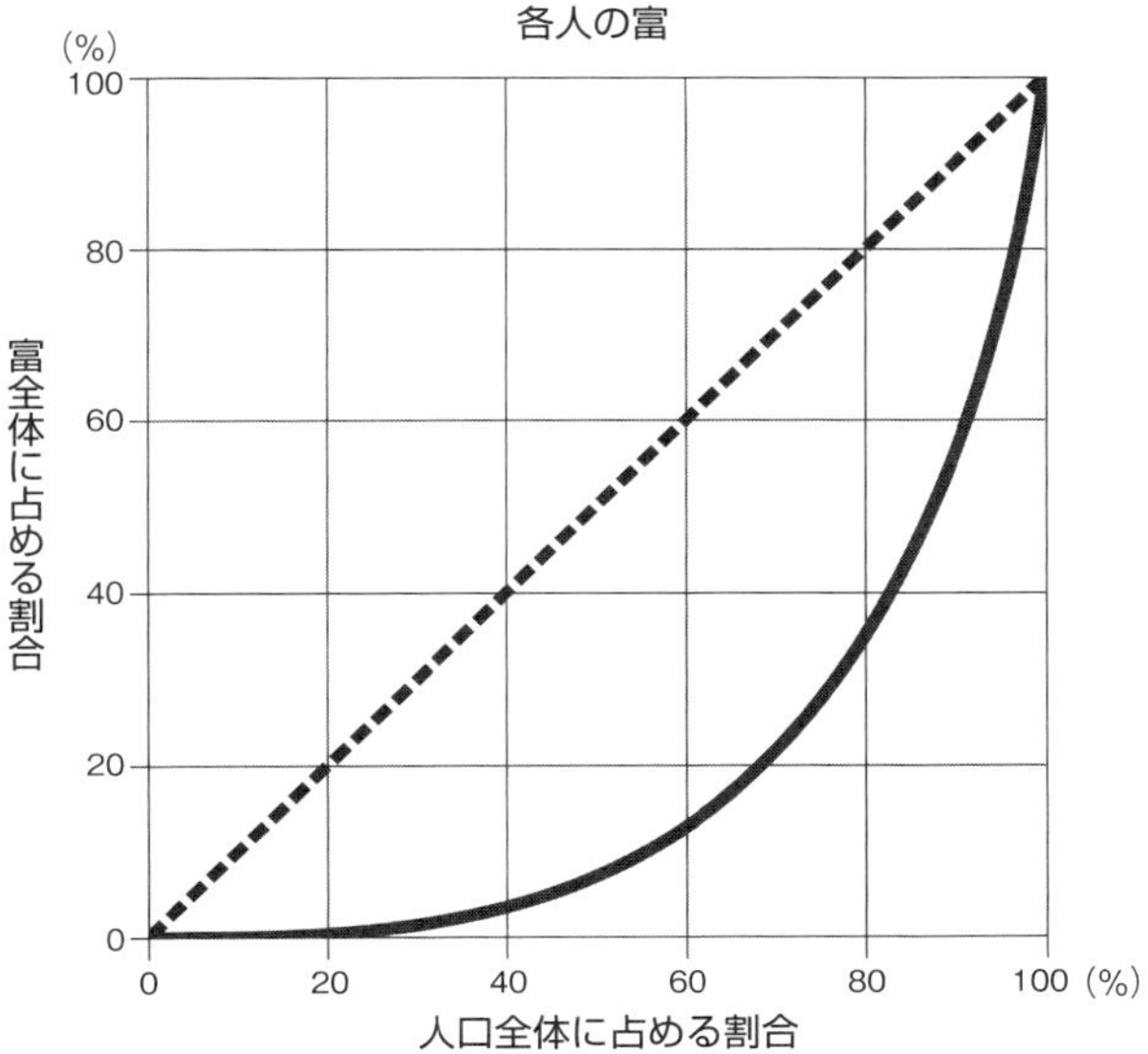
(%)
100
80
60
40
20
0
富全体に占める割合
0
20
40
60
80
100 (%)
人口全体に占める割合

で、わたしはひどくとまどい、あらためてその論文を読みこむことにした。すると、鍵となる方程式を読み間違えていたことがわかった。そのため、イスポラトフらのモデルとは、わずかだが致命的に異なるモデルを作ってしまったのだ。やがてわたしは、自分がたまたま作ったモデルと本質的に同じモデルが、インドのサハ原子核物理学研究所に所属するアニルバン・チャクラボルティの論文に載っているのを見つけた。

このモデルと関係があるテーマで論文を発表している物理学者のグループは、少なくともあと2組あって、フランスでは、国立サクレー研究所のジャン＝フィリップ・ブショーとフランス高等師範学校のマルク・メザールが、これとはすこし異なるモデルでの「富の凝縮」について論じている。また、メリーランド大学のエイドリアン・ドラグレスクとヴィクター・M・ヤコヴェンコは、「金銭の統計力学」について論じている。

こういったモデルのほとんどが、市場経済と気体分子運動論のアナロジーから出発している。すなわち、経済モデルのなかででたらめに選ばれた当事者が金のやりとりをする様子は、気体分子がたえず衝突しあってエネルギーを交換する様子に似ている、と見るのだ。ただし気体の場合には、フリーマーケット経済のような進化は見られない。一人の人間がすべての金を吸い上げるということは、気体でいえば、一つの分子がすべての運動エネルギーをもつということになる。つまり、ただ一つの分子だけが猛烈なスピードでびゅんびゅん飛び回って、あとの分子はじっとしている状態に相当するわけだが、いくら息を詰めて待っていたところで、実際にはそんなことは起こらない。

フリーマーケット経済と気体分子運動論の違いは、富あるいはエネルギーのやりとりの細かい点にある。気体の分子どうしが衝突したときには、二つの分子がもつエネルギーの総量さえ変わらなければ、二つの分子のエネルギー配分はどのような組み合わせにもなりうる。つまり、衝突する寸前に分子がもっていたエネルギーを $a$ と $b$ とすると、総和が $a+b$ でありさえすれば、衝突後の分子のエネルギーはどうとでもなりうるのだ。このようなエネルギーの分配法を金銭のやりとりに置き換えると、すべての取引において当事者二人が全財産を差しだし、集まったものをでたらめに分割してふたたび我が道をゆく、という市場になる。

　この規則にもとづく経済モデルは、フリーマーケット経済のような破綻を起こさず、富は社会全体にいきわたりつづける。とはいえ、富の分布が一様になるわけではなく、富の量が $w$ であるような人の数が $1/e^{(w/T)}$ に比例する指数関数になる。この $e$ は（オイラーの数〔ないしはネイピアの数〕と呼ばれている）有名な数で、値は約2.718。$T$ は温度である。つまり、富の量 $w$ が大きくなればなるほど、それだけの富をもつ人の数は少なくなる。富める者は、貧しい者より少数なのだ。この場合、温度が高いということは、富の分布が広い、あるいは平らだということを意味する。いったい経済における「温度」とは、どのようなものなのだろう。ドラグレスクとヤコヴェンコによると、気体の温度が分子の平均運動エネルギーを表わす尺度になっているのと同じように、この「温度」は、経済に参加している人が入手できる富の平均量を表わしている。

　富が指数的に分布すると、ほとんどの人が経済的に低い階層に押しこめられることになるが、それでも、結局はすべてか無になってしまうフリーマーケット経済にくらべれば平等だ。それに、指数分布の形そのものは変わらないとしても、全員がじっとしているわけではなく、このような社会には、成り上がりや凋落の物語がごろごろしている。金持ちと貧乏のあいだを行ったり来たりするチャンスがそこそこあれば、たとえ貧富の格差があったとしても、あまり不公平には感じないはずだ。

富が指数的に分布しているほうが独り勝ちより好ましいのは明らかで、気体分子の運動理論にもとづいた経済モデルは、少なくとも物理学者にいわせれば、ある種美しいものなのだろう。しかし、このモデルの解釈にはいささか問題がある。というのも、経済の主体が衝突する分子のように振る舞うという明確な根拠がないのである。それに、商取引を運動エネルギーのでたらめな再分割で表すというのは、かなり奇妙でもある。フリーマーケットの場合でいえば、わが家の庭先にだしてあった飾り物にビル・ゲイツが目を止めて、では取引をしようといって、双方の全資産を持ち寄り、でたらめに分割することになるわけで、これはわたしにとってははなはだ結構な話だが、はたしてビル・ゲイツがこんなやり方をよしとするだろうか。

気体運動理論のパターンにうまくあてはまる財産分割の例としては、結婚してから離婚するという状況が考えられる。この場合は、たしかに互いが自分のもち物をもち寄って、離婚するときにそれを分割することになるが、かといって、完全にランダムに分割するわけではなさそうだ。実業界でいうと、会社からの部門の独立や会社どうしの合併も、同じような結果をもたらす。

## 犯罪は見合わない

ここまでで取り上げた二つのモデルは、当事者たちが失う可能性のある富の量でいうと、対極にある。フリーマーケット・モデルでは、損得の量は貧しい当事者の富の量と等しく、時間の経過とともに、ほとんどの人間が貧しくなるために、ふつうは取引される富の量が極端に小さくなる。これに対して結婚離婚モデルでは、二人の富がまるごと動く可能性がある。

そこで、この中間あたりに位置する第三のモデルを作ってみよう。フリーマーケット・モデルと同じように、二人の当事者をランダムに選び、どちらが負け（与えるほう）てどちらが勝つ（得るほう）かもランダムに決めて、やりとりする富の量も、どちらかがもっている富のランダムな割合とする。ただしこのときに元になるのは、貧しい側の富ではなく与える側の富である。するとこの規則も、やはり本人のもち分以上のものを払わせることはできないという常識に沿っていて、当事者たちは取引のたびに、自分がもっている富の何割かを失う危険を冒し、同時に、ほかの人の富の何割かを手に入れるチャンスを手にすることになる。

このモデルは、実世界でいうとどのような取引を表しているのだろう。いろいろな解釈が可能だろうが、なかでも興味深く思われたものを、ここで紹介してみよう。この取引には、富める側はつねに多かれ少なかれ損をし、貧しい側は得をしやすい、というきわだった特徴がある。したがって、（取引の当事者が、相手の財力を正確に測れるとすると）良識ある人は自分より豊かな人間だけと取引し、自分より貧しい人間とは取引しないようにするはずだ。したがって、富の量が均等でない人のあいだで取引が成立するのは、強制された場合かだまされた場合にかぎられる。つまりこのモデルは、盗みや詐欺のモデルなのだ。

盗みと詐欺のモデルでは、何度取引を繰り返そうと、経済は破綻しない。そしてこの場合の富の分

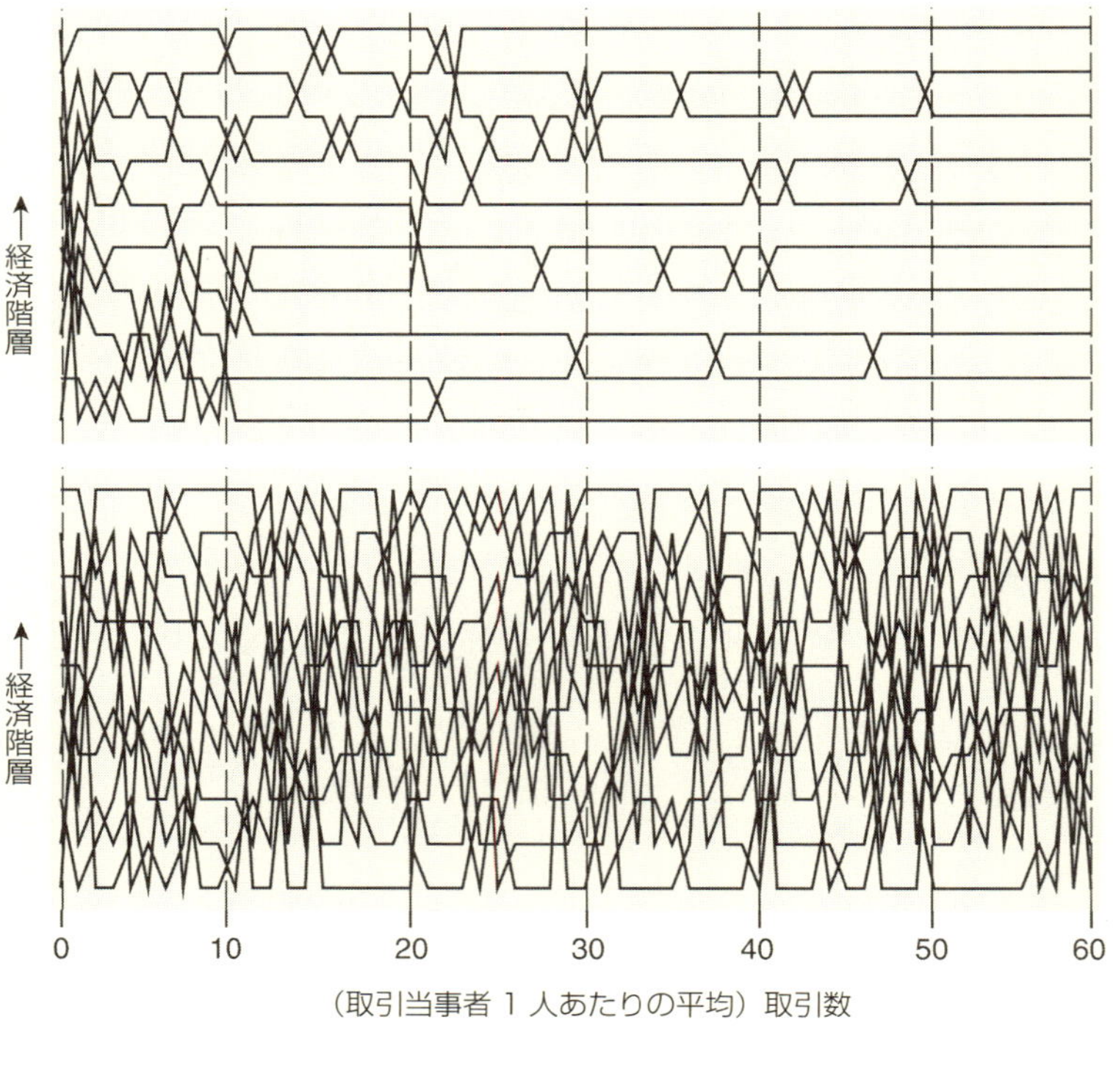


経済の流動性は、モデルによって違ってくる。この図では、左から右に時間が流れ、経済的な階層は、下から上へと上がっていく。一本一本の線は、でたらめに選んだ取引当事者の軌跡である。フリーマーケット・モデル（上の図）では、階層が非常にはっきりしていて、最初の 2、3 回で上のほうにあがった人は、そのままずっと上に居つづける可能性が高い。一方、盗人詐欺師モデル（下の図）では、誰もが成り上がったり没落したりする可能性をもっている。

布はある平衡に達して、結婚離婚モデルとよく似た指数曲線になる。（結婚離婚モデルが窃盗と同じ経済効果をもつという証拠については、ここではいっさいコメントする気はないし、正直な商人しかいない経済よりも銀行強盗がいる世界のほうが富の分配が公平になる理由を考えるつもりもない。）

## 強欲な守銭奴の夢の向こうに

資産交換モデルに関する最近の文献には、さらに多様化したモデルが登場している。ドラグレスクとヤコヴェンコは、取引で動く金額を決定する際の規則だけを変えた一連のモデルに触れている。動く金額が少ない額に固定されている場合もあれば、当事者双方の富を平均したうえでそのランダムな割合とする場合もあり、はたまた全員の富の平均をとって、そのランダムな割合にする場合もある。ドラグレスクとヤコヴェンコは、当事者が負債を抱えたり破産する恐れがないように、損をした側が支払い不可能に陥るような取引はキャンセルされる、という大枠を取り入れた。すると、このようなモデルでは、平衡分布はすべて指数関数のような形になり、破綻は起きなかった。

一方、イスポラトフとクラピフスキーとレドナーは、強欲や搾取を強調した規則に目をつけた。たぶん、貧者には交渉能力が欠けているからなのだろう、これらの規則にもとづくと、裕福な側が必ず勝つ。さらに、やりとりされる富の量を、（フリーマーケット・モデルのように）貧しい側がもっている富のランダムな割合にすると、経済破綻が起きて、すべての富が一人の手元に吸い寄せられる。むろん、組織だった強欲が過酷な結果を招くのは至極当然なのだが、この歴然と偏った規則と、対称なフリーマーケット・モデルの規則が甲乙の結果をもたらすというのだから、これはびっくりである。

これに対して、チャクラボルティは貯金の効果に注目した。取引の当事者が、富の一部を市場にださずに手元に置いておけるとしたらどうなるか。フリーマーケット経済では、たとえ貯蓄が許されたとしても、破綻は避けられない。多少の富を取り置ければ、すっからかんにはならずにすむが、それによって、このモデルのダイナミズムそのものが変わるわけではない。したがって、財の一部を手元に置いておけば、むろん破綻を遅らせることはできるが、結局は一人の勝者がすべてを手中に収める。

あるいはまた、税金や福祉をはじめとする収入の組織的な再分配方法がどのような効果をもたらすのかを考察した論文もあった。富める者に税金をかければ、フリーマーケット経済の破綻は確実に防げるが、それにしても、所得税にどのような効果があるのかはあまり明確でない。そこでわたしは、取引のたびに一定割合の富を所得税として徴収し、それをすべての当事者に均等に分けることにした。すると、税率が低いあいだは破綻を防ぐことができなかったが、税率が15パーセントを超すと、経済は破綻せず、永遠に続きそうに見えた。ひょっとすると、この二つの状況のあいだに鋭い閾があるのかもしれないが、その値をつきとめることはできなかった。

税金と福祉を使えば、フリーマーケット・モデルの破綻を未然に防ぐことができる（左図）。この場合も、元になる取引の仕組みは同じだが、取引がおこなわれるたびに、ランダムに選ばれた当事者にランダムに選ばれた量の税が課され、その税収は取引をするすべての人のあいだで均等に分けられる。こうすると、富める者と貧しい者がわりと狭い範囲に収まり、しかも安定した分布ができあがる。

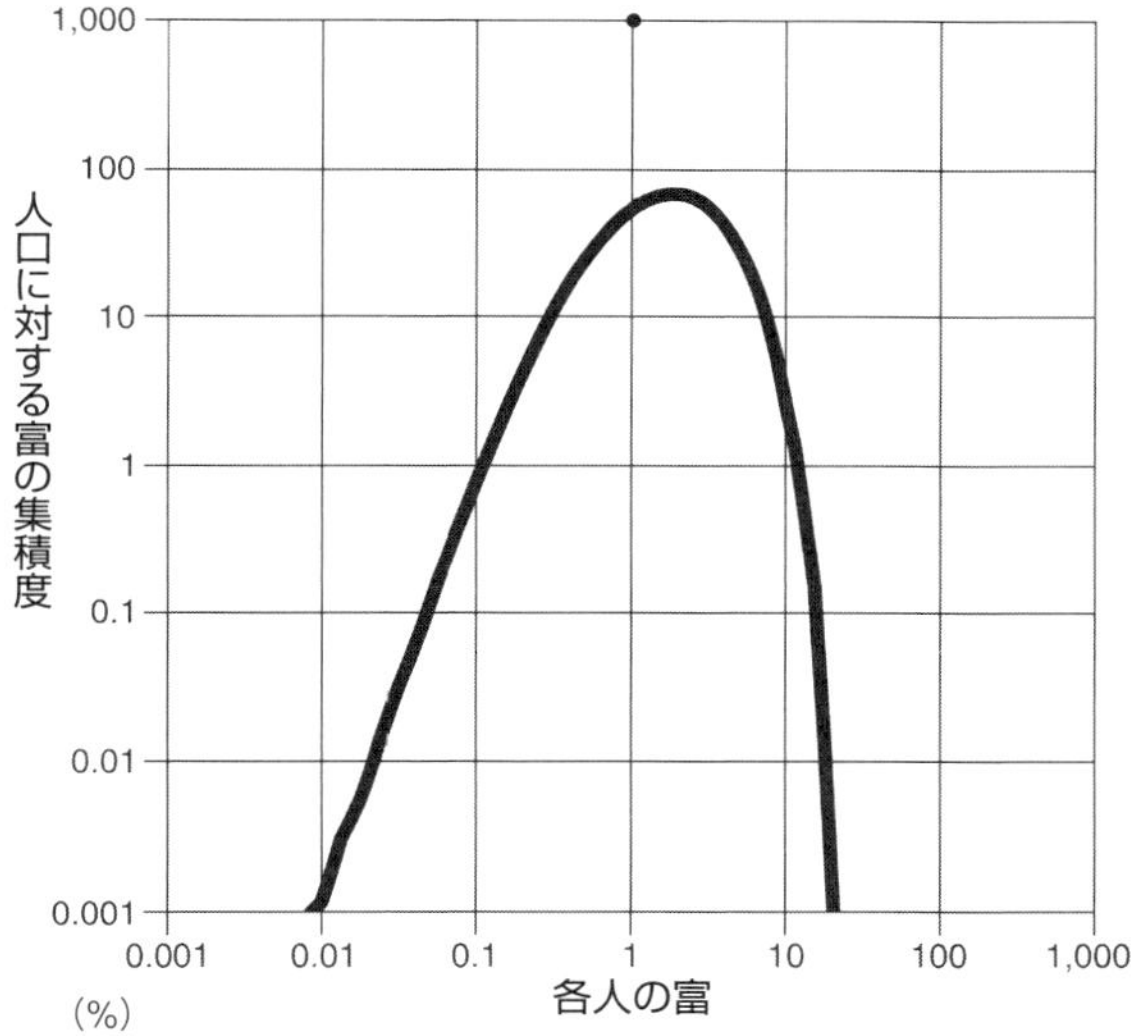
人口に対する富の集積度
1,000
100
10
1
0.1
0.01
0.001
0.001
0.01
0.1
1
10
100
1,000
各人の富

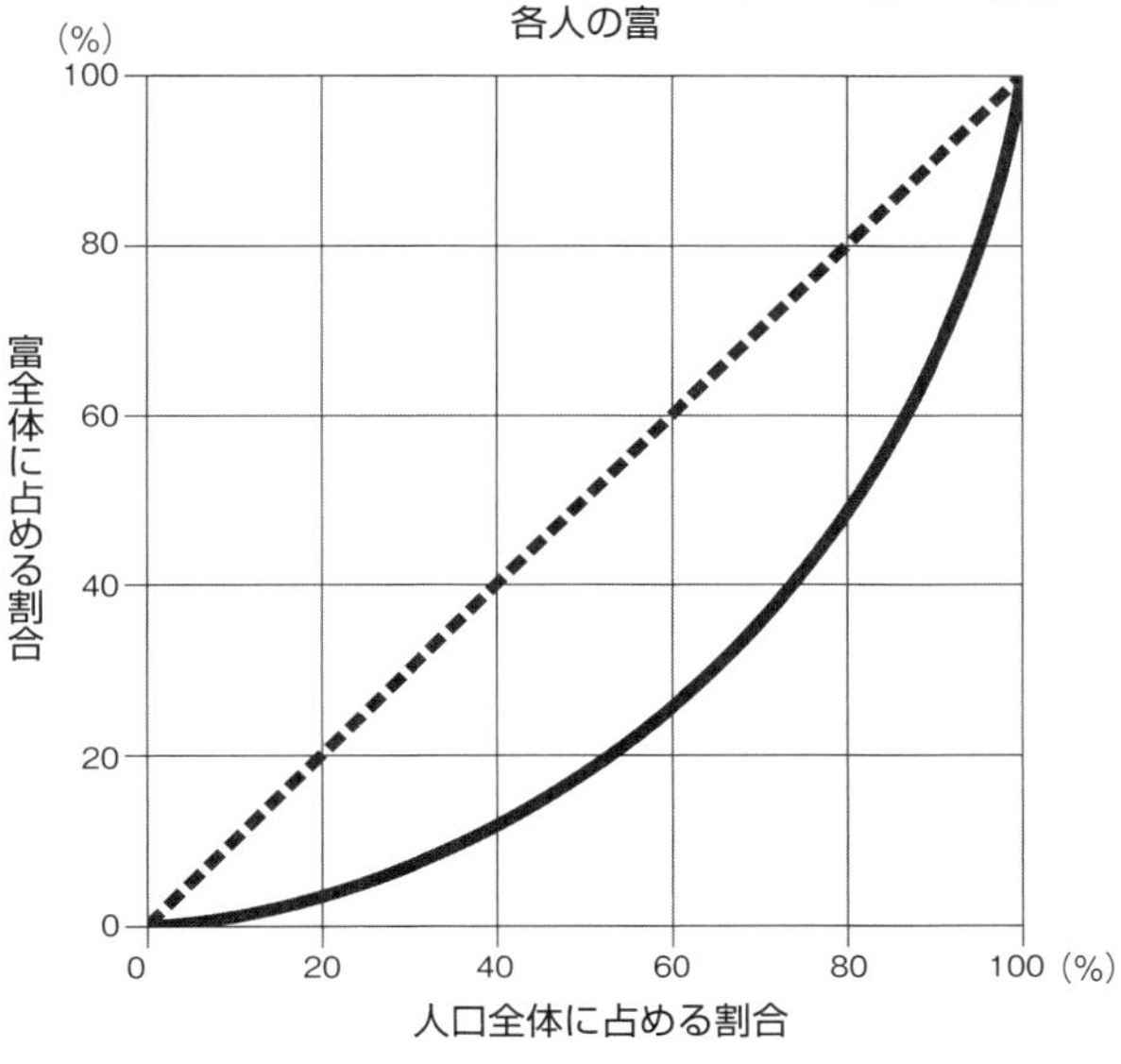
(%)
100
80
60
40
20
0
富全体に占める割合
0
20
40
60
80
100 (%)
人口全体に占める割合

## ゼノンとの取引

これまで論じてきたさまざまな経済モデルは、相違点は多々あるにせよ、大まかにいうと、経済がブラックホールに落ちこんですべての財が一人の手に集まるタイプと、富の分布がなんらかの安定した平衡状態に達するタイプの、二つに分けることができる。では、この違いはいったいどこからくるのだろう。

ドラグレスクとヤコヴェンコの指摘によると、フリーマーケット・モデルのような取引では、時間の流れに対する対称性が破れている。これに対して、時間の流れを逆転させられるのが結婚離婚モデルで、二人の財をすべて集めてそれを分けるという手順は、時間を巻き戻しても成り立つ。結婚離婚モデルの場合、仮に二人の人間がある瞬間にそれぞれ5ドルと3ドルをもっていて、別の瞬間に7ドルと1ドルをもっていた、（そしてこの間に1回だけ取引があった）という報告があったとしても、集めて分割するという規則は、前向きにも後ろ向きにも適用できるので、どちらが取引の前だったのかは判断できない。ところがフリーマーケット・モデルの場合は、2つの量のうちの小さいほうを取る、というのがポイントだったから、この操作を逆におこなったからといって、元の状態に戻るとはかぎらない。フリーマーケットの規則にしたがうと、5ドル対3ドルの状態から7ドル対1ドルの状態を作りだすことはできても、7ドル対1ドルの状態から5ドル対3ドルの状態を作りだすことはできないのである。

フリーマーケット規則のこの不可逆性が、経済の歯止めのような役割をはたすので、いったん富が不均衡に分布しはじめると、そこから抜けだすのに時間がかかる。この歯止めの働きをはっきりさせるために、モデルをさらに単純化して、たった二人の人間からなる経済を考えてみよう。この場合、各自の財の変化を、手にいれることができる富の総量とゼロを結ぶ線の上のランダムウォークで表すことができる。この経済は、どちらか片方がその線のどちらかの端にたどり着いた時点で凍りつく。ちなみに、移動の長さが一定であるようなランダムウォークの場合は、遅かれ早かれ端点にいきつくことが、すでに証明されている（これを、賭博者破滅の法則と呼ぶ）。ところがこれは、フリーマーケット・モデルにはあてはまらない。なぜなら、移動する長さが一定ではないからだ。取引の量は、どんなに多くても当事者の資産を超えないから、端の点に近づくにつれて、歩幅が小さくなる。仮に貨幣に最小単位がないとすると、このランダムウォークは、「ゼノンの歩み」になる。ギリシャの哲学者ゼノンは、矢は的までの半分の距離を進み、さらに残りの半分を進み、さらにその残りの半分を進んでいって……けっして的そのものにはたどり着かない、と主張した。

さてここで、このモデルをさらに単純化して、0から1までの区間でのゼノンの歩みを考えることにしよう。この区間の上を右へ左へとでたらめに移動するのだが、歩幅はつねに、一番近い端点までの距離の（ランダムな割合のかわりに）半分としておく。今、点$1/2$からはじめると、第一歩目の長さは$1/4$になる。その一歩が右への動きなら、$3/4$の点につく。すると、次の歩幅は$1/8$になる。ここで左に移動すると、元の位置には戻らずに$5/8$の点にいきつく。このような移動を繰り返すと、$n$歩目にはどこにいることになるのだろう。このランダムウォークの確率分布には複雑なフラクタル構造があって、答えは単純ではないが、おおよその落ち着き先は、$n$が大きくなるにしたがって端点に近づいていく。フリーマーケット・モデルは、このようなゆがんだ確率分布が歯止めとなって、きわめてバランスを欠いた状態へと突きすすむのである。

## 公正な取引

このような市場経済のモデルから、何かおもしろい数学が生まれるのかもしれないが、それにしても、これらのモデルと実生活における豆の値段に、多少なりとも関係があるのだろうか。これらのモデルにもとづいて、人間社会に見られる実際の富の分布を予測することができるのだろうか。

あいにく、富が実際にどのように分布しているのかははっきりしておらず、今も議論が続いている。入手できるデータのほとんどは収入の分布に関するもので、富の分布とうりふたつではない。パレートは百年前に、収入の分布はべき乗の法則にしたがう、つまり、収入が $x$ 以上の人の割合は $1/x^a$ 乗という形をしている、と主張した。パレートは、指数 $a$ は定数となり、その値は約2.5になるだろうと考えていた。このほかに、収入の対数の分布は正規分布になる、つまり収入曲線は「対数正規分布」になる、という仮説を立てた経済学者もいた。富の分布がべき乗の法則にしたがうのなら、富の大きさにかぎりはないが、対数正規分布や指数分布であれば、富の大きさに厳然とした限界がある。

ブショーとメザールが考えた（取引だけでなく、投資による儲けも含んだ）モデルの場合、富の分布は、パレートの分布のようなべき乗則にしたがう。また、イスポラトフやクラピフスキーやレドナーが考えた「強欲」モデルのなかにも、べき乗曲線になりそうなものがある。ところが、気体分子運動論から直接導かれたモデルでは、富の分布は指数分布になるらしい。ドラグレスクとヤコヴェンコは、実際の富の分布では、中央部分は指数的で、富の量が大きい部分が「パレート分布のしっぽ」になっていると主張している。とはいえ、コンピュータを使ったモデルはどれもひどく荒削りで、観察による測定もはなはだ不確かなので、現実に当てはまりそうな曲線が見つかったからといって、あまり信用はできない。

もう一つはっきりしないのが、実際の経済でもフリーマーケット・モデルのような経済の崩壊が起こりうるのか、という点だ。少数のエリートがほとんどの富を手中に収め、残りの人々が貧困にあえいでいる社会は、地球上の至るところに見られる。それにしても、このような状況は、交易システムが数学的に不安定であるために引き起こされたものなのか、あるいはもっと単純に、悪意や強欲といったことで説明がつくものなのだろうか。どちらにしても、膨大な財を成している大立て者たちも、ビー玉を一つ残らずもち帰っているわけではないらしく、現実世界では、経済の完全な破綻は起こらないように思われる。（ビル・ゲイツの資産が全世界の富に占める割合は、1パーセントよりはるかに小さい。）

経済モデルから得られた結果を実際の経済統計に一致させようとがんばるよりも、むしろ、実社会の経済活動を細かく見ていって、実際にこういった経済モデルの基本的なメカニズムが働いている兆候が見られるかどうかを調べたほうが、はるかに実りが多そうだ。たとえばフリーマーケット・モデルの場合には、取引される富の量をたかだか貧しいほうの富の量にかぎるという規則が、致命的な働きをしていた。一見実に公正で双方に同じ効果をもたらすとしか思えないこの規則のせいで、経済階層の下にいけばいくほど、はい上がるのが難しくなるのだ。

では、わたしたちの日々の取引にも、このような規則が働いていると考えてよいのだろうか。たえず働いているとはいえまい。ギャンブルや投機は明らかに、この規則から逸脱している。そもそも人は、リスクを超える物を手にしたくて、ギャンブルをするものなのだから。ほかにもきっと例外があるにちがいない。だが、あまり金持ちでない人は、小規模の売り買いしかできないのがふつうで、経済活動の規模が小さければ小さいほど、経済階層をはい上がるスピードは遅くなる。新車を買うときにどんなに巧みに交渉したところで、ゼネラル・モーターズと自分との資産バランスを大きく変えることはまずできまい。

実は、こういった商取引のモデルは、個人間での富の分布の説明よりも、企業どうしの関係を論じるのに向いているらしい。企業どうしの場合に、富が急激に少数の手に集中するといえば、要するに独占だろう。

さらに実業界という枠も外したとき、これらのモデルから、国どうしの商取引や自由市場や公正な取引や「同じ土俵」といったことについて、どんなことがわかるのだろう。もしも現実にフリーマーケット・モデルのようなメカニズムが働いているとしたら、市場はまったく自由かつ公平で、全員が同じ土俵で戦っているはずだ。ところがその結果は、みなさんもすでに御存知の通り、ほぼまちがいなく、富める者はさらに豊かになり、貧しい者はさらに貧しくなるのである。

## 後から考えてみると

二〇〇二年にこの随筆を『アメリカン・サイエンティスト』誌に発表すると、読者から、一行目の、「金持ちはさらに豊かになり、貧乏人はさらに貧しくなる」というくだりには難がある、という指摘を受けた。金持ちがさらに富むという点についてはまったく異論はないのだが、後ろ半分は必ずしも正しくないというのだ。シアトルの寄稿家ロバート・ライマンは、次のような反論を寄せた。

近代市場経済では、貧乏人がさらに貧しくなるというのは露骨な嘘で、経済の素養もなしに階級闘争をしたがっている政治家たちの繰りごとにすぎない。二〇〇二年の「貧しい人々」は、一九〇二年の「貧しい人々」や一九五二年の「貧しい人々」よりも、いや、一九八二年の「貧しい人々」とくらべても、はるかによい生活をしている……10ドル食べ放題のバイキングで供されている食べ物は、二十世紀初頭の悪徳資本家たちもあっと驚く量で、しかもバラエティーに富んでいる。炭坑夫や工場労働者が週に一度ならずこのようなごちそうを口にできると知ったら、悪徳資本家たちはさらに驚いたことだろう。

経済のはしごの一番下にいた人々が一段か二段上にあがったという主張は、真剣に受け止めるに値する。それにたぶん、事実でもあるのだろう。世界銀行のシャオフア・チェンとマーティン・ラヴァリオンによると、通過価値の変動を考慮に入れて、ドル単位で見ると、一九八一年には一日70セントだった、経済の最下層にいる人々の平均収入が、二〇〇一年には77セントになっているという。ちなみに、世界の人口の6分の1に相当する約10億人の人が、このような乏しい予算で生活している。やはり世界銀行と密接にかかわっていたフランソワ・ブルギニョンとクリスチャン・モリソンは、さらに遠い昔と比較して、世界の全人口の2割を占める、経済の最下層にいる人々の平均収入が、一八二〇年から一九九二年のあいだに3倍になっていることをつきとめた。これらの統計によって、貧乏人はさらに貧しくなるというわたしの軽薄な公理が裏づけられるとは、とうてい言いがたい。一日に77セント稼ぐのが「はるかにいい生活」とも思えないが、まあ、流れが上向いていることは認めよう。あと三百年もすれば、最貧層の10億人も、10ドル食べ放題のバイキングを食べられるようになるかもしれない。

わたしは、この含蓄ある決まり文句を引きあいにださずに、金持と貧乏人の差はどんどん広がっている、というべきだった。ここ二百年のあいだに、世界の人口の5分の1を占める最貧層の収入が3倍になったのに対して、世界の人口の5分の1を占める富裕層の収入は数十倍になっている。この随筆で紹介した数学モデルでは、このような富の差、あるいは比だけが効いてくる。ここで取り上げたのは、総人口のなかに富がどれくらい均等に、あるいは不均等に広がっているのかを表す富の分布のモデルであって、このモデルは、全員の富の量に同じように影響する経済規模の変化などには左右されないのだ。

この批判と大いに関係してくるのが、この随筆では「ゼロサム」のモデルしか取り上げていないではないか、という批判だ。NASAのゴッダード宇宙飛行センターのトーマス・E・ムーアは、次のように書いてきた。

このモデルの最大の問題は、富の量が固定されている、あるいは維持されている点だ。世界経済は、働いている人々が力を合わせて富を作りだすことで成り立っている。わりと価値の低い材料をほかの人々がほしがるような品物やサービスに変えることで、日々膨大な富が作りだされているのだ。

この不満は、ある意味で誤解にもとづいているともいえる。わたしにすれば、実際に富の量が維持されると主張する気は毛頭ない。たしかに、石炭を地中から掘りだしたり、にんじんを育てたりすれば、価値ある物が作りだされ、経済システムに新しい富が加わる。このモデルは、そういった生産活動が存在しないと主張しているわけではなく、別の箇所に焦点を絞るために、とりあえず生産活動を無視しているにすぎない。物理学でいえば、惑星の動きをモデル化するときに、太陽系全体が銀河系のなかを進んでいく速度を無視するのと同じである。太陽系全体がある速度で動いていることを疑う人間は一人もいないが、だからといって、惑星の軌道に関する力学シミュレーションにその速度を含めなければならないというわけではなく、含めたからといって、なんの役にも立たない。だからこそ、まるで太陽系が動いていないかのようにみなすのであって、この場合も同じように、富の総量が変わらないような社会において、富の分布がどのように変化するかを追っているのだ。

ただしこの場合、一つのモデルをこんなに簡単に独立したバラバラな部分に分けることができるのか、というもっと微妙な問題がある。天文学のモデルでいうと、ニュートン力学では、惑星の動きと銀河の動きを完璧に分離できるが、アインシュタインの相対性理論では、惑星の動きと銀河の動きは完全に独立しているわけではない。ちなみにわたしはこの随筆で、経済について考察するにあたって、取引におけるわずかな価格の差によって生じる富の移動がもたらす効果は、その富の出所とは無関係であるはずだと考えた。この前提を、少なくとも近似として疑うべき根拠は一つも見あたらないが、かといって、この前提を裏づける証拠があるわけでもない。

こういった細かい批判はさておき、もっと大局的に、そもそも気体力学にもとづいて経済モデルを打ち立てるという発想そのものが、真剣に受け止めるに値するものなのだろうか、という点を問うことは可能だ。これはたんなる数学のお遊びなのか、それとも、ここから実際の社会についてなにがしかのことがわかるのか。こんなに単純なモデルを元にして量に関する信頼性の高い予測ができるとは、とうてい考えにくい。とはいえ、現実社会になんらかのメカニズムが存在し、そのために富が少数の人間の手中に集まる傾向が生じているという証拠は掃いて捨てるほどあり、この傾向を説明しようと試みる理論もたくさんある。むろん、富を得ようと人並み外れて懸命に働いたおかげで裕福になった人がいるのはまちがいないし、有名な「正のフィードバック・ループ」もからんでくるはずだ。投資に回せるような余剰資金がある人は、一日77セントで暮らしている人々の手が届かないものを手に入れるチャンスがある。しかも、いくつかの資産交換モデルを見ていくと、どうやらこのほかにも、富める側が得をする傾向を生むフィードバックのメカニズムがあるらしい。

この随筆が『アメリカン・サイエンティスト』に掲載されてからも、同じようなテーマで、多くの出版物が刊行されてきた。さらにわたしは、少し前に発表されていたのに、経済物理学界の注目を集めずにきたおもしろい業績があることを知った。二〇〇五年にキール大学のトーマス・ラックスが注意を喚起した、一九八〇年代から一九九〇年代にかけてのジョン・アングルの論文である。当時米国農務省の統計学者だったアングルは、わたしがこの随筆で論じたモデルとも密接に関わる「相互作用をする粒子系のモデル」を使って、富の分布を研究している。ただしアングルの系では、ここでのモデルと違って、取引において富めるほうが得をする確率がかなり高く設定されていた。

その百年あまり前には、英国の批評家兼随筆家ジョン・ラスキンが、やがて経済物理学モデルから生まれることになるアイデアのいくつかを予見していた。ラスキンは、『この後の者にも』〔邦訳は岩波文庫ほか〕という著書のなかで、次のように述べている。

人はほぼつねに、まるで金持ちが絶対的なものであって、なんらかの科学的処方にしたがえば、誰でも金持ちになれるかのようなことを、言ったり書いたりする。ところが、実は金持ちであるということは、不平等があるときにのみ、あるいは、己を否定するときにのみ力を発揮する電流の力のようなものなのである。誰かのポケットのなかにあるギニー金貨の価値は、お隣さんのポケットにギニー金貨がない、という事実によって決まる。お隣さんがほしがらなければ、ギニー金貨は役には立たない。金貨がもつ力のほどは、まさに、それをもちたいという相手の欲求や必要によって決まる。――そして、ごくふつうに商売をしている経済人の感覚からすると、自分が金持ちになるためには、当然お隣さんを貧しくしておかなくてはならないのである。

# 4　遺伝暗号をひねり出す

ジェイムズ・ワトソンによると、フランシス・クリックは、一九五三年二月末日にケンブリッジにあるパブ「鷲亭」で立ち上がると、常連たちに向かって、「ぼくたちは、生命の秘密を発見した」と言いきったという。この自慢話は、歴史によって裏づけられている。生命の秘密といえば、DNAの二重らせんだろう。しかし、分子生物学の秘密が、すべてこの二人によって解明されたわけではなかった。この二重らせんに埋めこまれた暗号を読み解こうという学者たちの活動は、当時まだはじまったばかりで、以後長いあいだ、いらだちや誤った出発や、すばらしいはずの着想がまるで見当外れだったことが判明する、といった出来事で注目を集めることとなった。結局、この暗号を解くには、さらに十年の年月が必要だったのである。

先日、ある論文を探して、その興味深い十年間に発表された論文を何気なくぱらぱらとめくっていると、別の論文が目にとまった。そして、すこぶる興味をかき立てられたわたしは、その論文に引用されているもっと古い文献をたどってみることにした。数日後にふたたび図書館にいき、古い参考文献を調べたうえで、今度は時間を先送りして、最近発表された論文の要約や遺伝暗号解読の歴史に目を通しはじめた。(ほかにしなければならないことがあるときには、このような図書館の書棚での鼻をきかせた捜し物が、とりわけ魅力的になる。)

わたしは、暗号を読み解く努力のなかで、DNAの構造とタンパク質の構造のつながりに関する生化学のパズルが、抽象的な記号操作の問題へとすみやかに還元されていく様子に、すっかり魅了されていた。解読に向けた動きがはじまって数ヶ月もすると、ごちゃごちゃと入り組んだ分子はどこかへ消えて、別の種類のアルファベットでできた2つのメッセージのあいだの数学的マッピングを理解することが目標になった。DNAの言語は、アデニンとチミンとグアニンとシトシンの4つのヌクレオチド基を表すA、T、G、Cの4つの文字でできていて、一方、アミノ酸の長い列であるタンパク質は、約20種類ある。生物学者たちは、4文字のDNAのアルファベットで書かれた文を、20文字あるタンパク質のテキストに翻訳する鍵を、「遺伝暗号」と呼びはじめた。そして、その鍵を見つけるためのツールのほとんどが、生物学や化学ではなく、数学やコンピュータ科学の分野からもたらされた。提案された解の善し悪しは、その暗号を使って、情報をどれくらい効率的に蓄積でき、伝達できるかという点を基準にして判断された。エンジニアたちが、コンピュータ・ネットワークのためのコミュニケーション・プロトコルの設計について判断するときに使うのと、よく似た基準だ。

わたしが遺伝暗号に関する初期の業績に魅せられたのには、もう一つ理由があった。提案された暗号のなかに、実に独創的なものがあったのだ。正直な話、暗号解読物語の幕が下りて正解がわかったときには、無念さにちくりと胸が痛んだほどだった。理論家たちが編みだしたエレガントな暗号にくらべると、自然が作りだした暗号が、まるでその場しのぎの寄せ集めにしか見えなかったからである。

## 当時わかっていなかったこと

一九五三年ごろの分子生物学の世界に足を踏み入れるには、まず、今知っていることをすべて忘れる必要がある。ゲノム全体の配列決定が日常の仕事となっている時代の人間にすれば、これはけっして容易なことではない。一九五三年当時、DNA分子の塩基配列は、たった一つの遺伝子のほんのかけらの配列ですら、つきとめられていなかった。

タンパク質のほうはすこしましといった程度で、フレデリック・サンガーは、インシュリンのアミノ酸配列に関する研究を終えようとしており、ほかにも二、三、タンパク質の配列が断片的に判明したところだった。とはいえ、タンパク質の配列がすべて正確に定義されていたわけでも、同じ種類のタンパク質ならどの分子をとっても配列は同じだといった考えが広く受け入れられていたわけでもなく、あいかわらず、タンパク質を構成するアミノ酸の組に関する議論が続いていた（じきにワトソンとクリックが鷲亭に腰を据えて、20個のアミノ酸の基準リストを書きはじめることになるのだが）。しかもそのうえ、DNAからタンパク質への生化学的翻訳装置は、一つも見つかっていなかった。メッセンジャーRNAやトランスファーRNAなどの、翻訳の仲立ちをする分子はまだ発見されておらず、タンパク質の組み立て工場であるリボソームも、電子顕微鏡のおかげで姿だけはちらりととらえられていたもののの、どのような働きをするのかは、はっきりしていなかった。

そんななかでわりとはっきりしはじめていたのが、DNAの複製に関する研究だった。ワトソンとクリックが、4つのヌクレオチド基がアデニンとチミン、グアニンとシトシンという特定の対を作っているということを見抜いた瞬間に、複製のメカニズムが明らかになったように思われた。二重らせんが開いて片割れを補完し、元の列を再現するような2本の新たな列ができるのである。コピー機が、コピーしている文書の中身を理解していなくてもコピーを作れるのと同じように、元になる列の意味を知らなくても、DNAの複製装置について考えることはできたから、複製の手順を推し量るのは、そう難しくなかった。

だがDNAからタンパク質への翻訳のメカニズムを探るとなると、どうしても意味が絡んでくる。それなのに、DNAの塩基配列をどう解釈すべきなのか、皆目見当がつかず、ごく基本的な問いですら、解決されていなかった。たとえば、DNAが二重らせんだということは、両方の列から情報を拾わなくてはならないということなのだろうか。もし、片方の列にしかメッセージが載っていないのだとしたら、メッセージが載っているほうをどうやって見分けるのだろう。だいたい、どの方向に読めばメッセージになるんだ？　ゲノムの意味を理解する作業は、さながら、どちらが上かもおぼつかないくらい変わった言語で書かれた本を読み解くようなものだった。

## ダイヤモンド暗号

ワトソンとクリックの発見に触発されて、DNAの塩基配列を解読するための初の遺伝暗号案を呈示したのは、意外な分野の専門家だった。この暗号を作ったのは、生物学者でもなければ化学者でもなく、天文学においてビッグバン理論を提唱したかの高名な物理学者、ジョージ・ガモフだったので

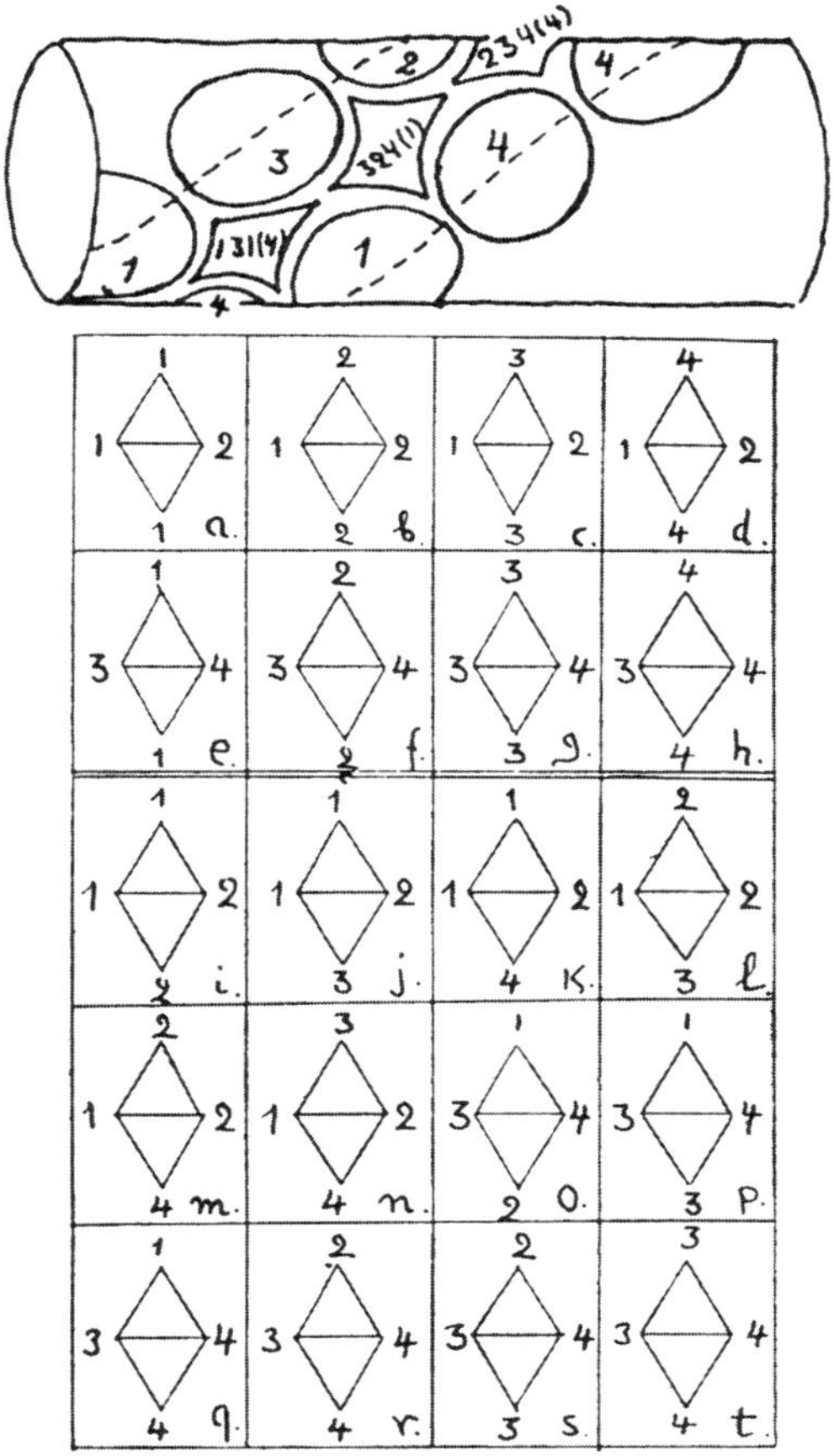


ジョージ・ガモフのダイヤモンド暗号では、DNA の型の上でじかにタンパク質が作られると考えられていた。1954 年にかかれたこの図では、ヌクレオチド基は数字で、アミノ酸を特定する 20 のコドンは文字で表されている。（ネイチャー誌、173 号 318 ページより）

ある。

本人がダイヤモンド暗号と名づけた第一の案によると、DNAの二重らせんそのものが、アミノ酸を集めてタンパク質にするための鋳型になる。ガモフは、さまざまな塩基の組み合わせが、二重らせんの片方の溝に沿うようにはっきりとしたくぼみを形作り、そこにいろいろなアミノ酸がはまっていくと見た。それぞれのくぼみには決まったアミノ酸が引きつけられ、どの酸が引きつけられるかは、まわりのヌクレオチド基によって決まっている。そして、この溝に沿ってすべてのアミノ酸が正しい順に並ぶと、酵素の作用で重合が起きて、連続した鎖ができあがるのだ。

ガモフのくぼみは、ダイヤモンドの四隅にある塩基によって区切られていた。DNAのらせんが垂直に伸びていれば、ダイヤモンドの一番上と下の角は同じ列に載っていて、そのあいだには塩基が一つだけ挟まっている。さらにダイヤモンドの左右の角は、真んなかに挟まった塩基と、向かいの列のその塩基を補完する位置にある塩基によって決まる。

クリックはその数年後に、「ガモフの業績は、真の意味で暗号の抽象理論であり、化学に関する不必要な詳細によって乱されていないという点で重要だ」と述べている。ガモフが提案したダイヤモンド暗号は、実は後から登場するさまざまな提案よりも化学的な夾雑物を多く含んでいたのだが、人々の心を打ち、のちのちまで影響をおよぼしたのは、その抽象的な側面だった。なかでも、ガモフが編みだしたアルファベットの個数の不均衡への対処法は、今も、生物学の教科書の遺伝暗号に関する叙述の出発点になっている。

遺伝暗号のアルファベットの個数を見ていくと、タンパク質には20種類のアミノ酸があるのに、D

NＡのヌクレオチド基は4種類しかない。したがって、ヌクレオチド基からアミノ酸への1対1対応はありえず、さらに、２つの塩基を使って１つのアミノ酸を特定したとしても、塩基の２つ組は16種類しかできないから、まだたりない。よって、遺伝暗号に含まれる情報の基本単位は、３つ以上の塩基の組でなくてはならないのだが、塩基を３つひと組にすると、計64組になって、必要な数の3倍を超えてしまう。というわけで、この余りをどう説明するかが、暗号理論学者の腕の見せどころとなった。

ガモフのダイヤモンド暗号に含まれる化学的な夾雑物を取りのぞいて、その抽象的な構造だけに注目すると、実は形を変えた３つ組暗号になっていることがわかる。なぜなら、ダイヤモンドにはたしかに角が４つあるが、水平方向の対角にある２つの塩基は互いを補完しているので、情報をもっているのは片方だけとなり、残る一つの角はＡとＴ、ＣとＧをつなぐ法則によって完璧に決まってしまうからだ。つまり、コドンと呼ばれるそれぞれの符号語は、１列に並んだ３つの塩基からなっているのである。コドンの組は計64通り考えられるが、ガモフの暗号では、これらのダイヤモンドを上下左右に回転させても意味は変わらないと仮定されていたので、同一視される組があった。たとえば、CAGという３つ組をひっくり返すとGACになるが、この２つのコドンは同じアミノ酸を定めると見られていた。また、CAGの左右をひっくり返すと、真んなかのＡが対の相手のＴに変わるので、CTGやGTCも同じコドンの属に数えられた。このようなシンメトリーをすべて勘定に入れると、最終的にコドンはいくつ残るのだろう。ガモフはこれらのコドンをすべて数え上げて、残りが20個になることをつきとめた。探し求めていた魔法の数字が得られたのである。

| AAA | ↔ | AUA |   | ACA | ↔ | AGA |
| --- | --- | --- | --- | --- | --- | --- |
| CAC | ↔ | CUC |   | CCC | ↔ | CGC |
| GAG | ↔ | GUG |   | GCG | ↔ | GGG |
| UAU | ↔ | UUU |   | UCU | ↔ | UGU |

| AAC | ↔ | CAA | ↔ | AUC | ↔ | CUA |
| --- | --- | --- | --- | --- | --- | --- |
| AAG | ↔ | GAA | ↔ | AUG | ↔ | GUA |
| AAU | ↔ | UAA | ↔ | AUU | ↔ | UUA |
| ACC | ↔ | CCA | ↔ | AGC | ↔ | CGA |
| ACG | ↔ | GCA | ↔ | AGG | ↔ | GGA |
| ACU | ↔ | UCA | ↔ | AGU | ↔ | UGA |
| CAG | ↔ | GAC | ↔ | CUG | ↔ | GUC |
| CAU | ↔ | UAC | ↔ | CUU | ↔ | UUC |
| CCG | ↔ | GCC | ↔ | CGG | ↔ | GGC |
| CCU | ↔ | UCC | ↔ | CGU | ↔ | UGC |
| GAU | ↔ | UAG | ↔ | GUU | ↔ | UUG |
| GCU | ↔ | UCG | ↔ | GGU | ↔ | UGG |

ダイヤモンド暗号で、シンメトリーなものが同一のグループに属すると考えると、64あるコドンは20種類に分類される。同じグループのコドンは、すべて同じアミノ酸に対応する。この表の一番上にある16個の回文コドンは2つ1組に、残りのコドンは4つ1組になっている。

ガモフが考えたダイヤモンド暗号には、もう一つ重要な特徴があった。この暗号は、一部が重なっている3つ組み暗号なのだ。（おそらく列の両端をのぞいて）各ヌクレオチド基は、同時に3つの連続するコドンの一部になっていて、たとえばGATTACAという塩基の列は、GAT、ATT、TTA、TAC、ACAという計5個の3つ組が重なってできている。その当時、一部が重なった3つ組という思いつきは、なかなかよさそうに思われたし、生化学でもこれを裏づける観察結果があった。タンパク質に含まれるアミノ酸どうしの間隔と、DNAのなかの塩基どうしの間隔が似ていたのだ。したがってタンパク質の鎖とDNAの鎖は、単位となっている要素が1対1で対応しているときに、最もうまく嚙みあわさると考えられた。それに、一部が重なった暗号は、蓄積される情報の密度が最大になる。1つのアミノ酸を特定するには基が3つ必要だが、その3つ組の一部が重なっているので、全体としては、塩基の数とアミノ酸の数の比が1対1に近づくのである。そして最後に、コドンの一部が重なっているとすれば、当然アミノ酸の配列にも制限が加わる。この制約を手がかりにすれば、本物の暗号の性質を解明できるはずだ、とガモフは考えた。ところが結果としては、この制約がガモフの説の命取りになった。

## RNAネクタイ・クラブ

物理学者がひょっこり姿を現して、生物学者たちに問題の解き方を教えたとしても、必ずしも歓迎されるとはかぎらない。しかしガモフは歓迎された。たぶん一つには、そのころの生物学のラボに、後から割りこんできた物理学者がひしめいていたからだろう。(クリック自身も、研究者としての人生を、物理学の学位を取ることからはじめた。)あるいは、誰に聞いても並外れて人好きのする人物だったという、ガモフの魅力ある人柄が道を開いたのか。いずれにしても、ガモフはすぐに、一夏をケープ・コッドにあるウッズホール海洋生物学研究所で過ごすことになり、著名な分子生物学者たちと力を合わせるようになった。そしてまた、RNAネクタイ・クラブを設立したのだが、このクラブの定員は、(アミノ酸1つにつき1名ということで)20名の会員と、(ヌクレオチド基1つに1人ということで)4名の名誉会員にかぎられていた。クラブのネクタイはウールで、黄色と緑のらせんが縫い取られていた。今なら、そもそもネクタイをする人間がいるはずもなく、こんな組織は流行りそうにない。しかし、当事このクラブは、さまざまな着想を広めるうえで重要な役割をはたした。

尊敬を集めていたガモフへの批判は、おしなべて慎重な形で表明された。特に注目を集めたのが、一部が重なった3つ組というアイデアだった。ヌクレオチド基とアミノ酸の数の比が1対1の暗号では、どうやってみても、ヌクレオチド基からなる長さ$N$の列の種類は、たった$4^N$通りしかなく、一方アミノ酸の列の種類は、$20^N$通りになるので、ヌクレオチド基をどう並べても符号化できないアミノ酸の列がたくさんでてくるのだ。長さが2のアミノ酸列（ジペプチドと呼ばれる）でさえ、このような現象が起きる。アミノ酸は20種類あるから、ジペプチドは20の2乗個、つまり400種類あるはずだが、1つずれて重なった3つ組みのコドン2つからなる列には、ヌクレオチド基は4つしか含まれておらず、このような列の種類は$4^4$個、つまり256通りとなる。このため、一部が重なりあった暗号で表わされるタンパク質のなかには、でてこられないジペプチドが144個ほどある計算になったのだ。

クリックは、一九五〇年代半ばに実験により入手可能だったわずかなタンパク質配列データにもとづいて、ダイヤモンド暗号が候補から除外されることを立証してみせた。当時すでにわかっていたアミノ酸の反復パターンのなかに、ダイヤモンド暗号では作れないものがあったのである。

しかしガモフはこれにくじけることなく、またしても、一部が重なっていて制約の形がすこし違う「三角暗号」を提案した。ちなみにこの暗号でも、64個の3つ組コドンは20種類に分類された。さらにガモフはしばらくすると、もっと簡単でこれまた一部が重なった3つ組暗号を考えだした。この暗号では、コドンはヌクレオチド基の組み合わせによってのみ決まり、基の配列はまったく無視される。つまり、ACTも、ATCも、CATも、CTAも、TACも、TCAも、すべて同じコドン属に分類され、まったく同じアミノ酸を表していることになる。驚いたことに、このやり方でもやはりコドン属はちょうど20個になる。（4つのもののなかから一度に3つを取ってきて組み合わせる組み合わせの個数に相当するからだ。）

ガモフとその友人たちは、さらにいくつかの一部が重なる暗号を考えだした。リチャード・ファインマンも、ある暗号をひねりだすのを手伝ったし、核物理学者のエドワード・テラーも、また別の、ひとつひとつのアミノ酸がＤＮＡのなかの2つの基とその前のアミノ酸で決まるというかなり泥臭い枠組みを提案した。

しかし、一部が重なった暗号という着想は、しだいにいきづまりを見せはじめた。突然変異のパターンとうまく合わなかったのだ。一部が重なった暗号では、ＤＮＡのなかのヌクレオチド基を1つ変えただけで、隣りあう3つのアミノ酸が変わる可能性がでてくる。ところがタンパク質の配列データのなかに、アミノ酸が1つだけ変わっている例が見つかりはじめた。そしてついに、決定的な証拠があがった。シドニー・ブレナーがすでに判明していたすべてのタンパク質列の断片を調べたところ、隣りあうアミノ酸の関係から見て、どう考えても遺伝暗号は、ずれながら重なりあった暗号ではありえないことが明らかになったのである。

今となって振り返ると、一部が重なりあったコドンという着想に長いあいだしがみついていたのは、不幸でもあればとんちんかんでもあったが、当時は、この枠組みに賛成する声が大きかった。なぜなら、タンパク質の個数とDNAの鋳型の個数を一致させることが重要だと考えられていたからだ。

それに、この暗号はなかなか効率的だった。自然淘汰が働けば、当然、情報は最も密になるように蓄積され、どんな情報能力も無駄にされないようになっているはずだった。当時コンピュータを作っていた技師たちは、できるだけたくさんのビットを詰めこもうと四苦八苦していたわけで、だったら自然だって同じことだろう？　かくして、自然が実はとんでもない浪費家で、ゲノムには「ジャンクDNA」がたくさん詰まっていて、二、三のごく小さなウィルスはさておき、蓄積の効率などまるで問題にならないらしい、というとほうもない真実を見抜けた者は、一人もいなかった。

一部が重なった形の暗号には、もう一つ、枠組み移動の問題を避けられるという利点があった。この問題がどのようなものなのかを理解するためにも、ここで、まったく異なるタイプの暗号候補を見ておこう。わたしにいわせれば、「二十世紀の科学界一みごとに間違っていたアイデア」ともいうべき暗号である。

## コンマ・フリー暗号

一九五〇年代も後半に入ると、メッセンジャーRNAと呼ばれる一列にならんだ分子があって、DNAとタンパク質合成装置の仲立ちをしている、という考えが支持されるようになった。そのころクリックは、アミノ酸とメッセンジャーRNAとが直接作用しあうのではなく、タンパク質は特定のコドンを認識する小さな分子によって運ばれる、という「アダプター仮説」を作っているところだった。

（今では、このアダプター分子がトランスファーRNAであることが確認されている。）また、すでに、コドンは重なりあっていない3つ組の塩基らしい、という説が有力になっていた。

当時、遺伝子の発現は、次のように進行すると考えられていた。まず、DNAの適当な部分がメッセンジャーRNAに転写される。これは、DNAの二重らせんの複製過程と同じで、列の意味とは関係のないただの複写だ。次に、メッセンジャーRNAが細胞質のなかに、3つ組の塩基の長い列をギザギザなのこぎりの歯のようにむきだしにして広がる。そして、すでに正しいアミノ酸を見つけて運んでいたアダプター分子が、このメッセンジャーRNAの鎖のあちこちをついてまわり、ついに正しいコドンとくっつく。すべてのコドンにアダプターがはまると、アダプターが運んできたアミノ酸どうしがつながって完璧なタンパク質となり、型からはがれるのだ。

このシナリオが、いかにももっともらしく思われたであろうことは、想像にかたくない。今日のわたしたちの目から見ても、いかにも生命体がおこないそうな化学反応で、アダプター分子がメッセンジャーRNAの上に整列するときに、順序を問わないパターンマッチングがおこなわれるという点も、酵素と基質の反応や抗体と抗原の結びつきを思わせる。しかし、アダプター分子がメッセンジャーRNAにとりつくという見方には、重大な問題があった。アダプター分子（子豚）が、うっかりほかのコドンの一部であるヌクレオチド基にかかるように（つまり乳首と乳首のあいだに）取りついてしまったら、どうなる？

メッセンジャーRNAの鎖に、UGUCGUAAGという列が含まれていたとしよう。（RNAでは、DNAの二重らせんに含まれるチミンのかわりにウラシルが含まれているので、暗号がTではなくUになっているこ

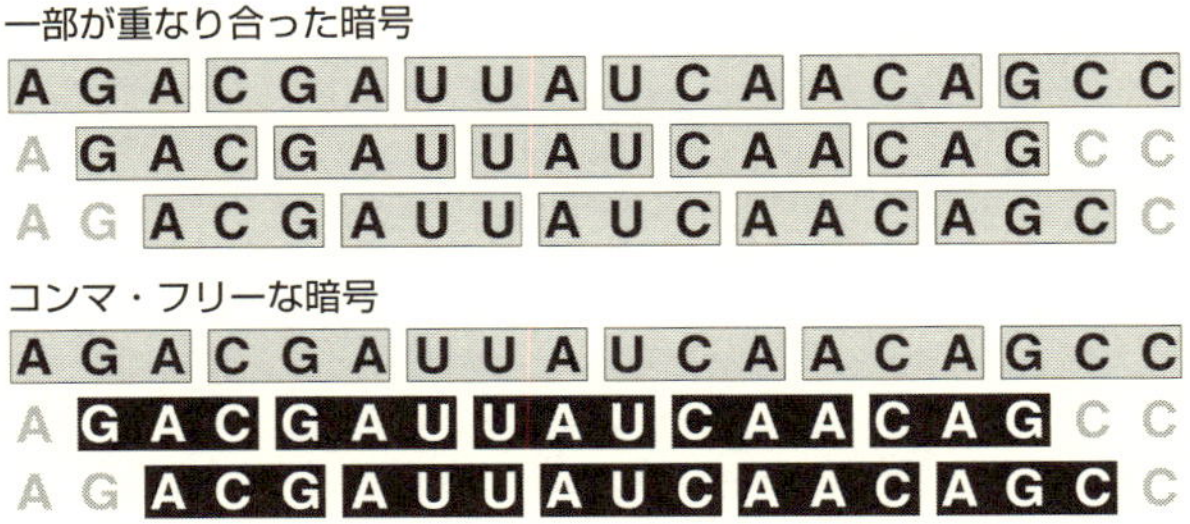


一部が重なり合った遺伝暗号では、３つ１組の「読み枠」すべてが３つ組の塩基であると解釈するので、18個の塩基からなるDNAの鎖（ストランド）には、16個のコドン（灰色の固まり）が入る。１つのアミノ酸を特定するには塩基が３つ必要だが、それぞれの塩基は、計３つのコドンの一部になっている。コンマ・フリー（区切りをつける必要のない）な暗号を作るには、３種類の「読み枠」のうちの１つだけが意味を持つようにすればよい。つまり、重なりあっている残り２つの３つ組み（黒い固まり）には意味がないのだ。

とに注意。）ほんとうは、この列をUGU, CGU, AAGと読みとってほしいのだが、RNA分子にはコドンの境界を示す句読点がなく、そのためにこの列は、UG, UCG, UAA, Gとも、U, GUC, GUA, AGとも読むことができる。しかもどの「読み枠」を採用するかによって、意味が変わってくるのだ。それに、タンパク質合成を乳を吸う子豚にたとえたとして、アダプター分子（子豚）が、異なる「読み枠」のメッセンジャーRNAに吸いついて、互いに邪魔しあい、まったくタンパク質ができなくなる可能性もある。

一部が重なりあった暗号であれば、このような枠組みのずれは問題にならない。なぜなら、３つの「読み枠」はどれも正しいからだ。ところが、コドンが一列に並んでいる場合は、翻訳装置を正しい枠にもっていかなくてはならなくなる。クリックは一九五七年に、非常に賢明かつ自明で、これはもう正しいとしか思えない答えを提示した。曰く、64個のコドンのうちの一部だけが、アダプター分子をもっている。つまり、意味があるのはそれらのコドンだけで、残りの3つ組は「意味のないコドン」なのだ。その場合、意味をもつコドンどうしが隣りあわせに並べられたときに、枠組みがずれてできるコドンは意味をもたないようになっていなくてはならない。たとえば、CGUとAAGの2つのコドンに意味があるのなら、鎖状につながったCGUAAGという列のなかに現れるGUAやUAAには意味がなく、また、AAGCGUという列を考えれば、AGCにもGCGにも意味がないはずだ。枠から外れた3つ組が一つとして意味をなさないのであれば、このメッセージの読みとり方はただ1通りになって、アダプター分子のメッセンジャーRNAへの取りつき方も1つに決まる。このような性質をもった暗号は、コンマや分かち書きをしなくてもメッセージの意味があいまいにならないので、句読点《コンマ》がいらない、コンマ・フリー《フリー》暗号と呼ばれている。

コンマ・フリー暗号は、ほんとうに存在するのだろうか。3文字の英単語のなかで、1字あけをしなくても余計な意味が発生しないものを探してみるのもよいかもしれない。問題を扱いやすくするために、対象を、ass, ate, eat, sat, sea, see, set, tat, tea, teeの10個の3文字語にかぎることにしよう。このうちのどれとどれを集めればコンマ・フリー言語になるのだろう。あれこれ試してみると、ateとeatとteaは同じ組にできないことがわかる。なぜなら、たとえばteateaには、eatとateがでてくるからだ。同じようにtatやteaやteeとseaを組み合わせると、eatができてしまう。だが、たとえば、assとseeとsatとsetとtatとteaとteeからなる組では、このような衝突は生じない。

さて、コンマ・フリー暗号には、いったいいくつの単語が含まれうるのだろう。クリックとケンブリッジの同僚ジョン・グリフィス（これまた物理学者）とレスリー・オーゲルは、ずばり、DNAの分

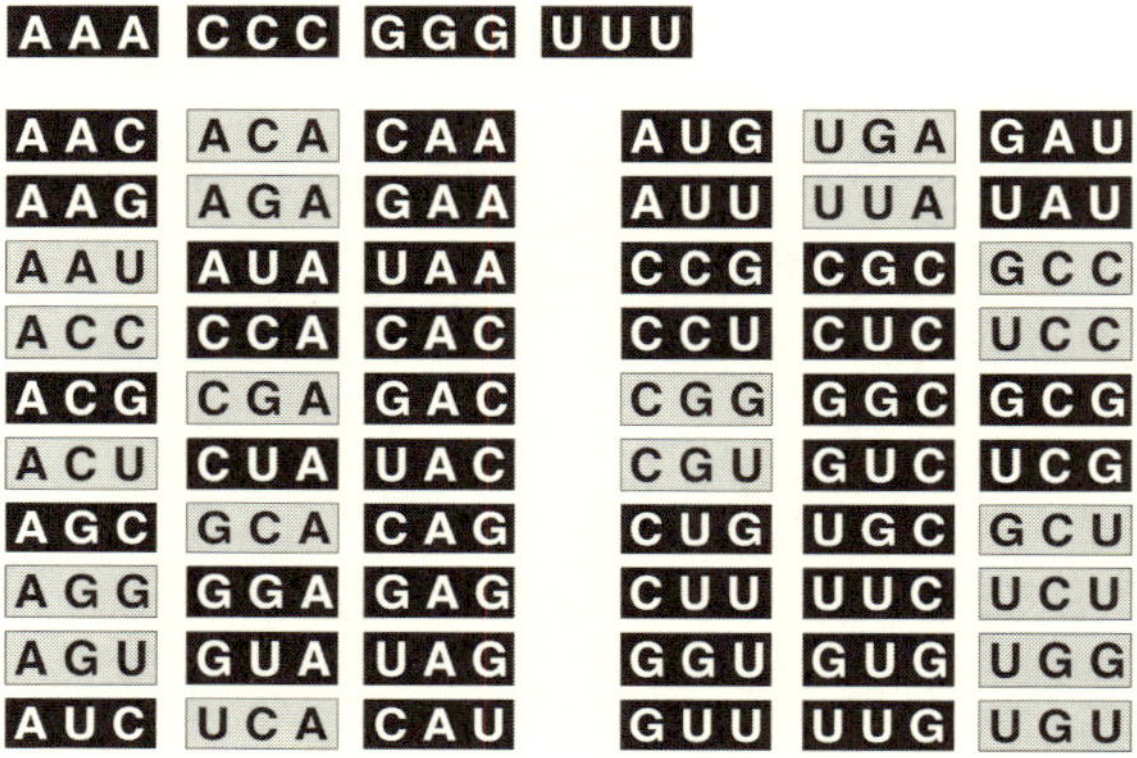


コンマ・フリー暗号を作るには、まず、AAA、CCC、GGG、UUU という 3 つ組を外し、残る 60 個の 3 つ組を、互いに巡回置換で結びつく 3 つずつに分けていく。それぞれの塊のなかで、遺伝暗号に加われるのは 1 組しかない。たとえば、あるコンマ・フリー暗号は、灰色に塗りつぶされた 20 個のコドンからなっていて、黒く塗りつぶされた残りのコドンには意味がない。

析を試みた。そしてまず、コンマ・フリー暗号には、AAA, CCC, GGG, UUUというコドンは絶対に登場しないことを示した。これらのコドンが組み合わさると、どうしても読み枠があいまいになるのである。さらに、残る60個のコドンは、AGUとGUAとUAGのように、互いに巡回置換で写りあう3つのコドンの塊に分けることができる。このような巡回置換で写りあうコドンのなかで、コンマ・フリー暗号に加われる3つ組は1つしかない。だとすると、このような置換の組はいったいいくつあるのか。60個のものを3つずつの塊に分けるのだから、塊は全部で20個できる。大当たりだ!

ここまでの分析で、コンマ・フリーな遺伝暗号にたかだかいくつの暗号が含まれうるのかはわかったが、だからといって、実際にそれだけの暗号が含まれているという保証はない。それでもクリックとグリフィスとオーゲルは、いくつかの例を作り、暗号がどのように機能するのかについて、ある見通しを提案した。

このような仕組みであれば……仲立ちをするものは、鋳型の上の正しい位置に集まることができる。しかも、間違った場所に落ち着いてしまって、タンパク質生成の過程を邪魔したとしても、せいぜい一瞬のことだ。したがってこの仕組みは、仲立ちするものが順番どおりに鋳型に取りついていかなければならない仕組みよりも優れている。

とはいえ、クリックたちはすぐに、このコンマ・フリー暗号を裏づける実験結果があるわけではないということを指摘した。この暗号には重なりがなく、アミノ酸の列にいっさい制約が加わらないので、実際のアミノ酸列に加わっている制約で裏づけることができなかった。実はこの暗号では、DNAやRNAの塩基配列に強い制約がかかるのだが、当時はまだ、DNAやRNAの塩基配列がわかっていなかった。「この暗号にたどり着くまでの推論で用いたさまざまな議論や仮定は、純粋に理論的な基盤からいっても、あまりにも危なっかしく、正直自信がもてない」とクリックらは述べている。「この暗号を紹介するのは、あくまでも、理にかなった物理学の仮説から、20という魔法の数字がすっきりと導きだせたからだ」。この魔法の数を見せられると、生物学者も一般の人々も納得した。カール・ウーズはのちに次のように述べている。

ほぼすべての人が、即座にこのコンマ・フリー暗号を受け入れた……この暗号が暗号解読の分野で関心を集めたのは、ただただ知的で優美で、しかもある種の数合わせに成功していたからである。……それから五年のあいだ、この分野では、ほとんどのアイデアがコンマ・フリー暗号から導きだされ、そうでないものは、コンマ・フリー暗号と両立するかどうかを基準に、妥当性が判断された。

暗号理論の専門家たちも、知的で優美なこの暗号に注目した。なかでも特筆すべき人物が、現在南カリフォルニア大学にいるソロモン・W・ゴロムだった。ゴロムは同僚とともに（物理学者であり生物学者でもあったマックス・デルブリュックもその一人だった）、コンマ・フリー暗号に関する論文を何本かまとめ、この生物学の問題から出発して、より抽象的で一般化されたアイデアを練りはじめた。そしてじきに、コンマ・フリー暗号の最大の大きさを与える公式を見つけた。曰く、$n$ 文字のアルファベットを $k$ 文字ずつの塊にするとき、$k$ が素数なら、その最大の大きさを与える公式は、$(n^k-n)/k$ というきわめて単純な形になる。（生物学者たちが関心を寄せる）$n=4$ で $k=3$ の場合にこの公式を使うと、案の定、暗号の大きさはせいぜい20になることがわかる。ゴロムたちはさらに、大きさが20であるようなコンマ・フリー暗号が全部で408通りあることを示し、これらの暗号を作る手順をつきとめた。そのうえさらに、もっと手のこんだ暗号を作ってみせたのだが、こうして作られた交換可能なコンマ・フリー暗号のなかには、DNAの両方の鎖がコンマ・フリーになるものもあった。3つ組を使った交換可能な暗号では、コドンはせいぜい10個にしかならないが、4つ組を使えば20個になる。ゴロムはさらに、6つ組にもとづく遺伝暗号を作りだした。この暗号は、コンマ・フリーで交換可能なだけではなく、転写により別々の箇所で生じた2つの間違いを修正することができ、3つ目の間違いがあれば、それも探知することができる。ソロモン・ゴロムが生命創造の責任者であれば、生命の信頼性ははるかに増していたことだろう。

## 現実の介入

コンマ・フリー暗号が登場した後も、遺伝暗号をめぐるがむしゃらな推論の時代は続いた。一九五九年にロバート・シンスハイマーは、たった2文字からなる遺伝子アルファベットの仕組みを発表した。このアルファベットでは、AとCを同じ記号ととらえ、GとUを同じ記号とみなす。この仕組みは、さまざまな生命体の（A＋U）と（G＋C）の比がひどくばらついているという、当時明らかになったばかりの事実を説明するために考えだされたものだった。いうまでもなく、暗号が2つの記号からなるとすると、3つ組の塩基で20個のアミノ酸に対応することはできず、コドンは最低でも4つ組（これなら、32通りの組み合わせが考えられる）でなければならない。

わたしが知るかぎりでは、3文字（あるいは三元）暗号を提案した人は、皆無だった。3文字暗号では、AとUは区別できるが、GとCが一緒くたになり、全部で27通りのコドンができる。このやり方には、かすかにだが実際の遺伝暗号に通じるところがある。なぜなら、実際の遺伝暗号ではコドンの3番目の塩基を、AまたはGか、UまたはC、というふうにおおざっぱに解釈するからである。

それに、工学の世界で、メッセージを圧縮するために、ひんぱんに登場する記号は短い列で表す、という工夫が完全に確立されていたことを思えば、コドンの長さが違っていてもよいという仕組みを

| | | | | | | | |
|---|---|---|---|---|---|---|---|
| ACC Thr | ACA Thr | AAC Asn | AAA Lys | CAA Gln | CAC His | CCA Pro | CCC Pro |
| ACU Thr | ACG Thr | AAU Asn | AAG Lys | CAG Gln | CAU His | CCG Pro | CCU Pro |
| AUC Ile | AUA Ile | AGC Ser | AGA Arg | CGA Arg | CGC Arg | CUA Leu | CUC Leu |
| AUU Ile | AUG Met | AGU Ser | AGG Arg | CGG Arg | CGU Arg | CUG Leu | CUU Leu |
| GUU Val | GUG Val | GGU Gly | GGG Gly | UGG Trp | UGU Cys | UUG Leu | UUU Phe |
| GUC Val | GUA Val | GGC Gly | GGA Gly | UGA | UGC Cys | UUA Leu | UUC Phe |
| GCU Ala | GCG Ala | GAU Asp | GAG Glu | UAG | UAU Tyr | UCG Ser | UCU Ser |
| GCC Ala | GCA Ala | GAC Asp | GAA Glu | UAA | UAC Tyr | UCA Ser | UCC Ser |

自然自身が作り出した遺伝暗号には、1950年代に考えだされた暗号のほとんどが示し合わせたようにもっていた対称性がない。この表では、それぞれのコドンが定めるアミノ酸を略称で示している。アミノ酸のなかには、対応するコドンが1つしかないものもあれば、6つあるものもある。これらのコドンのうちの3つ（黒く塗りつぶされたもの）が、タンパク質の合成をやめろ、という信号になっている。進化の力が、なぜよりにもよってこの遺伝暗号を選んだのかは定かでないが、この暗号は、わたしたちが生きていく上での頼みの綱なのである。

誰も真剣に取り上げなかったというのも、驚くべきことだ。デイヴィッド・ハフマンは、一九五一年にすでにこのような工夫を施した暗号の理論を作りだしていたし、その元となるアイデアをさかのぼっていくと、少なくとも百年前の電信のモールス信号にまでいきつく。生物学者たちは、明らかにこの原理に気づいており、しかも符号の効率を重く見ていたにもかかわらず、このような暗号の可能性をきちんと探ろうとはしなかったのである。

おそらく、さらに数年間試行錯誤が続いていれば、これらの誤ったアイデアも表舞台に登場していたのだろう。ところが一九六一年に、実験室から意外なニュースが飛びこんできた結果、暗号作りの熱狂はぱたりとやんだ。国立衛生研究所のマーシャル・W・ニーレンバーグと J・U・ハインリッヒ・マッセイが、細胞のない系のなかで、人工のRNAの刺激によってタンパク質合成を起こさせることに成功した、と発表したのである。しかもニーレンバーグたちは、まずポリU、つまりウラシルだけが長く連なった鎖のRNAで試してみたという。コンマ・フリー暗号では、UUUというコドンには意味がないはずだった。ところがニーレンバーグとマッセイは、UUUがフェニルアラニンというアミノ酸に対応していることを示す結果を得たのである。それから一、二年のうちに、二つ、三つとコドンが確認されていった。さらに、フィリップ・レダーとニーレンバーグが優れた実験プロトコルを編みだした結果、遺伝暗号は一九六五年までにほぼ解明された。

本物の暗号は、理屈で考えたどの暗号にも似ていなかった。コドンとアミノ酸の対応表が完成してみると、20という魔法の数は魔法でもなんでもないことが明らかになった。64個のコドンから20個のアミノ酸を得るための巧みな数学の工夫は、パターンを見つけたいという人間の衝動がもたらした作りものにすぎず、自然の秩序を反映していたわけではなかった。「余分」なコドンは、ただの余りにすぎなかったし、アミノ酸のなかには、対応するコドンが1つないし2つあるものがあるかと思えば、対応するコドンが4つないし6つあるものもあった。(停止信号に対応するコドンは3つある。)パッと見たところ、コドンとアミノ酸の対応は気まぐれで、ほとんどでたらめといってよかった。

しかも自然は、読み枠のずれを解決するための数学的な工夫をすべて無視していた。生きている細胞によるタンパク質の合成には、一種の推測航法が使われているのである。タンパク質を作る分子装置、すなわちリボソームは、3つ組の塩基がずらりと並んだメッセンジャーRNAに沿って移動しながら翻訳をおこなっていくのだが、リボソームの翻訳の始点を示す信号をのぞけば、暗号のなかには正しい読み枠を強制するものは何もない。

友人の女性生物学者に、一九五〇年代に仮説として出された遺伝暗号のほうが実際の遺伝暗号より魅力的な気がする、と話すと、その友人は、実際の遺伝暗号は生化学のなかでも最も優美な創造物なのだといい、この暗号のもつ実に洗練された微妙な特徴をいくつか挙げた。たとえば、コドンの表はまったくのでたらめではなく、重複があるからこそ、突然変異が同じ意味をもつコドンによって吸収されることになって、間違いが打ち消される。しかも、仮に突然変異によって実際に列の意味が変わり、結果としてタンパク質が間違ったアミノ酸をもつことになっても、その替え玉は元のアミノ酸と似た性質をもつ可能性が高く、間違いの影響が小さくなるという。デイヴィッド・ヘイグとローレンス・D・ハーストのコンピュータ・シミュレーションによると、現在の遺伝暗号は、この点で最適といえるらしい。

このような事実からして、わたしの遺伝子を設計したのがジョージ・ガモフやフランシス・クリックでないことを、ありがたく思うべきなのだろう。ガモフの考案になる一部が重なった暗号では、一箇所で突然変異が起きると、連続する3つのアミノ酸が一気に変わって、おそらくタンパク質そのものが損なわれる。しかも突然変異に対しては、コンマ・フリー暗号のほうがさらにもろい。というのも、コドンに突然変異が起きると、そのコドンが無意味になって、そこで翻訳が終わる可能性が大きいからだ。タンパク質分子がまったくないよりも、いささか欠陥のあるタンパク質分子があるほうが、ましな場合が多いのである。

だが、初期にひねりだされた暗号に対するこのような非難が、いささか公正を欠くのも事実だ。人間が考えだした暗号を、その論理的な流れから無理矢理引き離して、三十億年を超える年月のあいだ、まったく異なる暗号に合わせて進化してきた生化学系にくっつけておき、それがうまく機能しないからといって非難するなんて、まるで、人間の腕を鳥の羽と取り替えておいて、なぜ飛べぬ、と文句をいっているようなものだ。コンマ・フリー暗号にどのような長所があるのかを本気で調べたければ、生命のシステムが丸ごとこのような仕組みにもとづいて作られている惑星を見つける必要がある。地球とは異質なこのような生化学環境に置いてはじめて、人間が編みだした暗号に適応性がないということが、一点の疑いもなく確認できるはずなのだ。

仮に一九五七年に、明敏な生物学者が、今理解されているのとそっくりな遺伝暗号やタンパク質合成のメカニズムを提案していたとしたら、その提案はいったいどのような扱いを受けただろう。たぶん『ネイチャー』誌は、「リボソームがメッセンジャーRNAに沿って3つ一組の塩基とつながっていくという考え方は、データが打たれたテープを読みとるコンピュータを連想させる。生体系はそういうふうには機能しない。通常、生化学では型があり、あらゆる反応物がそこに同時に集まる。機械をこつこつと組み立てるラインとは違うのだ」といって、その論文を却下したはずだ。

## 64個のコドン問題

最後に一つの問いを提示して、この随筆を終えたいと思う。生命が誕生したときできた原始的な遺伝暗号のシステムは、まずまちがいなく、現在のものよりも小さくて単純だったはずだ。たぶん、いくつかのアミノ酸、あるいはいくつかの似たようなアミノ酸属からなっていたのだろう。また、生命が進化するなかで、遺伝暗号が、各コドンの3つ目の塩基を無視してたんなる2つ組の暗号として機能していたために、せいぜい16個のアミノ酸しか特定されていなかった時期があったはずで、やがて翻訳メカニズムの識別力が増して、いくつかのアミノ酸が加わることになったのだろう。こう考えていくと、暗号の細分化の過程がなぜ20個で止まったのかが知りたくなる。まだ余っているコドンはたくさんあり、タンパク質に取りこまなくてはならないアミノ酸もいろいろ残っているというのに。なぜ、さらに暗号を拡充しなかったのか。

ひょっとすると、この暗号は生命にとってあまりにも重要な原動力であるため、進化がはじまったごく最初の段階からずっと、いっさいいじることができなかったのかもしれない。あらゆる細胞の生存に欠かすことができないこれほど重要なメカニズムは、リスクが大きすぎていじれないのだ。あるいは、実は遺伝暗号はたえず複雑な方向へと進化していて、人間が暗号を発見したのが、たまたまアミノ酸が20個ある段階だった、というだけの話なのだろうか。もしそうなら、わたしたちの子孫の体を構成するタンパク質は、ひょっとすると60種類のアミノ酸から構成されるようになるのかもしれない。とくに注目すべきは、20という数が厳密な限界だとは思えないという点で、実際、普段は停止信号の役割をはたしているUGAというコドンが、たまに、21番目のアミノ酸であるセレノシステインに割り当てられていることがある。

さらにまた、実際には64と20という数に何か特別な意味があるという可能性も考えられる。ただしこの2つの数は、コンマ・フリー暗号のような数合わせめいたものによって結びついているのではなく、おそらく遺伝暗号が、アミノ酸とコドンの比が1対3に近いときに最適化されるような性質をもっている、といった理由によるのだろう。

## 後から考えてみると

コドンとアミノ酸を対応させた64マスの表が生物学の教科書に載るようになって、はや四十年が経とうというのに、遺伝暗号の意味をめぐる論争はいっこうに収まる気配がない。この随筆で取り上げた問いのなかにも、未だに決着がついていないものがあり、ついにわたしはこの随筆の続きを書くことになった。（二〇〇四年に『アメリカン・サイエンティスト』誌に掲載された「暗号へのオード Ode to the Code」という記事。インターネットでは、www.americanscientist.org/AssetDetail/assetid/37228で見ることができる。）

驚いたことに、暗号に関する最近の研究の心構えは、一九五〇年代と変らない場合が多い。当初、暗号の理論家たちは、実際の遺伝暗号はさまざまな候補のなかでも、なんらかの意味で傑出したものであるはずだと信じていた。ガモフたちが提唱した「ずれて重なった暗号」は、情報の密度が最も高くなるし、コンマ・フリー暗号は、転写するときの読み枠のずれを避けるのにもってこいだった。しかも、提案された暗号案のほとんどは、暗号をめぐる数の秘密、すなわち64個のコドンでぴったり20個のアミノ酸が特定されているわけを、もっともらしく説明していた。

今となって考えてみると、これらの要素はさして重要ではなかったらしい。遺伝暗号の進化を後押ししたのは、こういった要素ではなかったのだ。それでも生物学者たちは、自然が作りだした暗号がなんらかの意味で最適だという証拠を見つけようと、がんばりつづけている。デイヴィッド・ヘイグとローレンス・ハーストが、自然が作った遺伝暗号は突然変異や翻訳の間違いに対してとりわけ強い耐性を示す、という結果を発表すると、その後を追って、たくさんの実験やコンピュータ・シミュレーションがおこなわれたが、なかでも特筆すべきは、ボルチモア郡にあるメリーランド大学のスティーブン・J・フリーランドが、同僚や学生とともにおこなった研究だろう。フリーランドたちは、100万通りのランダムな暗号を作ってみた。64個のコドンと20個のアミノ酸はそのままにしておいて、コドンとアミノ酸の割り当てを変え、さまざまな表を作ったのだ。すると、本物の生物学的な暗号は、これらのランダムな置換のなかの「百万に一つ」ともいうべきものであることが判明した。フリーランドらがさまざまな暗号候補を使って実際にDNAを読み解いたところ、DNAの突然変異による害が最も少なかったのは、本物の暗号を使ったときだったのである。エルサレムのヘブライ大学のガイ・セラとウプサラ大学のデイヴィッド・H・アーデルも、これとは別の方法で遺伝暗号の進化をなぞり、同じような結論に達している。

さらに、最近になって、ワイツマン科学研究所のシャレヴ・イツコヴィッツとウリ・アロンが、自然の遺伝暗号はほかの意味でも最適化されていると主張した。二人によると、この暗号は同時にいくつかのメッセージを運ぶのにうってつけだという。昔から、DNAが単なるタンパク質を作るための処方箋の記録保管所でないことは知られていた。DNAには、特定の遺伝子の発現を促したり抑制したりするタンパク質の結合サイトとか、RNAをどこで切ったり組継いだりするのかを指示するマーカーなどの、さまざまな意味をもつ列が含まれている。したがって、DNAの部分列には、ちょうど英語でもフランス語でも読める文章のように、複数の意味が含まれている可能性があるのだ。ところがこうなると、重ねあわされたメッセージが互いに干渉する可能性がでてくる。ところがイツコヴィッツとアロンはコンピュータ・シミュレーションを使って、自然が作りだした生物暗号では、このような干渉の影響が最小限に抑えられることをつきとめたのである。

さらにまた、遺伝暗号からなんらかのパターンやシンメトリーを読みとろうという試みも続いている。たとえば、ミゲル・A・ヒメネス・モンターニョとカルロス・R・デ・ラ・モーラ・バサーニェスとトルステン・ポシェルは、コドンの表を、3次元空間にある4×4×4の3次元立方体ではなく、6次元空間にある2×2×2×2×2×2の超立方体としてとらえることを提唱した。計64個のコドンのひとつひとつがこの超立方体の角にあって、突然変異が起きると隣の角に移る、というのだ。一方、インディアナ在住の物理学者マーク・ホワイトは、これとはまったく別の、20個のアミノ酸を20面体の面に対応させる幾何学を提案した。（勇敢なるホワイトは、わたしに向かってこの着想をさらに細かく説明しようと試みたが、わたしの理解は未だに浅薄なままである。）64という数と20という数の深遠なる結びつきを探りだそうという古くからの夢も、けっして死に絶えたわけではない。ピエール・ベランとT・F・H・アレンは、かつてDNAの二重らせんの補完しあう2つの紐のあいだにシンメトリーがあった、という前提にもとづく説を提唱している。曰く、2本の紐がどちらも意味をもつ情報を運んでいたとすれば、2つの方向性をもった64個のコドンが提供できるアミノ酸の数は、せいぜい20個にかぎられる。現代の細胞機構では、一般にDNAの片方の紐だけが読まれるが、ベランとアレンによれば、初期の遺伝暗号では両方の紐を読みとるようになっていて、アミノ酸が20個しかないのはその当時の名残だという。

これらの着想は、どれも実に独創的だ。しかも、相当数の実験やシミュレーションの結果によって裏づけられているものがあるあたりは、想像力の翼に乗ってひたすら思考を飛躍させていた一九五〇年代と好対照といえる。だが、暗号解読をめぐるかつてののびのびした試みから得られる教訓は、覚えておいて損がない。曰く、人は、自分が思いついたことの美しさに、いともたやすくたらしこまれるが、自然はこういった美に関する助言を無視することが多い。生物学では、往々にしてダーウィンの進化論を「然るべき変化」の連鎖ととらえ、自然淘汰はすべての問題に対してつねに最良の解を見つけだす、と考えがちだ。ところが実は、最適化がおこなわれているという保証はどこにもない。むろん、ダーウィンの進化論を類語反復にして、「生き残る者は最良に違いない」とでも宣言するのなら、話は別だが。わたしたちの命の源となっている遺伝暗号は、むろん並外れているのだろうが、それは当然の前提ではなく、証拠なしには確立しえない事実なのである。

# 5　死を招く仲違いに関する統計

戦争という現象を、遠く離れた星にいるほかの種の愚行を観察するように、冷静かつ超然と眺めてみよう。こうして高みから見下ろすと、戦争は、まるで些細な暇つぶしにしか見えない。人口統計に及ぼす影響も、ほとんど問題にならない。戦争による死者は全死亡者数の1パーセントくらいのもので、いろいろな場所でもっと大勢の人が自殺し、さらに多くの人が事故死している。人の命をぜひとも救いたいのなら、戦争をなくすよりも、水の事故や、交通事故を防いだほうが、はるかに実りが多い。

しかしこの地球上には、戦争をこのように厳粛かつ平静な目で見る人は一人もおらず、オリンポスの神々でさえ、下界でのもめごとにちょっかいをださずにはいられなかった。武器がぶつかりあう音には、同情や愛や恐怖や憎しみなどの強い感情を呼び覚ます特別な力があるらしく、人は戦場での殺人に対して、死亡原因リストの順位とは不釣りあいな強い反応を示す。戦争が起きたとたんに、平穏な暮らしは押しのけられ、誰一人として冷静でいられなくなる。たいていの人がどちらかの肩をもち、とにかく争いをやめさせたい一心の人ですら、感情が高ぶる。(「非戦の闘士」という言葉に矛盾はない。)

このような感情の高ぶりがあればこそ、戦争に強い関心が寄せられるのだが、戦争を学術的科学的に理解するとなると、この高ぶりが邪魔になり、正邪に関する判断を偏りなく下すことはほぼ不可能に思われる。そもそも人間にとって、自分が属する文化やイデオロギーの枠から踏みだすことでさえ至難の業であって、自分が生きている時代や場所の枠から踏みだすとなると、これは困難の極みである。どんな戦いであろうと、現在起きている紛争の色メガネを通して見てしまいがちで、歴史を掘り起こそうとするのも、現在の目的に合った教訓を見つけたいがためなのだ。

そこで、このような歪みを避けるために、さまざまな資料からさまざまな戦争に関するデータを集めるという統計手法をとってみてはどうだろう。データを広く集めれば、ひょっとすると偏りが多少は正されて、ほんとうのパターンが現れるかもしれない。たしかにこれは、あまりぱっとしない腕力頼みの手法で、絶対確実という保証があるわけでもないが、ほかにもっとよさそうな方法があるでなし。このような戦争の量的研究をはじめておこなったのは、英国のルイス・フライ・リチャードソンだった。リチャードソンは、気象学者としての天気予報の仕事をやめて、武力衝突の数学を研究しはじめた。

## 戦争と平和

一八八一年に英国北部の裕福なクエーカー教徒の家庭に生まれたリチャードソンは、J・J・トムソンとともにケンブリッジで物理学を学び、微分方程式の数値解を専攻した。このような近似法は今や数学の一大分野となっているが、当時はさして人気があったわけでもなく、職業選択としても、あまり賢明とはいえなかった。リチャードソンは、しばらくのあいだ短期のポストを転々としてから、テニュア〔終身雇用を保証された身分〕へ向かう路線からは完全に外れて、気象研究を専門とするようになり、大気の乱流に関する理論で優れた業績を上げた。さらに一九一六年には、その職を辞してフランスで友愛救急団体に参加し、前線を訪ねて救護活動をおこなうかたわら、ほぼ独力で数値法による試験的な天気予報のための計算をおこなった。（この予報自体はうまくいかなかったが、基本的なアイデアは正しく、今日の天気予報もすべてこれと同じような手法を用いている。）

戦争が終わると、リチャードソンは、気象学から戦争や国際関係の問題へと関心を移し、この分野にも気象と同じ数学のツールが使えることに気づいて、微分方程式を使った軍拡競争のモデルを作った。一組の微分方程式を使うと、どこかの国が武器を蓄えたために、もう片方の国が軍備を増強しはじめ、第一の国がこれに対応してさらに武器をふやすというスパイラルすなわち「死の螺旋《らせん》」が拡大していくさまを、簡単に表すことができた。リチャードソンはまた、軍拡競争が安定するのは、戦争に備えることの「疲労や費用」が敵の脅威より大きくなったときにかぎることを示した。この結論そのものは、さして深淵でも意外でもなかったのだが、それでも（主として懐疑的な）コメントが多数寄せられた。というのも、仮にこの分析が成り立つとすると、このような微分方程式を使って戦争の危機を定量的に測るという展望が開かれたことになるからだ。もしもリチャードソンの方程式が信頼できるのなら、さまざまな国の軍事費を継続的に観察するだけで、まるで天気予報のように、戦争を予報できることになる。

今では、リチャードソンのころよりも格段に洗練された軍拡競争の数学モデルが作られていて、

「相互確証破壊〔どちらか一方が戦略兵器を使った場合に、相手がこれに報復をおこなって、最終的に必ず両方が破滅する状態〕」が追求されていた冷戦のさなかには、政界でこのようなモデルが取り上げられたこともあった。だがリチャードソン自身は、研究の舵をこれとは別の方向に切った。そもそもリチャードソンが武器に注目したのは、軍備こそが戦争の主たる原因だ、あるいは少なくとも、軍備と戦争には強い関係がある、と考えていたからだった。しかし戦争の発生原因としては、国の経済状態や、文化や言語の違いや、有効な外交や熟慮の有無といった、軍備とは別の要素のほうが大きいという説もあった。数ある説のなかのいったいどれが正しいのか。リチャードソンは、戦争の理論を実際の戦争のデータに照らして検証すれば、科学的な基盤に立った評価ができるし、評価すべきだ、と主張した。そして、実際にデータを集めはじめた。

戦争のデータを集めたのは、リチャードソンが最初ではなかった。二十世紀初頭には戦争に関するいくつかの表が作られていたし、一九三〇年代および四〇年代には、ロシア生まれの社会学者ピティリム・A・ソローキンとシカゴ大学のクインシー・ライトが、それぞれ戦争に関する表を発表していた。リチャードソンは一九四〇年ごろからデータを集めはじめ、一九五三年に死去するまで、その作業を続けた。リチャードソンのデータは、規模こそ最大ではなかったが、統計分析には最適だった。

戦争に関するリチャードソンの論文は、雑誌記事や冊子といった形で発表されたが、その考えが広く知られるようになったのは、没後の一九六〇年になって、二冊の著作が刊行された後のことだった。『武器と争乱』という著作には、リチャードソンの軍拡競争に関する研究がまとめられており、『死を招く仲違いに関する統計』には、統計に関する研究がまとめられている。さらに、一九九三年には全二巻の著作集が刊行された。今から紹介する話のほとんどは、『死を招く仲違いに関する統計』からのもので、カリフォルニア大学ロサンゼルス校のデイヴィッド・ウィルキンソンが一九八〇年に発表した著書――そこには、リチャードソンのデータが一段と読みやすい形で合理的に紹介されている――にも多くを負うている。

## 客観的な事実が足りない

『死を招く仲違いに関する統計』に載っている争いごとの一覧でカバーされているのは、ほぼ一八二〇年から一九五〇年までの争いである。リチャードソンは、この期間に第三者が故意におこなった行為によりもたらされた死を、すべて数え上げようと試みた。したがって戦争だけでなく、事件性のある人殺しや、そこまで暴力的でない出来事も勘定に入れたが、その一方で事故は除外し、自然災害も無視した。また、戦争にともなう飢餓や病気による死者も、複数の原因があまりにも強く絡みあっているという理由で（たとえば、一九一八年から一九一九年にインフルエンザが大流行したのは、第一次大戦のせいなのだろうか?）、数に入れなかった。

殺人と戦争を十把一絡げにしたのは、人々を挑発するためだった。「殺人は自己中心的で忌むべき犯罪だが、戦争は国のためを思う英雄的な冒険だ」と主張する人々に対して、リチャードソンは次のように答えている。「殺人の事例のなかには、大勢の人が、これは殺人だといいきっているのに、やはり多くの人々が、あれは法にのっとった戦争だった、と褒め称えているものがある。そのいい例が、一九二〇年までアイルランドで起きていたことであり、今パレスチナで起きていることなのだ」(それから半世紀が経っても、リチャードソンが引いた例があいかわらず適切でありつづけているというのは、なんとも気が滅入る話だ。) とはいえ、たとえさまざまな殺人を倫理の面から区別するのをやめにしても、現実にデータを集めるのが困難であることは、リチャードソンも承知していた。戦争について論じるのは歴史家であり、片や殺人について論じるのは犯罪学者であって、この二つの分野の統計を融和させるのは、そう簡単なことではなかった。そのうえ、殺人という極と戦争という極のあいだに散らばっている「死を招く仲違い」をすべて洗いだすとなると、これはますますたいへんだ。暴動や襲撃や反乱といった出来事は、規模が小さすぎて歴史家の目には止まらず、それでいて犯罪学者にとっては政治的に過ぎるのである。

リチャードソンは、大規模な戦争に関する表を作るにあたり、まず歴史についての本を読むことにして、エンサイクロペディア・ブリタニカを手はじめに、さまざまな専門資料にあたっていった。一方、殺人に関するデータは、全国犯罪報告書から集めることにした。さらに、内挿法や外挿法といったさまざまな評価を使って、戦争と殺人のあいだの領域を埋めようとしたが、この部分をめぐる結果が不完全で貧弱なことは、自分でも認めていた。内戦と国際戦争をまとめて一つの表にしたのは、きっちりした線引きができない場合が多いと考えたからだった。

このようなリチャードソンの活動から、一つ、興味深い教訓が得られる。曰く、「歴史的な記録から、信頼性と一貫性のある定量的情報を抽出するのは、非常に困難である」。どうやら、ほんの百年前に世界じゅうの国を巻きこんだ戦争にまつわる数値を確定することよりも、人類にとっては近づきがたい銀河の数を数えたり、目に見えない中性子の数を数えることのほうが楽であるらしい。むろん、軍隊の歴史には異論が絶えず、誰が戦争をはじめたのか、あるいはどちらが勝ったのかといった点について、あらゆる歴史家の意見が一致することはとうてい望むべくもない。ところが、いったい誰が戦闘員だったのか、戦いはいつはじまりいつ終わったのか、死亡者は何名だったのかといったもっと基本的な事実を把握するのでさえ、とほうもなく難しいことがある。そのうえ、いくつもの戦争が合体したり、一つの戦争がいくつかに分かれたり、はじまりや終わりのはっきりしない戦争もたいへん多い。リチャードソンがいうように、「客観的な事実がたりない」のである。

リチャードソンはデータを整理するにあたって、天文学から重要な着想を借りることにした。つまり、戦争などの諍いを、大きさ《マグニチュード》別、すなわちその戦争の総死者数の10を基底にする対数別に分けたのである。100人が命を落とした恐ろしい活動は（100は10の2乗だから）マグニチュード2となり、死傷者が100万人の戦争は（1,000,000は10の6乗だから）マグニチュード6となる。犠牲者が1人の殺人のマグニチュードはゼロ（1は10の0乗）。リチャードソンが対数目盛りを採用したのは、主として、十分なデータが手にはいらないという事態を克服するためだった。戦争による総死傷者数が正確にわかることはまれだが、それでもふつうは、±0.5の範囲で対数を評価することができる。（マグニチュードが6±0.5の戦争では、死傷者数は、316,228名から3,162,278名のあいだになる。）しかも、対数を使ったマグニチュードには、人間の暴力の広範な領域全体を単一の尺度で調べられるという、心理的な利点があった。

リチャードソンの戦争一覧（をウィルキンソンが練り上げたもの）には、マグニチュード2.5以上の争い（いい換えれば、死者の数が約300人を超える争い）が315件載っている。二十世紀に起きた二つの大戦がこの表の一番上にくるのは、人類史上において、マグニチュード7の争いがこの二つしか起きていないことからみても、至極当然といえよう。むしろ驚くべきは、これらの世界大戦による死者数が全体に占める割合で、この二つの大戦の死者をあわせると全部で約3600万人になり、過去130年間に争いごとで死んだ人の数の約60パーセントにあたる。続いて大きな割合を占めるのが、左上の図では逆の端にあるマグニチュード0の出来事（1人から3人が死んだ諍い）で、これらの諍いで命を落とした人の数は970万人にのぼる。したがって残る315件の戦争と何千という中程度の諍いによる死者は、総死者数の約4分の1を占めるにすぎない。

さらに、マグニチュード6の戦争の一覧を見てみると、まったく別の意味で、驚くべきことが明らかになる。リチャードソンによると、マグニチュード6の争いは七つ起きていて、最も小さい争いでは50万人が、最も大きな争いでは200万人が死んでいる。これらの争いが、世界史上の大きな動乱だったことは明らかで、当然、学のある人は誰でもこの七つの争いの名前を知っているはずだ、と思いたくなる。はたして読者のみなさんは、この七つの争いの名前をご存じだろうか。試しに記憶を掘り返してみていただきたい。ちなみに、リチャードソンが表に挙げた七つの争いは、中国における太平天国の乱（一八五一～六四）と、北米大陸の内戦〔いわゆる南北戦争〕（一八六一～六五）と、ラ・プラタの三

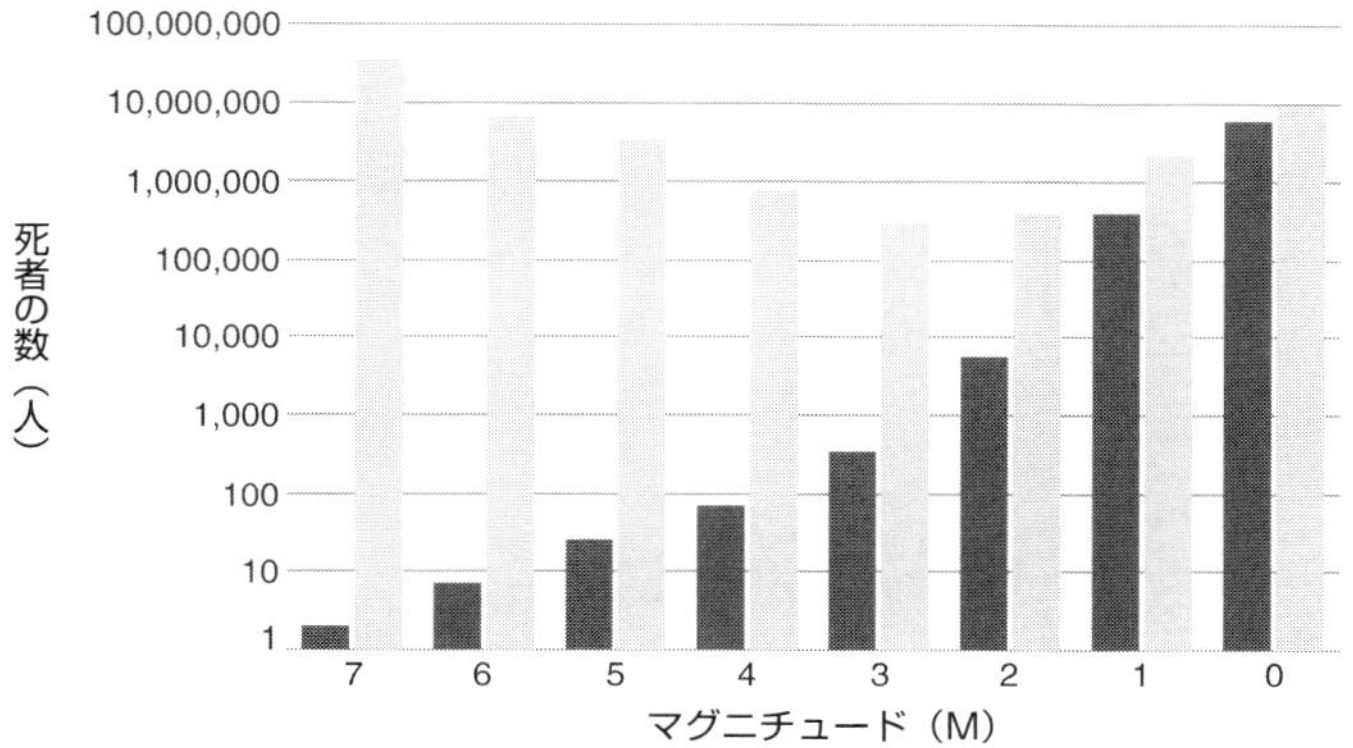


リチャードソンは戦争のマグニチュードを、10を基底とした死者数の対数で定義した。図の黒い棒は、1820年から1950年に、それぞれのマグニチュードの範囲で起きた死を招く仲違いの数で、灰色の棒は、そのマグニチュードの喧嘩による総死者数である。これを見ると、マグニチュード7の2つの戦争による死者数が、総死者数の約60パーセントを占めている。

国同盟戦争〔南米の、アルゼンチン、ブラジル、ウルグアイの三国同盟軍とパラグアイとの戦争〕と、ロシアのボルシェビキ革命の続き（一九一八～二〇）と、中国の国民党と共産党の第一次の抗争（一九二七～三六）と、スペイン内戦（一九三六～三九）、そしてインドでの宗教対立による争乱〔ヒンズー教徒とイスラム教徒の争い〕（一九四六～四八）である。

リチャードソンは315件の戦争を時系列に並べた表を示して、どのようなパターン、ないし規則性が認められるかを問うた。戦争はしだいにふえているのだろうか、あるいは減っているのだろうか。典型的な戦争の規模は、大きくなっているのだろうか。この記録に、何か周期性があるのだろうか。あるいは、いくつもの戦争が集まる時期に共通の、ある種の傾向が見られるのか。

ここで、このような問題を扱うときに役に

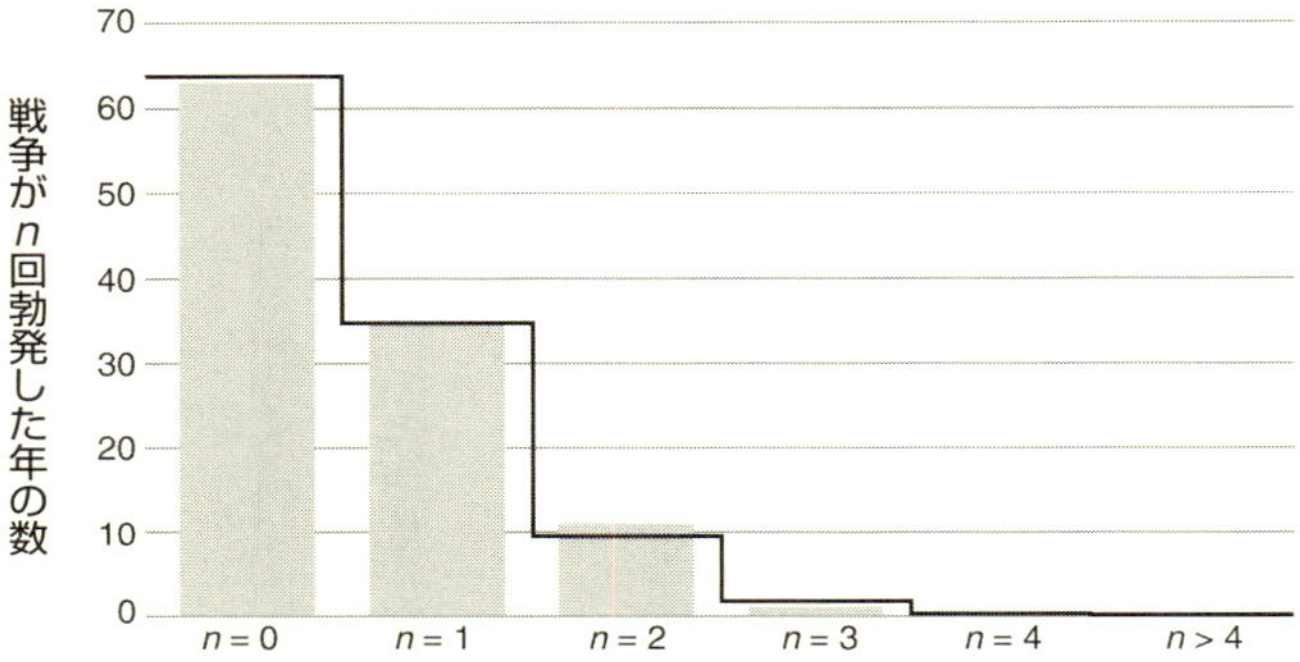


戦争勃発の頻度（灰色のグラフ）が、ポアソン分布（黒い線）にかなり近いところをみると、戦争の勃発はランダムな出来事であるらしい。ちなみにこれは、110 年間に起きたマグニチュード 4 の戦争のデータである。

立つ帰無仮説〔最終的に否定されるはずの仮説〕として、戦争というのはそれぞれ独立に、まったくでたらめに起きる出来事であって、ある日付を指定したときに、その日に戦争が起こる可能性はつねに変わらない、と仮定してみる。こう仮定すると、毎年新たに起きる戦争の数の平均は、ポアソン分布にしたがっているはずだ。ポアソン分布というのは、ひとつひとつは起きる可能性が少ないが、全体としてみれば起きる頻度が高い出来事、たとえば放射性元素の崩壊や、癌の群発や、竜巻の接地や、ウェブサーバーのヒットや、初期の有名な例としては、騎兵が馬に蹴られて死ぬといった出来事の分布を示すものである。そこで、この法則を死を招く仲違いの統計に適用してみると、年間の平均戦争発生率を$r$としたとき、一年に$n$件の戦争がはじまるのを目撃する確率は、$e^{-r}r^n/n!$になる。ただしこの$e$は、自然対数の基（約2.718）で、$n!$は$n$の階乗、つまり1から$n$までのすべての整数の積である。今、$r$が1より小さければ、その一年が戦争がまったく

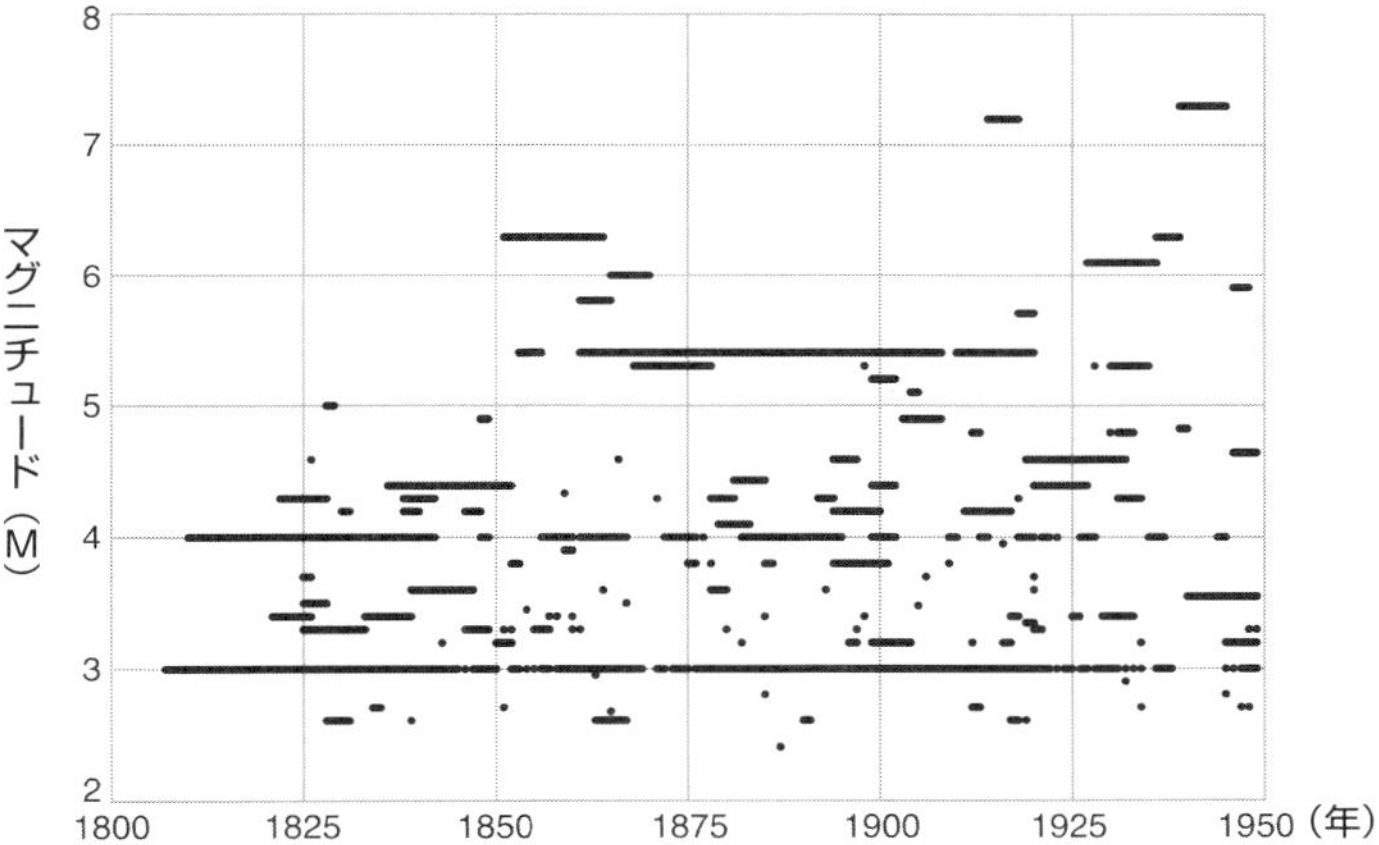


リチャードソンが集めた315件の諍いの一覧では、何十年かの期間を切り取ってその間の戦争の分布を眺めてみても、はっきりしたパターンを読み取ることはできなかった。一見、マグニチュードが大きい戦争がふえているように見えるのだが、リチャードソンが統計的な試験をおこなってみたところ、この傾向を裏づける結果は得られなかった。

起こらない年になる可能性が最も高く、その次に高いのが戦争が一つだけ起きる年になる可能性で、戦争がもっとたくさん起きる年になる確率は、これより小さくなる。

前のページのグラフは、マグニチュード4の戦争だけを取りだして、リチャードソンのデータとポアソン分布をくらべたものだ。マグニチュード4の戦争は、110年間に60回あるので、上の式の$r$は0.545となり、理論と観察は非常によく一致する。リチャードソンが、戦争が終わる、つまり「平和が勃発する」日付についてもこれと同じような分析をおこなってみたところ、やはり結果は同じだった。つまりこのデータを見るかぎり、戦争がでたらめに分布する突発事ではない、という根拠は皆無なのだ。

リチャードソンは、自分が集めたデータに、戦争の発生率の長期的な傾向を示すような証拠がないかどうか、調べてみた。データを年代順にプロットしてみると、いくつかのパターンが見られるようにも思えたが、ランダムな変動を排除できるほど明確な傾向は見られない、というのがリチャードソンの結論だった。「集めたデータ全体からは、死を招く仲違いが増えたり減ったりする傾向は見られなかった」。とはいえ、ある種の「感染あるいは伝播」が起きている気配はあって、現実に戦争が起きているときのほうが、新しい戦争が起こる確率が、高くなっているようだった。

## 汝の隣人を愛せよ

戦争について、時間の面からはたいしたことがわからないというのなら、空間の面から眺めてみたらどうだろう。隣りあわせの国のほうが、戦争をはじめる可能性が平均より少なかったりはしないのだろうか。あるいは、ほかより戦争をはじめる可能性が高いとか。この二つは、どちらもそれなりに根拠のある仮説といえそうだ。隣りあわせの国は利害が一致する場合が多いから、敵よりも味方になる可能性が高そうだが、その一方で、隣りあわせの国は、同じ資源の分け前をめぐって争うライバルになりうるし、とにかくお隣さんにいらつくということもあるだろう。内戦なるものが存在するという事実一つを見ても、一緒に暮らしさえすれば友好的になる、という保証はない。(それに、諍いの一覧の最もマグニチュードが小さい側に目をやると、しばしば親族殺しや家族殺しが起きているのも事実だ。)

リチャードソンはこれらの問いに、トポロジーめいたアプローチを試みた。すなわち、国と国の距離を測るのではなく、境界を接しているかどうかだけを問題にしたのである。そして、この概念を練り上げようと、国と国の境界の長さを測ってさらに研究を続けた結果、実に魅力的な脱線をはじめた。リチャードソンは、割りコンパスを使って、さまざまな縮尺の地図の国境や海岸の長さを測るうちに、割りコンパスの設定によって得られる値が変わってくる、つまり、測定するときの単位によって長さが変わるということに気づいた。10ミリ刻みでは100歩あった海岸線が、1ミリ刻みにしたからといって、必ずしも1000歩あるとはかぎらない。目盛りを小さくすると、海岸線のでこぼこを忠実にたどることになって、測定値は長くなる。この観察結果は、いささか風変わりな出版物に発表された。そして、ブノワ・マンデルブロが偶然この論文にめぐり会い、刺激を受けたことで、リチャードソンの観察結果は、マンデルブロのフラクタル理論が誕生するきっかけのひとつとなったのである。

リチャードソンが研究でカバーした期間には、安定した国や帝国（リチャードソンは、帝国も一つの国と数えた）が60ほどあった。一つの国は平均すると約6個の国と隣りあっていることになるので（リチャードソンは、多面体の角や辺や面に関するレオンハルト・オイラーの関係式を使って、国どうしがどのような配置になっていようと、隣りあう国の数がおよそ6であることを、エレガントかつ幾何学的に論証した）、戦争をする国がまったくでたらめに敵を選ぶとしたら、当事者が隣りあっている確率は約10パーセントになる。ところが現実には、隣国どうしで戦争をしている事例のほうがはるかに多かった。計94件にのぼる二ヶ国間の国際戦争のうちで、国境を接していない国どうしの戦争がたった12件だったことからも、戦争は、主としてお隣どうしの諍いといえそうだ。

ところが、この結論をもっと大規模な戦争に拡張しようとすると、問題が生じた。たぶん、「大国」が事実上すべての国の隣国だからなのだろう。リチャードソンはなんとか実際のデータに沿うモデルを作ろうと試みたものの、二つの大国間の衝突と大国対小国の衝突と小国どうしの衝突にそれぞれ異なる確率をつけた複雑なモデルを作るだけで精一杯だった。むろん、こんなに小規模なデータの組に対してパラメータが3つもあるモデルを用意しなければならないというのは、けっして満足いく結果ではない。リチャードソンはさらに、規模の大きな戦争を説明するときにもやはり「カオス」が大きな要因となるだろう、と結論した。「地理的な制約があり、伝わりやすさによって多少の違いはあるにしても」、この場合にも時系列による分析で見られたのと同じでたらめさがある、というのだ。

では、ほかにはどのような、社会的、経済的、文化的な要因があるのだろう。リチャードソンはこの戦争の一覧をまとめるうちに、歴史家たちが国家間のいらだちを募らせたり、国家間の緊張を和らげる要因と見ているさまざまな事柄に気づき、今度は、これらの要素と戦争の数に相関があるかどうかを調べはじめた。ところが、どれもがっかりするような結果ばかりで、そのうえ、軍備拡張競争がポイントになるというリチャードソン自身の説も裏づけることができなかった。315の事例のなかで、この説の前提となる軍拡競争の証拠があったのは、たった13にすぎなかったのである。人工言語であるエスペラントを支持していたリチャードソンは、言葉が共通なら諍いの発生率が減るだろうと考えたが、この仮説を裏づけるデータも得られなかった。しかも、経済指標もまるで役に立たず、戦争とは富める国と貧しい国の戦いであるという説も、交易がある国のあいだには絆ができて戦争が防げるという説も、統計で追認することはできなかった。

社会的な要素のなかで、戦争との相関をある程度認められたのが、宗教だった。リチャードソンのデータを見ると、宗教が同じ国よりも、宗教が異なる国のほうが戦争になる可能性が高いらしく、さらに、概して好戦的な宗派があるらしい（キリスト教国家は、分不相応なくらい多くの争いに絡んでいる）。とはいえ、こういった要素の影響もけっして大きくはなかった。

## 世界じゅうがまったくの無政府状態になると

こうやって戦争の原因ではないものを取りのぞいていくと、あとにはただの無作為しか残らない。つまり、戦争をする国々は、過熱した気体の分子がランダムにぶつかるように、計画も原理もなく、ただぶつかりあっているのである。その意味で、リチャードソンのデータは、戦争もハリケーンや地震と同じだといっているに等しい。いつどこで起きるのかを前もって知ることはできないが、長期的に見れば戦争がいくつくらい起きるのかはわかる。そして犠牲者についても、その数は計算できるものの、誰が犠牲になるのかはわからない。

戦争がでたらめに起きる大災害だとわかったからといって、別に慰めが得られるわけではない。これでは自分の運命を決めることもできず、個人の徳や悪徳が介入する余地もなさそうだ。とにかく起きてしまうのだから、誰のせいでもない。しかしこういってしまっては、リチャードソンの発見を読み違えることになる。統計的な「法則」は、集団としての振る舞いを描写しているにすぎず、個人や国の振る舞いを決めているわけではない。殺人を犯した者が、わたしはすでに数値として出ている犯罪率を維持するのに一役買ったまでだといって自己弁護をしたところで、判事の同情は買えない。戦争を統計的に眺めたからといって、良識や個人の責任が減るわけではないのである。

なんとも気の滅入る話だが、このデータを見ても、どう動けば暴力の蔓延が食い止められるのか、はっきりとした図は浮かび上がってこない。リチャードソン自身も、この研究によって明確な改善策が見つからなかったことにがっかりした。おそらくリチャードソンは、多くを望みすぎたのだろう。引退した物理学者がエンサイクロペディア・ブリタニカを読むことでできる世界平和への貢献は、この程度のものなのだ。しかし、もっと大規模で詳細なデータともっと強力な統計手法があれば、何か役に立つ教訓が生まれる可能性はある。

今や、たくさんの人々が戦争のデータを収集する作業に取り組んでいて、リチャードソンやクインシー・ライトの知的遺産に負うているものも多い。なかでも一番大規模なのが、一九六〇年代にミシガン大学のJ・デイヴィッド・シンガーがはじめた「戦争の相関関係」プロジェクトで、このプロジェクトの戦争一覧も、リチャードソンの一覧のようにナポレオン以降の時期からはじまっているが、今日までのデータがほぼ網羅され、掲載されている武力紛争の数は数千にのぼっている。

ジョージア工科大学のピーター・ブレックも、これとは別にデータを集めはじめている。ブレックの一覧は、扱う争いの規模をマグニチュード1.5（約30人の死者）以上に限り、西暦一四〇〇年以降今日までのさらに長い期間をカバーしている。地球上の計12の地域のうち5つで起きた争いに関する一覧が完成しかけていて、3000以上の争いが網羅されている。今のところ最も興味深いのは、十八世紀に百年にわたるドラマチックな戦争休眠期があったという事実だろう。

リチャードソンのかぎられたデータを見ただけでも、政策上のある義務が浮かび上がってくる。曰く、「なにがなんでも巨人どうしの衝突を避けよ」。相次ぐ小競りあいが、その当事者にとってどんなに辛かろうと、人類の最大の脅威は、地球規模の巨大戦争なのだ。すでに述べたように、リチャードソンが記録した死者数の5分の3は、二十世紀に起きたマグニチュード7の二つの戦争によるものだった。今や人類は、その気になればマグニチュード8や9の戦争を起こすだけの力をもっている。そのような戦争が起きてしまえば、戦争が人口統計と無関係だとは、誰もいえなくなる。マグニチュード9.8の戦争が起きれば、この地球上には人っ子ひとり残らなくなるのだから。

## 後から考えてみると

この随筆をまとめたのは、二〇〇一年の九・一一の大惨事の数ヶ月後、ちょうど、アフガニスタンにNATO軍が侵攻して、イラクとの戦争に向けて弁舌が振るわれているころだった。あれから五年が経ち、わたしがこうしてペンを取っている最中にも、アフガニスタンやイラクでは衝突が続いており、むしろ最近は一段と激しさを増して、多くの人命が失われている。総死者数の見積もりには幅があるが、どうやらリチャードソンの尺度でいうと、イラク戦争はマグニチュード5（死者の数が最低で31,623名、最高で316,228名）に達したらしい。地球上のほかの場所でも、死を招く仲違いにはこと欠かない。スーダンに、ソマリアに、アフリカのヴィクトリア湖やマラウイ湖やタンガニーカ湖の周辺地域に、イスラエルとパレスチナ、そしてレバノンに、スリランカに、インドネシアに、カシミールに、コロンビア。こういった諍いに対するリチャードソンの冷静で数学的な視点は、わたしたちがこれらの争いの頻度や深刻さを減らすことはさておき、せめて理解するにあたって、ほんとうに役に立つのだろうか。わたしはやはり役に立つと考えているが、それでもたまに、ふと疑いが頭をもたげることがある。それをいえば、リチャードソン本人も、疑わしく思う瞬間があったろう。

戦争への統計的なアプローチに対してよくあるのが、戦争はまったくのでたらめでもなければ予測不可能でもない、という反論だ。戦争には、強欲や、攻撃性や、復讐心や、人種憎悪や、宗教的な非寛容といった根深い原因がある。それに、抑圧された人々を解放しようとか、不正を正したいとか、友を救いたいといった、もっと高尚な動機で戦争が起きることもある。また、いじめや、専制君主や、狂信者や、愚か者や、「自由を憎む悪人」などの個人の振る舞いからはじまったとされる戦争も多々あるではないか。

たしかに、おっしゃるとおりだ。でたらめに戦争をはじめる国はなく、武器を取るにたるまっとうな理由がある場合も多い。しかし、確率過程を使った戦争のモデルを作れるからといって、国の指導者がコイン投げで政策決定をしている（ひょっとすると、そのほうがまだましなのかもしれないが）というわけではない。戦争には一つとして同じものがない。それなのに、何十年、何百年と時間の幅を広げていくと、その戦争に固有の理由や状況はすべて平均化されて、歴史の流れにはまるで影響されない統計パターンだけがしつこく残る。帝国は、できたかと思うと消えていく。イデオロギーや宗教も然り。ところが戦争だけは、そういった栄枯盛衰とは関係なく起こりつづける。この状況を、アナロジーで説明してみよう。自動車事故には、橋の上が凍っていたり、運転手が眠かったり、強い入り日で目がくらんだりと、それぞれ固有の原因がある。ところがこのような詳細をまったく知らなくても、毎年の事故の総件数はかなり正確に予測できるのだ。

何人かの読者から、リチャードソンは、戦争の発生率に影響すると思われるさまざまな要因を調べるにあたって、重要な変数を見落としていた、という指摘を受けた。言葉や交易関係や宗教は考慮しても、その国の政治体制の性質や政府の形を考えに入れなかった、というのである。世に広く受け入れられている、「民主国家間では戦争が起きたためしがない」という信念が正しいとすれば、これはいかにも重大なミスだ。ちなみにこの信念は、元をたどると、コロンビア大学のマイケル・W・ドイルが一九三八年に発表した論文にまでさかのぼることができる。ドイル自身は「構造上安全で自由な国は、まだ互いに戦争をおこなっていない」というかなり慎重な言い回しを使っていて、それ以来、ジーブ・マオズや、ナスリン・アブドラリや、クリストファー・レインや、ブルース・ラセットや、デイヴィッド・E・スピロなど、多数の学者が、この点についての研究を進めている。

それにしても、民主国家どうしが戦争をしたことがないというのは、はたしてほんとうなのだろうか。その答えは、何をもって「民主主義」とするかにかかってくる。十九世紀初頭の英国とアメリカがともに民主国家であったとすれば、この命題の反例として、一八一二年の米英戦争〔第二次独立戦争とも〕をあげることができる。両国の政府は、当時すでに一般の人々によって選出されていたが、おそらくまだ代表の数が少なすぎて、真に民主的とはいえなかったのだろう。かといって、民主国家の基準を高くしすぎると、今度は民主国家どうしは戦争をしないという命題そのものが、中身のない真実になってしまう。というのも、えり抜きの民主国家といえそうな国は、ごく最近まで存在しなかったからで、たとえば、広く誰にでも選挙権があることが民主国家の条件だとすれば、合衆国は一九二〇年（女性が投票権を得た年）まで、あるいは投票権法（この法律によってアフリカ系アメリカ人も投票所にいけるようになった）が成立した一九六五年までは、民主国家でなかった。

政府の形と軍備拡張主義との関係を明らかにするには、どちらが原因でどちらが結果なのかという問題についても考えなくてはならない。戦争や戦争の準備段階では、民主的な体制に圧力がかかるから、国全体が軍事的な紛争に巻きこまれた時点で、その国の民主的な色合いは平和なときよりずっと薄まっているはずだ。いい換えれば、民主国家間では戦争が起こらず、起こったとしてもまれだというのは、民主主義のおかげで諍いが押さえこまれるからではなく、戦争によって民主主義の屋台骨が揺らぐからなのである。

このようないい逃れや疑問はさておき、リチャードソンがこの問題を無視したのは奇妙だし、正直いっていささかがっかりさせられる。今ならまちがいなく、もっと注目を集めていたろう。

戦争を定量的なアプローチで理解しようとする試みに関して、わたしが最も懸念するのは、定量的なデータを集めることが難しいという点だ。リチャードソンのような手法をとるには、それぞれの衝突での死亡者数のそこそこ正確な（あるいは少なくとも一貫した）記録が欠かせないが、信頼できる数値を手に入れるのは至難の業である。高速道路における死亡者数は注意深く記録されているのに、戦場におけるほんとうの死者数は誰一人知らないらしい。研究が進んでいる近年の戦争ですら、推定される死亡者数の幅は、眉をひそめたくなるくらい広い。ベトナム戦争（アメリカがかかわった部分のみに限定する）での総死亡者数は、戦争の相関関係プロジェクトによれば100万人を超えると推定され、一方エンサイクロペディア・ブリタニカによれば、200万人を超えるという。死者数が何百万台なのかもわからないのでは、戦争がおよぼす影響の大きさを測ることなど、とうていできそうにない。

とはいえ、そんなことは実はたいしたことではないのかもしれない。死者数が半分だったら戦争の悲惨も半分に減るというわけではないのだから。

# 6　大陸を分ける

西海岸から東海岸へ向かうさすらいの車の旅は四日目に入り、わたしたちは、ルーフキャリアにまでぎっしりと荷を積んだトヨタのレンタカーで、アイダホ州とモンタナ州の州境に沿って、北米大陸の脊梁山脈をのぼっていた。モニダ・パスという峠の頂に着くと、道路脇に標識があった。「大陸分水嶺。標高6823フィート」「ということは、ここからはずっと下りってわけだな」と連れが皮肉ったʼ〔分水嶺とは、分水界になっている山脈のこと。分水界は、雨水が流れる方向を分ける境界〕。

それから数マイルのあいだ、一段と高い丘に登り、さらに二度、分水嶺を超えながら、わたしはあの標識について考えていた。北米大陸分水嶺は大陸の背骨だ。この山脈の片側に降った雨は太平洋に流れ、もう片側に降った雨は大西洋に流れる。概念としては至って単純だが、それにしても、高速道路公社のあの便利な標識が立っていなければ、分水嶺を超えたことには気づきもしなかったはずだ。北米大陸を横断するときに、分水嶺が最も高い地点になるとはかぎらない。だとすると、分水嶺を分水嶺たらしめているのはいったいなんなのだろう。幾何学的なものなのか、それともトポロジー的なものなのか。その朝アイダホにいたわたしにとって、分水界は、人間が地面に引いた線のなかで最も得体が知れないもののように思われた。等高線は、文字どおり高さが等しい地点を結んでできる線なので、高度計さえあればたどることができる。ところが、大陸分水嶺を探しあてるのに便利な携帯型の装置は、どこにも見あたらない。

家へと向う旅は長く、おかげでわたしは、この謎を好きなだけいじりまわすことができた。元来コンピュータに頼りがちなわたしは、直感的に、この問いをアルゴリズムと結びつけて考えようとした。つまり、分水嶺をつきとめるプログラムを作ることができれば、答えが理解できたことになる。だが、家を離れた旅の空では、プログラムを実際に走らせることはできなかった。それに、いつもなら図書館に行って、この件についてのほかの人々の意見を調べるところだが、その衝動も満たすことができなかった。というわけで、それから一週間余り、この問題について自力で考えるしかなかったのである。

## アリの飼育箱の分割

2次元世界であれば、仮に分水界があったとして、その大陸分水界を見つけるのは簡単だ。今、2枚の垂直なガラス板のあいだに薄い砂の層が挟まっている、アリの巣箱を思い浮かべてみよう。その砂の表面を西から東に歩いていくアリは、1次元の輪郭、すなわち経度ごとの高さを表す曲線をなぞることになる。その輪郭線の頂が1つしかなければ、つまり、アリがひたすら登りつづけてある最高点に達し、そこから今度は下る一方である場合は、明らかに、その唯一の頂が分水点となる。(アリは、「ここからはずっと下りだな」というかもしれない。）いくつかの頂があって、そのあいだが谷になっている場合は、最も高い頂が分水点になる。

ところが、このような簡単な分析では通用しない、異常な場合もありうる。たとえば、飼育箱にいくつかの最高点があって、どれもまったく同じ高さだったり、最高点が高原状に続いていたりすると、大陸分水点は1つに定まらない。もっとも、実際にこんな地形があるとも思えないから、そういう病的な場合は無視することにすれば、飼育箱の分水点を見つけるアルゴリズムは単純明快、最高点を探せばよい。

さて、アリの飼育箱は置いておいて、3次元空間に埋めこまれた2次元の表面の分水嶺について考えはじめると、興味深いことが起きる。ようするに、最高点を探すというアルゴリズムが通用しなくなるのである！　ためしに、北米大陸の場合を考えてごらんになるといい。アメリカ合衆国のアラスカとハワイをのぞく四十八州のなかで最も標高が高いのは、カリフォルニア州にある海抜14,500フィートのホイットニー山の頂だ。ところがこの山は、とうてい大陸分水点といえる代物ではなく、斜面に降った雨はすべて太平洋に注ぎ、大西洋には一滴も回らない。（実際には、降った雨のほとんどが、自治体の水道管やロサンゼルスの下水管網を経て太平洋に達する。）

この現象をもうすこし大局的に見てみると、そもそも大陸の分水点とはなんぞや、という疑問がわいてくる。ホイットニー山の周りをぐるりと回って流れる水があるのなら、アメリカの大山脈全体をぐるりと回る水だってありそうなもので、そうなると、実は太平洋と大西洋は隔たっていないということになる。なにしろ、ニューヨークからホーン岬〔南米大陸の最南端〕経由で海抜ゼロメートルの道を進めば、まったく丘に登ることなく、無事サンフランシスコに到達できるのだから。トポロジーの観点からいうと、大陸分水点が存在するのは、その大陸が地球を取り巻いていて、分水嶺が閉じた曲線となり、内側と外側が分かれているときにかぎられる。

このような不満に対しては、北米大陸分水界という概念自体が、トポロジーではなく地形学《トポグラフィー》のものなのだ、と答えるのが一番だろう。数学的な厳密さにこだわったところで、必ずしも問題の解決に役立つとはかぎらない。どのみち、多少人為的な加工を施しさえすれば、分水界の概念を救いだすことは可能だ。そのためにまず、アメリカ合衆国のアラスカとハワイをのぞく四十八州が載っている地殻をざっと長方形に切りだして、丈の高いガラスの箱に入れる。つまり、アリの飼育箱のような箱庭を作るのだ。こうすると北米大陸の分水界は、この箱にすっぽりと収まる閉曲線か、あるいは両端がガラスの壁に突きあたる連続線になる。それにこう定義しておけば、分水界によって実際にその土地が異なる部分に分かれることにもなる。

## 大局的に考えて、地域別に分類する

さて、このガラス箱のなかの地形を数学的に表すには、どうすればよいのだろう。$x$と$y$の組に対して高さ$h$を決める関数を考え、地表全体を連続関数$h(x,y)$のグラフにするというのは、なかなかエレガントな着想だ。（ちなみにここでは、地球の曲面が平面に投影されていると考える。また、崖やオーバーハングはうまくならし、それぞれの$x$と$y$の組に対して、$h$が1つだけ決まるようにしておく必要があ

北極海
ベーリング海
アラスカ
カナダ
ハドソン湾
ロッキー山脈
N
イエローストーン
国立公園
グランド・ティートン
国立公園
モンタナ
ノース
ダコタ
ミネソタ
アイダホ
ワイオ
ミング
デンバー
コロラド
カリフォルニア
太平洋
サンフランシスコ
ホイットニー山
ミズーリ
ミシシッピ
オハイオ
ニューヨーク
ペンシル
バニア
ニューヨーク
ピッツバーグ
大西洋
メキシコ
メキシコ湾
標高の高い領域
"地図上の" 北米大陸分水界

る。）こうしておけば、高さ関数$h$の最大や最小を見つけるときに、$h$の導関数を求めてその値がゼロになるところを探すという解析学の標準的な手法が使えるので、はなはだ便利だ。とはいえこのやり方には欠点もあって、北米大陸の地表すべてを表す方程式は、ひどく複雑になる可能性がある。

これよりも実際的なのが、有限個の格子点にかぎって地表の高さを定義し、離散的なモデルを作るという方法だ。ことをなるべく簡単にするために、東西と南北に同じ幅で線を引いて、長方形の格子を作ることにしよう。ちょうど、北米大陸全体にすっぽりと結び目のついた漁網をかぶせるようなもので、それぞれの格子点は、隣りあった４つの格子点としかつながっていない。したがってこのモデルでは、地表の水は東西南北の４つの方向にしか流れない。このようなモデルを使うと、大陸分水界を求めるアルゴリズムに含まれる作業を、より具体的に述べることができる。曰く、「このアルゴリズムはそれぞれの格子点について、①その点は、はたして分水界に載っているのか。②その点に降った水は、互いにつながっていない２つ以上の窪地に流れていくのか。あるいは、ホイットニー山のように、結局はすべて同じ１つの大海に注ぐのか、という問いに答えるものでなくてはならない」

モンタナ州をゆく車のなかで、わたしは、これらの問題を解く簡単で手っとりばやいアルゴリズムはないかと、あれこれ考えをめぐらした。まず手はじめに、各格子点に隣接する格子点に関する情報を、最大限活用することにした。さらに、分水界はたいてい稜に載っていて、その点が稜の上の点かどうかは、隣の点がその点より高いか低いかというパターンにもとづいて識別できるはずだ、と考えた。

ところが、まわりの点の状態を分析するのはかなり面倒であることが判明した。４つある隣点ひとつひとつについて、中心の点より高いか、低いか、同じ高さか、の3通りの状況が考えられる。したがって4点すべての状況となると、3の4乗、つまり81通りの場合がありうるのだ。だが81という数はあまりにも大きすぎて、州境を越えて旅をしている最中には覚えておくことができない。そこでものごとを簡単にするために、隣りあう格子点は同じ高さにならない、と仮定することにした。（この仮定は、一見非現実的な仮定のように見えるが、実はそうでもない。なぜなら、高さをかぎりなく精確に測れるとしたら、2つのものの高さがちょうど同じになる確率はゼロだからだ。）

さて、隣りの点がすべて中央の点よりも高いか低いかだとすると、その点のまわりの地形は16通り考えられ、しかもそれを6つの種類に分類できる。4つの隣点に囲まれた中央の点がどの隣点よりも高ければ頂になり、どの隣点よりも低ければ窪地になる。また、3つの隣点より高ければ尾根の上にあり、これとは逆に、3つの隣点より低ければ谷底の、地形学者やクロスワードをする人が凹線とか谷線と呼ぶ線の上にある。そして最後に、高い隣点と低い隣点が半々の場合は、さらに2つに分けられる。中央の点に立って、360度くるりと回って隣点を観察したときに、上、上、下、下、となっていれば、この点は斜面の上にあり、上、下、上、下となっていれば、鞍部、つまり峠にあるのだ。ちなみに鞍部は、稜線と谷線の両方に乗っている特殊な点である。

ビュートからボーズマンに向けて車を走らせている最中に、点のまわりの地形を分類してみても、北米大陸分水界を確定するのに役立つアルゴリズムは見つからないのかもしれない、という気がしはじめた。なにしろこのアルゴリズムは、1次元のアリの飼育箱の場合（には、編み目はただの線になり、各点の隣点は4つではなく2つになる）ですら、あまり役に立たないのだから。アリの飼育箱では、分水点はつねに頂になっているが、頂のまわりの特徴だけに注目していても、どの頂が分水点になっているのかはわからない。最も高い頂を見つけるには大局的な情報が欠かせず、格子上のあらゆる点の高さをくらべなくてはならないのだ。

しかも2次元の表面では、さらにやっかいなことになる。というのは、点のまわりの状況だけに注目しても分水点かどうかが判別できないうえに、分水点かどうかを判断する決め手となるはずの単純な大局的性質すら存在しないからだ。アリの飼育箱の場合は、ひとつひとつの点をほかの点とくらべていけば、最も高い点を選び出すことができるが、漁網の場合はそううまくはいかず、いくつかの点を通る複数の経路を考えなくてはならなくなるのである。

もっとも、点のまわりの地形情報だけでは分水点が特定できないにしても、ひょっとすると、分水点の候補を絞りこむことくらいはできるかもしれない。たとえば、穴は絶対に分水界の上に載っていないはずだから、穴はすべて候補から外せる。ところが、ボーズマンからビリングズに向っている最中に、除外できる点は穴だけであることがわかった。頂や稜や鞍部が分水界の上にあったとしても、明らかに、なんの問題もない。斜面上の点や谷線の点が分水界の上にあるなんて、と思われるかもしれないが、実はそうもいいきれない。水の流れがいく筋にも分かれている河川の三角州を思い描いていただきたい。北米大陸分水界の上にある高山の谷の出口にこのような三角州があって、そこから分水界の両側に向けて川が流れでている場合、この谷の上流全体が分水界の一部となり、斜面や谷線の上の点も、分水界に含まれることになるのだ。

たしかに、高地の源流部に川の三角州があるなんて、とうていありそうにない話だが、アルゴリズムと称するからには、どんな奇妙な場合にも処理できなくてはならない。事実、自然は実に奇妙な地形を作りだしていて、北米大陸分水界そのものがワイオミング州で枝分かれしていて、二本の線のあいだにクレーターのような形をした標高の高い盆地があると表示されている地図があるくらいだ。これらの地図にあるとおりなら、そのクレーターに降った雨は、どちらの大海にも注がないことになる。ましてや自然が作りだしたのではない風景となると、さらに奇妙なものがあって、コロラド州のビッグ・トンプソン・プロジェクトでは、一本のトンネルが分水界を横切って、というか、分水界の下を抜けて、というか、分水界が走っている稜の下を抜けて、水を運んでいる。このように、自然な排水パターンに人の手が加わってしまうと、分水界という概念そのものが意味をなさなくなる。

では、これを一段と大規模にしたらどうなるだろう。たとえば、オハイオ川からトンネルを伸ばしてロッキー山脈の下を抜け、コロラド州につなげたとしたら？　ピッツバーグの水は太平洋に流れこむようになり、一方デンバーの水は、相変わらず大西洋に流れこんでいるはずだ。

## 分割して征服する

それから200マイルあまり、イエローストーン川に沿って東に向かっている最中に（イエローストーン川の水は、ミズーリ州やミシシッピ州を経て、メキシコ湾から大西洋に注ぐ）、いくつかのすばらしいアイデアがひらめいたが、結局はどれも間違っていた。たとえば、アリの飼育箱で使ったアルゴリズムをさらに次元が高い世界に拡張する方法をついに見つけた、と思ったこともあった。大陸を丸ごと箱庭に放りこんだテラリウムを作り、そこに漁網をかけたうえで、まず、テラリウムの南の壁に沿って大陸の高さを調べていき、最も高い点を見つける。そしてこの頂を起点に、隣りあう点のうちで最も高い点に移動して、さらにその点と隣りあう最も高い点へと移動を繰り返し、別の壁に突きあたるか、前に通った点にいきあたった時点で移動をやめる。こうすれば分水界がたどれる。いったんはそう信じたものの、それも長くは続かなかった。わたしは、南の境界にある最高点が必ずしも分水界に載っているとはかぎらないことをすっかり忘れていて、そのためこのアルゴリズムは、しょっぱなで破綻する可能性があったのである。

このアイデアをうまく修正しようと試みるうちに、今度はまた別の戦略を思いついた。どうやらこれも袋小路だったようなのだが、今でもなかなか魅力的な案だと思っている。今、正方形のテラリウムの周と分水界との2つの交点がわかっているとしよう。ただし、正方形の内側で分水界がどうなっているのかは、まったくわからない。仮にこの正方形を4つの小さなタイルに切り分けることができて、それぞれのタイルの縁と分水界とが（仮にぶつかっているとして）どこでぶつかっているのかがわかれば、おおまかではあっても、分水界の様子がわかってくる。これらの正方形をさらに4等分すれば、計16個のタイルになり、さらに分割すれば計64個になる。こうやって正方形をどんどん小さくしていくと、やがて、交点の正確な位置はわからなくても、分水界がどの正方形のどの辺を通っているかがわかればよい、という話になる。この、分割統治法という古典的なアルゴリズムには、再帰呼びだしと呼ばれる深遠な魔法の香がかすかに漂っているのだが、残念ながらこの魔法は幻だった。なぜなら、このアルゴリズムの前提となっている、分水界がどの正方形のどこから入ってどこに出ているのかがわかっている、という仮定自体が幻だからである。

さらにもう一つ、分水嶺に特有のトポロジー、すなわち分水界は閉曲線か、さもなくば境界に端点をもつ曲線である、という事実を活かしたアイデアもある。ここで、その手順をご紹介しよう。ある一点のまわりの点に関する情報を元に、テラリウムのなかの稜線上に載っている格子点や頂になっている格子点をすべて選りだして赤く塗っていくと、赤い点の密なネットワークができる。このネットワークには、分水界のほとんどの点（ひょっとしたらすべての点）が含まれているはずだが、分水界には載っていない点もたくさん混じっている可能性がある。そこで分水界をはっきりさせるために、これらの邪魔な下生えを刈らねばならない。しかるにトポロジーには、かなり便利な手法がある。このときに前提となるのが、分水界に載っていない頂や稜線上の点は、すべてフリーな端点、つまり木の枝の先のようにぶらぶらした端を少なくとも1つもっている、という事実だ。このようなフリーな端を見つけるには、赤く塗られた格子点のなかで、隣りあう赤い点が1つしかないものを拾っていけばよい。こうして見つけた端点をすべて取りのぞくと、また新たに端点が生まれるので、同様にしてまた端点を取りのぞく。こうして端点のスキャンを繰り返し、もはや隣りあう赤い点が複数ある点しか残ってないという状態にすれば、あとには分水界の点だけが残っているはずだ、とわたしは考えた。

実際にこの手順でうまくいく場合もあるにはあったが、このやり方には重大な欠陥があった。そもそも、先ほども述べたとおり、分水界には頂や稜でない点も含まれている。したがってこのアルゴリズムを使うと、最初の段階で本来拾うべき点を拾い損なう可能性がでてくるのである。そのうえ、第二段階でも間違う可能性がある。分水界に属する2つの閉曲線が、厳密には分水界に属さない稜（つまり、両側の水が同じ大洋に注ぐような稜）でつながっていると、この稜にはフリーな端点がないため、刈りこみ作業では取りのぞけないのだ。

## 長除法

分水界問題がどんなに扱いにくい問題であろうと、自然はこの問題を解いているのだから、絶対に正しいアルゴリズムが存在するはずだ。よって、いよいよ策に窮したときは、自然のアルゴリズムを真似ればよい。すなわち、すべての格子点に雨粒を落として、低いほうに流れる水を追えばよいのである。この手順を徹底すると、あらゆる下り坂を追うことになるので、その点より低い隣点が３つあれば、３つの下り坂を転がるしずくをそれぞれ追って、しずくがくぼみに達して行きどころをなくしたところで追跡が終わる。

分水界というのは、そこに落ちたしずくが、大西洋にも太平洋にも達する点を集めたものにすぎないのだから（結局のところ、これが分水界の定義だった）、大陸のすべての点に落ちたしずくの経路をたどれば、北米大陸分水界がつきとめられるはずだ。

この雨粒アルゴリズムは、小規模なテストケースではきちんと機能するのだが、ひどく効率が悪い。モデルとなる風景の点には、その点より低い隣点が平均すると２つはあるので、このアルゴリズムを１段階進むごとに、調べなければならない経路の数が倍になる。したがって、その風景の典型的な経路がほんの20段階しかなくても、点１つあたり100万本の経路ができてしまう。

とはいえ、必ずしも経路を倍々でふやさなければならないわけでもない。実際の雨粒は、考えられるすべての経路に沿って海に流れこむわけではなく、たいていは、一番急な経路にはまりこむ。したがって、アルゴリズムでもそれを真似れば、計算量もぐっと減らすことができる。ところが問題はほかにもあって、こうなると、分水界の定義をすこし変えて、連続した点の連なりではなく、格子点のあいだをつなぐ経路としなければならなくなる。それに、雨粒が湖底に達した場合にどうするかも問題である。分水界から大洋に向かって、最も急な下り坂をひたすら下りつづけるケースはむしろまれで、「ここからはずっと下り」でない場合のほうが多いのだ。

ノース・ダコタ州かミネソタ州のどこかにある、ハドソン湾とメキシコ湾とを分けるもう一つの分水嶺の近くを走っているときに、ついにわたしの気持ちは、地球温暖化アルゴリズムとでもいった着想に落ち着いた。このアルゴリズムは、次のように進行する。まず、北米大陸をテラリウムにいれて海面をあげていき、水をどんどんふやして、大西洋と太平洋がちょうど触れるところまでもっていく。するとこの時点で北米大陸分水界の1つの点、いわば一番低い点が決まる。さらにどんどん水を足していくのだが、その際、両側の海水が混じらないようにあいだにしきりを作って、その高さを海水面と連動させてどんどん高くしていく。（実際のモデルではこのような細工は難しく、コンピュータ・シミュレーションでも、けっして容易ではない。）こうして、西側の水と東側の水が接する点の列を次々に拾い、分水界の要素として書き留めていく。すると、最後の点が水中に沈んだ時点で、大陸の分割が完成するのである。

このアルゴリズムを、たらいに水を満たすという例を引きあいにだして説明してしまうと、計算の核となる細かい部分が見えなくなる。本物の水はちゃんとやり方を「心得て」いるので、絶対に間違えることなく、上手にあふれる。ところがシミュレーションの場合は、水の動きをすべて入念にプロットしなければならない。水の高さを1フィートあげるには、現在の水線に隣接するあらゆる点をチェックして、どの点が新たに水没するかを判断し、さらにそれらの隣点をチェックして、そのまた隣りをチェックし、さらにその隣りをチェックして、という作業が必要になる。こうなると、またしても倍々の枝分かれが起きて、処理するデータが膨れ上がりそうなものなのだが、現実の風景では、そういうことは起きないらしい。

ついにこの操作のプログラムを書く段になって、わたしは、このアルゴリズムが操作の順序にきわめて敏感であることに気づいた。たとえば、太平洋が分水界の一番低い点に達しようとしている瞬間を想像していただきたい。この段階で大西洋の水位と太平洋の水位に差があると、太平洋の水が鞍部を乗り越えて東の大西洋にあふれだし、分水界の位置がずれてしまう。とはいえ、細かいところにきちんと気を配りさえすれば、これでうまくいきそうだった。

わたしは、アメリカ海洋大気局が作ったデジタルの標高地図にもとづいて、このプログラムを実行してみた。わたしがテラリウムに入れた北米大陸の部分にかぎっていえば、このメートル単位のデータセットには、長方形の格子点をなす217,021個の地点の標高が含まれていた。

---

地球温暖化アルゴリズムでは、大西洋と太平洋が接する（が、混じりはしない）ところまで海面を上げていって、北米大陸分水界を見つける。現在の海面（①）からはじまって、海が大陸を浸食し、やがて大陸の東半分をほぼ覆い尽くす（②）。海水面がさらに上がると、2つの大洋はまずニューメキシコのデミングのあたりで接する。（③では大陸分水界のなかで最も低いこの部分を、輝く白の短い線で示してある。）そしてついに海が大陸全体を覆ったときに、分水界の全貌が明らかになる（④）。これは、アメリカ海洋大気局の海抜データにもとづくモデルである。

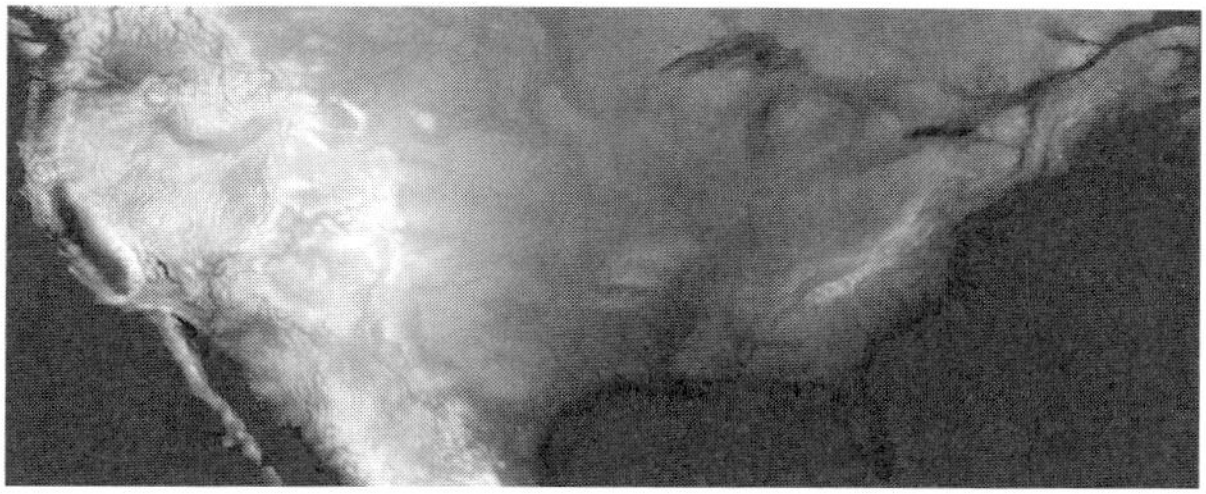
①

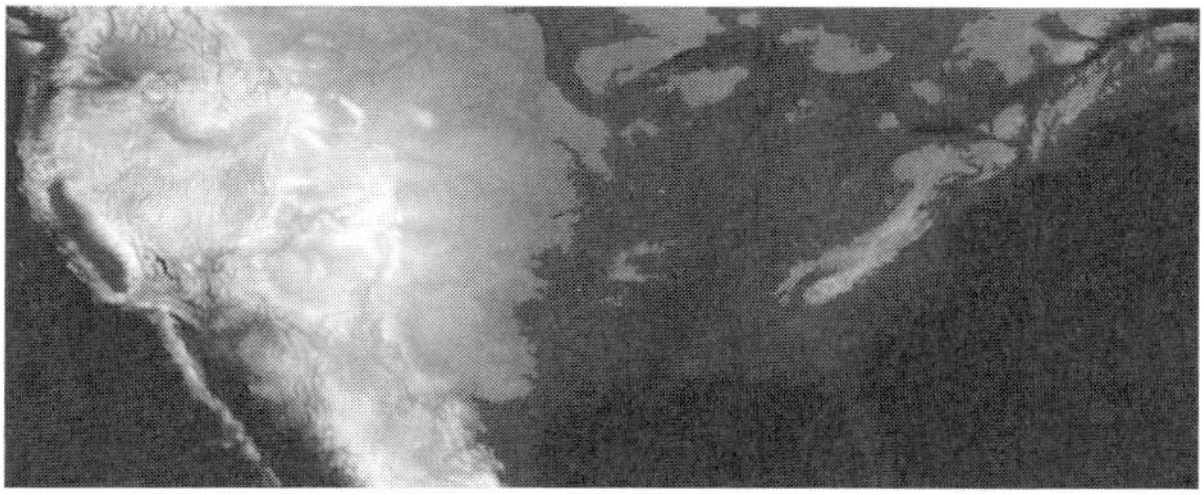
②

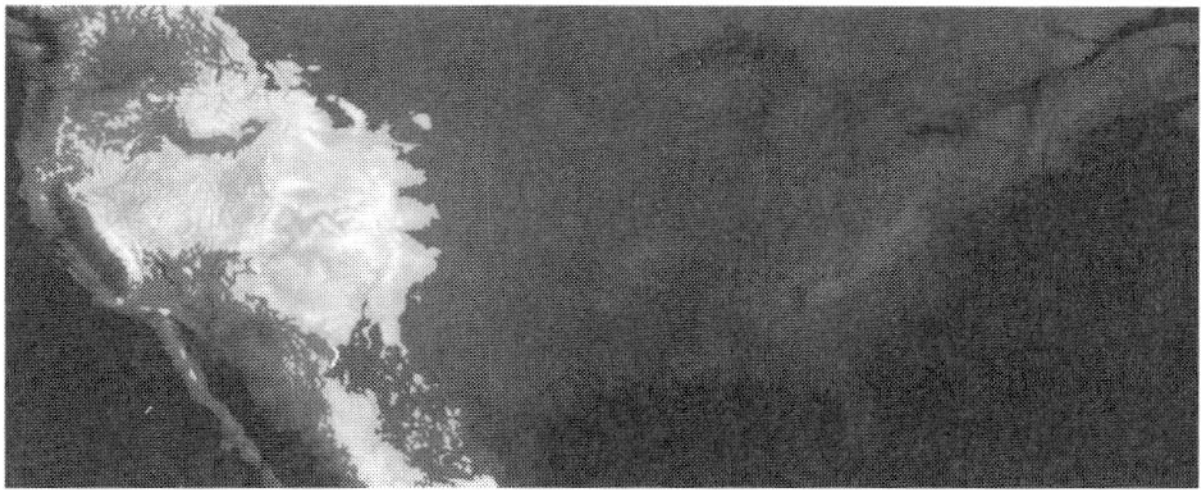
③

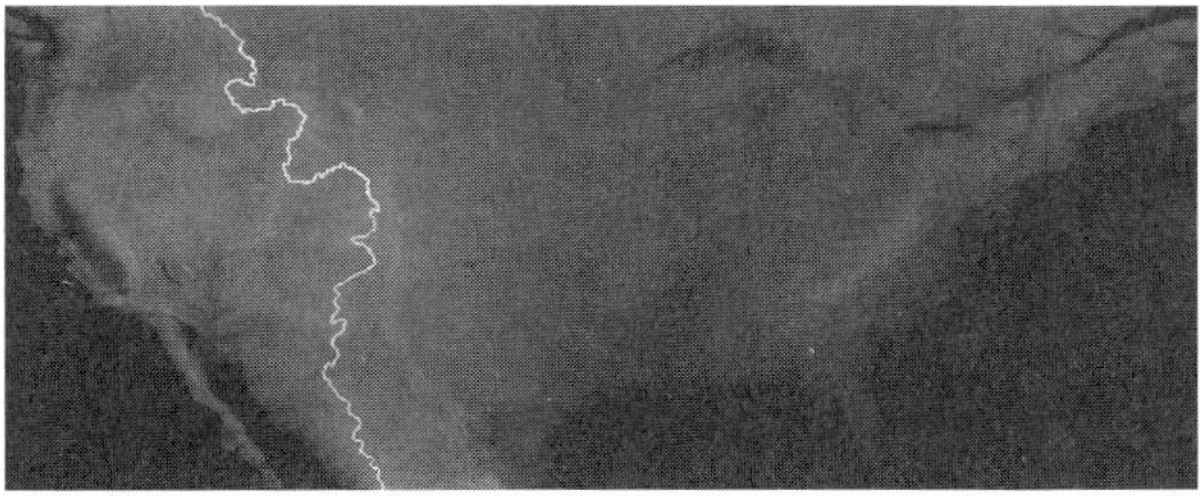
④

家に帰り着いて、コンピュータに張りついたり図書館に入り浸ったりしているうちに、すでに分水界の性質について調べている人々がいたことがわかってきた。自分が一番乗りでなかったことにはさして驚かなかったが、その顔ぶれにはびっくりした。

この問題に関する最も優れた著作物が、なんと、アーサー・ケイリー（トポロジーやグラフ理論を作りだした人物）とジェームズ・クラーク・マクスウェル（光の電磁波理論を作りだした人物）の短い論文だったのである。島国であるイギリスの人々にとっては、分水界という概念そのものがぴんとこなかったからなのか、ケイリーやマクスウェルが注目したのは、大陸の分水界ではなかった。しかし二人とも、地形一般を分析し、分水界のさまざまな側面を浮かび上がらせて、地形の基本的な輪郭について述べるときには頂と窪地と鞍部が鍵になる、と力説していた。

マクスウェルは、多面体の面と稜と頂点の数に関するレオンハルト・オイラーの公式にも似た、地表の頂や窪地や鞍部の個数を結びつける式を作った。球を包む表面の上の地形では、$p$を頂の数、$q$を窪地の数で、$s$を鞍部の数とすると、$p+q-s=2$という式が成り立つ。さらにマクスウェルは、さまざまな地形を流域に分割する大まかな手順を述べている。わたし自身が頂ないし窪地からはじめたのに対して、マクスウェルは真んなか、つまり鞍部から出発し、最も急な坂を経由して頂や窪地を目指すべきだ、と論じている。

分水界や流域に関するこれより新しい文献を調べると、またしても意外なことがわかった。わたしは、たぶん地理学者や地図製作者が書いた論文が見つかるだろうと予想していたし、事実、この分野では分水界や流域に関するさまざまな論文が発表されていた。ところがそれだけでなく、画像解析や人工視覚を研究している学生たちの論文が見つかったのだ。いわれてみれば、たしかにこの二つにはつながりがある。なぜなら、標高を明るさで置き換えると、地形図を画像として表すことができるのと同じで、デジタル化された画像を、標高を点の色や灰色の濃さで置き換えた表面とみなすことができるからで、このような表面における〝流域〟を探りだすことによって、問題の画像に含まれるさまざまな対象物を特定する、というアプローチが有効だからだ。

画像分析に流域を利用するというアイデアは、まず、パリの国立高等鉱業学校（鉱石標本の顕微鏡写真の画像を解析する必要があった）で、一九七〇年代に提示された。以来、高等鉱業学校の人々は、この手法をどんどん練り上げてきたが、なかでもわたしが最も使えると思ったのは、リュック・ヴァンサンとピーエル・ソワールがこの学校に奉職していたときに作りだしたアルゴリズムだった。

ヴァンサン＝ソワール・アルゴリズムは、わたしが地球温暖化法と呼んだアルゴリズムとも関係があるが、地球温暖化法よりずっと改善されていて、あるきわめて単純な工夫のおかげで、計算の労力が大幅に減っている。ヴァンサンとソワールは、地表の点に関するデータを順次蓄積していくと同時に、それらの点を標高の順に並べた表を作っていった。この表ができてしまえば、あとは、水位が上がるたびに水没する点を探すまでもなく、一覧の順序にしたがって次々に点を消していくだけですむ。

ちなみに、流域アルゴリズムを使った応用例の一つとして、自動操縦の車という昔からの夢を実現するための装置が紹介されていたが、この場合には、ビデオ画像のなかの道路の端が、探知すべき

「分水界」になる。したがって今度北米大陸分水界を横切るときには、わたしももっと分水嶺に注意を払えるかもしれない。なにしろこの装置さえあれば、ハンドルにしがみついていなくてすむのだから。

## 後から考えてみると

この随筆に登場したのは、二〇〇〇年夏の車の旅で、この文章はその年の終わりに『アメリカン・サイエンティスト』誌に掲載された。この随筆では、分水界の問題の解法だけでなく、人々が解を見つけたりひねりだしたりする過程にも光をあてたいと考えた。着想は、いったいどこからくるのか。わたしたちは、さまざまな選択肢をどのように評価していくのか。どうやったら、やめるべきときがわかるのか。たとえば、行方不明になった車の鍵を探しているときには、その鍵は、決まって最後に探した場所にある。なぜなら、鍵が見つかった時点で、もうそれ以上探す必要がなくなるからだ。ところが理想的なアルゴリズムを見つけるという作業には、ここまでという明確な終わりがない。わたしは北米大陸分水界を正確に図示する方法を探り、このアルゴリズムならうまくいきそうだというものが見つかると、そのたびに歩みを止めた。だが、その解が最良だと納得できる理由は、実は一つもない。

この随筆を読んで、（たいていは丘を登るタイプの）もっと簡単なアルゴリズムを提案した人もいた。まず、標高地図の海盆や、そのあたりで一番低い地点（本質的には、わたしが窪地といった地点）などの、地形のなかの低い点をすべて洗いだす。そして、それぞれの点に異なる色をつけていく。それから次に、色をつけた点の隣の点に目を移して、その点のほうが標高が高く、しかもまだ色がついていなければ、起点と同じ色に塗る。この作業を繰り返して、もうそれ以上高くて色のついていない隣点が存在しない状態になったところで、作業をやめる。この手順を繰り返すと、あらゆる点に色がつき、地図全体がさまざまな色の貯水池に分かれることになる。このとき、異なる色で塗られた領域の境目が流域の境、つまり分水界になるというのだ。

はたして、このやり方でうまくいくのだろうか。この手法の元になっているのは、水は低いほうにしか流れないという原理で、これは争う余地のない真実のように思われる。そしてもちろん、このアルゴリズムを使えば、流域はきちんと確定される。ただし、水がない惑星であればの話で、この場合、いったん低地に流れこんだ水は二度とそこから出ないことが、暗黙の前提になっている。ところが、もしも水が十分にあれば、いずれ低地はいっぱいになり、なかの水があふれだす。したがってほとんどの場合、低地は雨粒の最終到着地にならないのである。

わたしが北米大陸の標高図から抜きだした217,021箇所の点のなかには、窪地に分類される点が10,241箇所あった。したがってこの丘登りアルゴリズムを使うと、大陸は10,241個の低地に分かれて、そのまわりを稜線の網がレースのように縁取ることになる。ところがこれらの窪地のなかで、流れ込んだ水が蒸発しないかぎり外には出ず、大洋と同じように独立した流域とみなせるものは、かの有名なグレートソルトレイクをはじめとする二、三の窪地にかぎられる。それ以外の窪地はすべて流出口をもつ池や湖で、そこに流れこんだ水は結局はふたたび流れだし、正確にはもっと下流の集水池、ほぼ100パーセント、どこかの大洋の流域に属することになるのだ。

おそらくこの問題の根っこには、そもそも分水界の概念を地理的に定義するよりも、数学的に定義したほうが簡単だ、という事実があるのだろう。アラン・P・ピーターソンは手紙で、南アメリカにきわめてあいまいな分水界があることを指摘してくれた。ボートでオリノコ川をさかのぼり、カシキアレ川（運河）と呼ばれる天然の水路にはいって、そこからさらにネグロ川をたどると、アマゾンを下ることができるのだ。一つの流域からもう一つの流域へと、ボートから一度も下りずに横断できるとなると、このあたりの水のいき先は、いったいどこで分かれているのだろう。

ウェイン・スラッタリーはこれとは別の、北米大陸分水界のとても風変わりな地形を教えてくれた。わたしはこの随筆のなかで、理屈からいって、一本の流れが分水界に沿って流れ、やがて大西洋側と太平洋側の二つの支流に分かれる場合が考えられる、と指摘したうえで、しかしこんな地形はありそうにない、と述べた。ところがスラッタリーは、このような場所を実際に見たという。ワイオミング北西部のグランド・ティートン国立公園にあるトゥー・オーシャン・クリーク（二つの大洋クリーク）は、アトランティック・クリーク（大西洋クリーク）とパシフィック・クリーク（太平洋クリーク）に分かれていて、しかもその分岐点は北米大陸分水界に含まれているのである。

カナダ在住のスチュワート・ルードは、わたしの随筆を読んで、北米大陸を左右の海岸に分けるというのはいささか視野が狭すぎる、と思った。もっと高度の高いところから、あるいはもっと緯度の

スチュワート・ルードは、北米大陸を１本の線で東西に分けられた長方形ではなく、３つの巨大な排水池 ── 大西洋と太平洋と北極海 ── をもつ三角形とみなしてはどうか、と提案している。（スチュワート・ルードの好意により地図を転載。）

高いところから見ると、北米大陸はざっと三角形になっていて、北極海が第三の海岸線になる。ルードによると、「水路測量学から見た北米大陸の頂点は」、モンタナ州のグレーシャー国立公園のトリプル・ディバイド・ピークだという。この山の斜面にも、やはりアトランティック・クリークとパシフィック・クリークがあるが、そのうえハドソン湾クリークまであって、その水の流れは北に向かい、ネルソン川に合流してハドソン湾を経由し、最後は北極海に注ぎこむ。

# 7 歯車の歯について



コンピュータ産業の基本材料は、長いあいだシリコンではなく真鍮だった。一八世紀以前に作られた、ヴィルヘルム・シッカートや、ブレーズ・パスカルやゴットフリート・ヴィルヘルム・ライプニッツの計算機は、どれも金属の歯車をかみあわせたものだった。のちのチャールズ・バベッジも、計算エンジンのために、きわめてよく工夫された奇抜な歯車装置を考案しており、さらに時代を下ったヴァネヴァー・ブッシュの微分解析器の核心部分にも、歯車などの回転する部品が使われていた。そして、紀元前一世紀にロードスの町で暮らしていた、これらすべての発明家の先駆けともいうべき無名の職人は、30以上の歯車を組み合わせて、アンティキティラの機械と呼ばれるすばらしい暦《こよみ》計算機を作っていた。

これらの例からも、計算の歴史において歯車がいかに重要だったかが、よくわかる。しかし、歯車の歴史において計算がどれくらい重要だったのかは、あまり知られていない。わたし自身も、ほんの数年前に数論の著作を探しに図書館にいった折りに、ふらりと工学の棚に立ち寄るまでは、歯車と計算の関係に疎かった。そのときはじめて、歯車列の設計者たちが、たんに数学の世界からアイデアを拝借しただけでなく、自ら生みだしたアイデアのいくつかを数学の世界に返していることを知ったのだった。機械工学畑の方々は、むろん数学と工学のあいだにこのような双方向のやりとりがあったことをご存知だろうが、そのほかの方々は、わたし同様、歯車の設計に端を発する数学のトピックがあると知って驚かれることだろう。

## シュテルン・ブロコ木

すべては、現在ミシガン大学にいるディヴァカール・ヴィシュワナータという若き数学者との出会いからはじまった。彼は、「無作為化した《ランダマイズド》」フィボナッチ数列を作っていた。フィボナッチ数そのものは、一二〇〇年ごろにイタリアの商人にして数学者でもあったピサのレオナルド（あだ名がフィボナッチ）が作ったもので、1, 1, 2, 3, 5, 8, 13, 21……ではじまるフィボナッチ数列は、直前の2つの項の和を新たな項とするという規則で作られる。ヴィシュワナータの数列を作る規則も、これと似ているが、さらにある種の無作為が加わり、2つの項をつねに足すのではなく、無作為に足したり引いたりする。こうやってでたらめに足したり引いたりすると、結局はその影響が相殺されそうに思えるが、ヴィシュワナータは、この数列の項の絶対値がどんどん大きくなることを証明した。

ヴィシュワナータは、この「無作為化した」フィボナッチ数列のことをわたしに説明するときに、数論の世界でシュテルン・ブロコ木と呼ばれているものを引きあいにだした。これは、枝葉が分数、つまり$1/3$とか$1/2$といった整数の比になっている数学的な木で、以下のような方法で作る。まず、

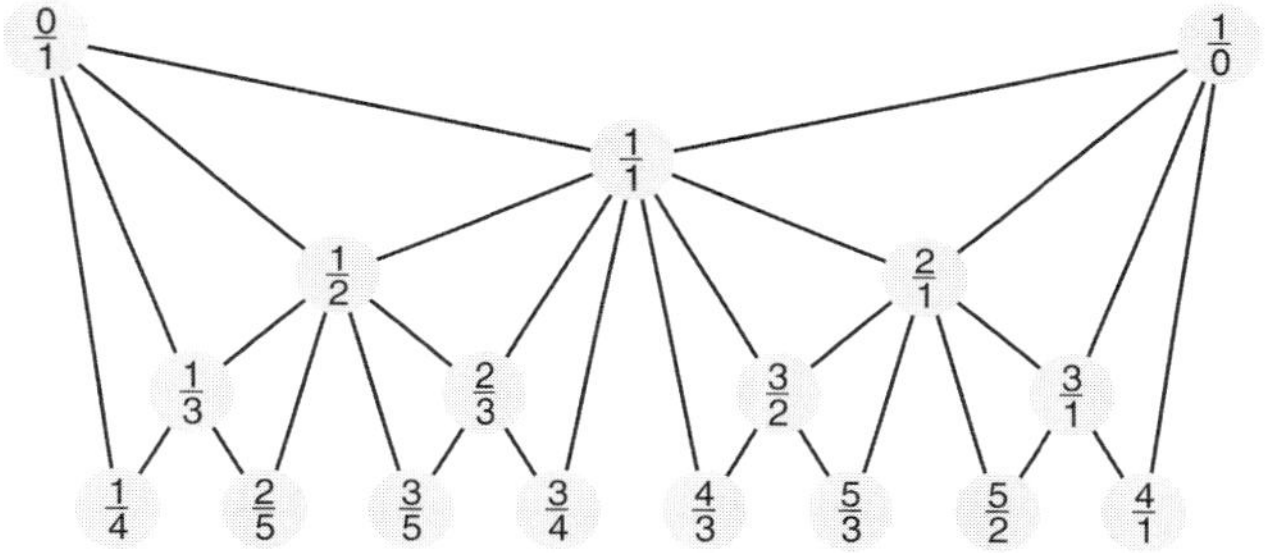


シュテルン・ブロコ木の枝や葉には、あらゆる有理数が、一度だけ現れる。どの項も、左隣りと右隣りの分数の分母どうし、分子どうしを足して作られる。したがって 1/3 と 1/2 からは（1 + 1)/(3 + 2）で、2/5 ができる。

2つの有理数 $a/b$ と $c/d$ を適当にとってきて、そのあいだに中間数と呼ばれる第3の値 $(a+c)/(b+d)$ を差しこむ。たとえば、2/3と3/4からはじめると、中間数は(2 + 3)/(3 + 4) で5/7になる。こうして3つの数ができたら、今度は第1の数と第2の数の中間数と、第2の数と第3の数の中間数を作る。したがって、この木の次の階層は5つの数になる。こうして同じ手順をどこまでも続けるのだ。ここで、各階層の数は必ず大きさの順に並んでいる、という点に注意しておこう。

正準なシュテルン・ブロコ木は、0/1と1/0からはじまる。（2番目の「数」は、たしかに奇妙だが、これを「最も小さい項に還元された無限」と見ることもできる。）この2つを出発点にすると、第2階層は0/1、1/1、1/0となり、第3階層は、0/1、1/2、1/1、2/1、1/0となる。この木には、すべての有理数が必ず一度だけどこかの枝や葉に出現する、というすばらしい特徴がある。

このシュテルン・ブロコ木を『アメリカン・サイエンティスト』誌のコラムで取り上げたとき、わたしは「数学者のモーリッツ・シュテルンと時計職人のアシール・ブロコ」にちなんでこう呼ばれている、と述べた。だが、ここで一つ白状しなければならないことがある。ヴィシュワナータの論文に、シュテルンとブロコの論文が引用されていたにもかかわらず、わたしは参考文献にあたらなかった。当時わたしは、ヴィシュワナータ自身が木の作り方をわかりやすく教えてくれたことでもあり、ロナルド・L・グレアムとドナルド・E・クヌースとオーレン・パタシュニクがまとめたすばらしい二次資料（であり教科書でもある）『コンピュータの数学』〔邦訳は共立出版より〕も手元にあるのだからということで、怠惰のなせるこの過ちから目を逸らしていた。十九世紀にドイツ語やフランス語で書かれた地味な論文を探さなくとも、この木について知るべきほどのことは知っていた。いや、正確には、知っていると思いこんでいた。ところが実は、自分が何を見落としているのかも、知らなかったのである。

## 教授と時計職人

アルゼンチンのラ・プラタでわたしのコラムを読んでくれているわが友オラシオ・A・カルーソに促されなければ、おそらくそのままになっていただろう。カルーソと若き同僚セバスチャン・M・マロッタは、この「無作為化した」フィボナッチ数列に関心をもち、自ら研究をはじめた。二人はたとえば、ヴィシュワナータの発想を虚数に展開して、一連の魅力的なフラクタル画像を作りだした。というわけで、カルーソからシュテルンとブロコの論文に関する問い合わせを受けたわたしは、遅まきながら、この二人の論文を探すことにした。

シュテルンの論文を見つけるのは、そう難しくなかった。モーリッツ・アブラハム・シュテルンは、当時の数学界では有名な人物だった。カール・フリードリッヒ・ガウスの同僚で、ガウスの跡を継いでゲッチンゲン大学の数学科の正教授にもなった。ペーター・プルツァーによると、シュテルンは「キリスト教に改宗せずにドイツの大学の正教授に指名された最初のユダヤ人だった」という。

シュテルンの論文は、『純粋および応用数学雑誌』（初代の編集者、アウグスト・レオポルド・クレレにちなんで「クレレの雑誌」とも呼ばれ、ヨーロッパで高い評価を得た雑誌）に掲載された。一八二六年に創刊されたこの雑誌の誌名を見ると、当時数学に純粋（Reine）と応用（Angewandte）の区別が生まれはじめていたことがわかる。「数論のある関数について」と題するシュテルンの論文は、純粋数学に分類されていた。シュテルンは、中間数を作る何種類かの手順について論じ、中間数の列を、連分数のような有理数の集合を作るほかの方法と関連づけた。この論文のどこを見ても、この数論の関数が歯車を設計する人々の役に立つかもしれない、とは書かれていなかった。

一方、ブロコの論文を探しだすのは、そう簡単ではなかった。この論文は、一八五五年に創刊されて一九一四年に終刊したフランスの雑誌『計時紀要』に載っているはずだった。ではその雑誌を探しはじめようかというところで、ようやくわたしは、なぜ数論における業績が時計職人の雑誌に載ったのだろう、と不思議に思いはじめた。

手軽に利用できるいくつかの図書館には、『計時紀要』は所蔵されていなかった。ただし、デューク大学の図書館目録にブロコという項目を入れて検索をかけたところ、一件だけヒットした。見つかったのは、一九四七年にヘンリー・エドワード・メリットがまとめた『歯車列――10進数にしたときのブロコの表と20万までの有用な数字すべての因数分解表つき』という著作だった。ブロコの表？　役に立つ数？　いったいこれはどういう代物なんだ？　わたしは数学科の図書館を出ると、隣接する工学科の図書館に入った。そしてすぐに、すり切れた青い本を手にすることとなった。序文に目を通しはじめたわたしは、すぐに、この本をまるまる一冊読まなければならないことを悟った。メリットの序文は、次のような言葉ではじまっていた。

今どきの序文は、かつての序文とは違う。一八三六年に刊行された『歯車の歯にかかったカミュ』の第二版に編者がつけた序文の巻頭の言葉には、誰一人として反論できまい――「本を手にとって、長い序文がついていると知ると、きまっていらついたものだ。そんなものは、著者の得になるような先入観を作りだすためのものであって、読者と本文のあいだにしゃしゃりでているさまときたら、まるで訪問客を主人に取り次ぎもせずに、門のところで待たせておくいけずうずうしい門番のようだ。そこで編者としては、予備的な注意点のために、五ページを割くにとどめたい」

たしかに、誰一人反論できまい。それにしても、この摩訶不思議な『歯車の歯にかかったカミュ』とはいったいなんだ？　題名からすると、実存主義者のアルベール・カミュが拷問を受けているようにも聞こえるが、それにしては時代が合わない。

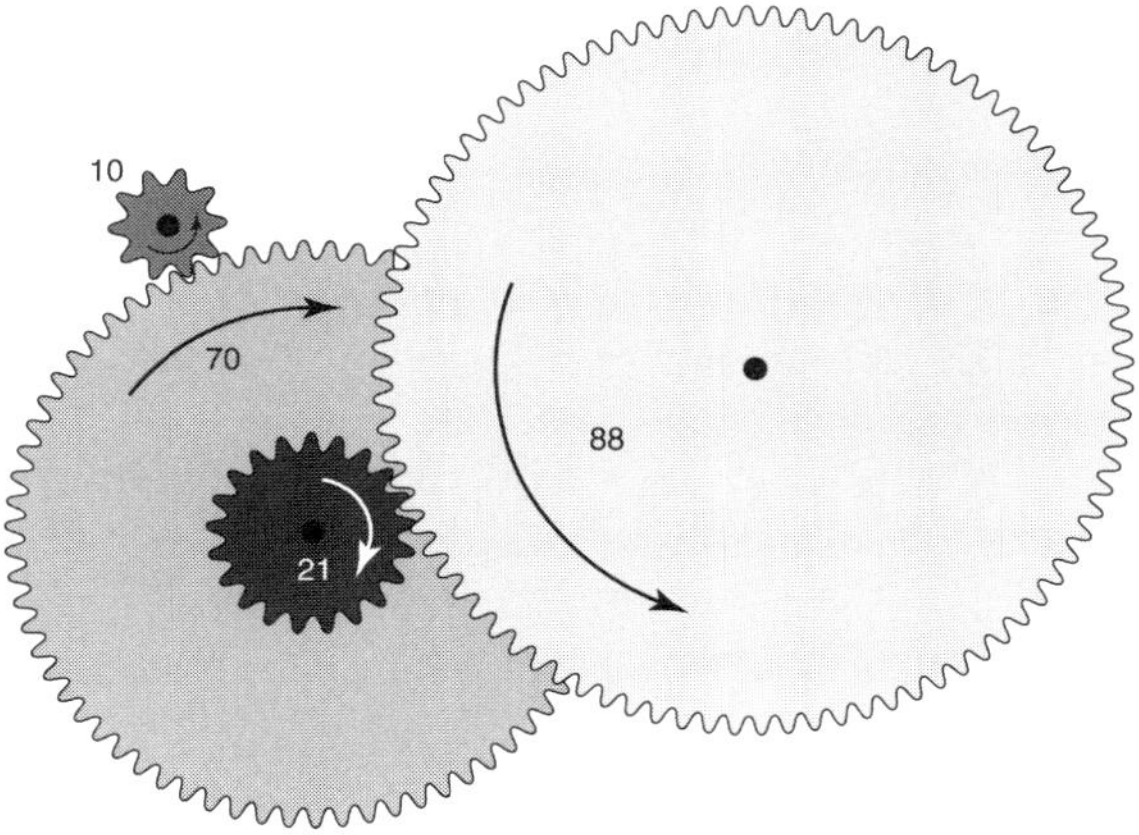


複合歯車列を使えば、大きすぎたり小さすぎたりして不便な歯車を使わなくても、ギア比を大きくできる。この図では、2組の歯車を組み合わせて、全部で 10/70 × 21/88 = 3/88 のギア比を作りだしている。

## 歯を数える

メリットの本を読みはじめたとたんに、数論のいくつかの側面がなぜ歯車設計者の関心を引いたのか、その理由が腑に落ちた。時計を作るときには、1分に1回転するシャフト（軸）を使って、1分1回転の歯車の動きを1日1回転に減速する歯車列を設計しなくてはならない。ようするに、最初の歯車のスピードを1440分の1に落とすのだ。さて、歯車の第一法則によると、歯車のスピードは歯の数に反比例する。だから最もシンプルなやり方としては、駆動歯車（ピニオン）の歯を1つにして、被動歯車（ホイール）の歯を1440個にすればすむ。ところが、歯が1つしかない歯車はひどく扱いにくいし、歯が1440個もある歯車もまた、大きすぎて扱いにくい。そこで、両方の歯車の歯の数に扱いやすい数、たとえば10をかけると、小さい歯車の問題は解決する。つまり、歯が10個あるピニオンを使えばよいことになるが、こうなるとホイールの歯は14400本で、ますます大きくなってしまう。

この苦境を脱するには、いくつかの歯車を組み合わせて歯車列を作ればよい。対になった歯車を2組以上使って、回転スピードを順次減らしていくのだ。たとえば2段階の歯車列では、ピニオンaをホイールAと組み合わせて、さらにAと同じシャフトにつけた2番目のピニオンbを使ってホイールBを回す。この歯車列は、全体としての歯車比がa/A × b/Bになるから、この積が目指す値になるように、適宜a、A、b、Bを選べばよい。たとえば、比がそれぞれ6/200と5/216の複合歯車を組み合わせると、積は30/43200となって、ほしかった1/1440という比と一致する。ホイールの歯の数が200個や216個でもまだ大きすぎるというのなら、歯車比がそれぞれ6/72と6/60と5/60の3段階の歯車列を使えば、同じ結果を得られる。

そうなると今度は、6/200とか5/216といった数がどこからきたのかが問題になる。これらの歯車を使えば求める歯車比が作りだせることは簡単に確認できるが、それにしても、こんな数をどこからもってきたのだろう。答えは簡単。数論に登場する因数分解を使えばよい。30/43200という分数の場合、分子の30は2×3×5と素因数分解できる。したがって、この3つのうちの2つを掛けあわせた歯車を使って複合歯車列を作れば、6×5でも、3×10でも、2×15でも、すべて歯が30個の歯車と同じ効果を生みだすことになる。一方、分母の43200を因数分解すると、2×2×2×2×2×2×3×3×3×5×5と11個の素因数に分かれて、この11個を2組に分けるやり方は41通りある。

そこで、たとえば歯が200個ある歯車を使うと、200は2×2×2×5×5と素因数分解されるので、残りは$2\times2\times2\times3\times3\times3$となり、歯が216個ある歯車を組み合わせればよいことになる。

このように、歯車列を設計する際に因数分解が必要になることから、メリットの著作には、「20万までの役に立つ数の因数の表」がついている。この場合の「役に立つ」数とは、素因数が127（メリットによれば127が歯車の歯の数の合理的な上限だという）を超えない数のことだが、数論学者たちは、同じ概念を別の言葉で表現し、多数の小さな因子に分解できる整数を「スムーズ」な数と呼んでいる。

因数分解が必要になるということは、複合歯車列の設計は計算の難しい問題なのだろうか。因数分解は、今も変わらずコンピュータ科学における謎でありつづけている。従来のコンピュータ・ハードウェアで実行できる唯一の因数分解アルゴリズムはけっして効率的ではなく、まかり間違えば遅いことがある。それでいて、これよりも優れたアルゴリズムは存在しないということを証明した人間も、どこにもいない。だが、歯車を設計するときに、多項式アルゴリズムが与えられないという問題が起きるわけがない。なぜなら、スムーズな数は必ず簡単に因数分解できるからで、小さな因数しかもたない数を因数分解するのであれば、どんなに粗削りなアルゴリズムでも、たとえば約数候補を片っぱしからあたるといった腕力ずくの方法を使っても、さほど時間はかからない。

## ギア・オタク

分を日に読み替えるくらいのことは、歯車でもきちんと解決できる。だが、仮に2つの歯車の速度比が$\pi$だったらどうだろう。こうなると、歯車の歯の数は整数でなければならない、という歯車設計の第一法則そのものが成り立たなくなる。どんな整数をもってこようと、2つの整数の比はπにはならず、せいぜい有理数による優れた近似が関の山だ。というわけで、ここでメリットがいうところの「ブロコの表」が登場することとなり、ふたたびブロコの論文の追跡がはじまったのだった。

ニューヨーク公立図書館を訪ねたわたしは、おおいにじれた。『計時紀要』が所蔵されていたにもかかわらず、わたしが求めていた巻が欠けていたのである。それでもニューヨーク公立図書館には、謎めいた『歯車の歯にかかったカミュ』〔原題は *Camus on the Teeth of Wheels* で、歯車の歯に関するカミュの論文、とも読める〕があった。そしてカミュというのが、一七四九年に『数学講義』という教科書を発表したシャルル・エティエンヌ・ルイ・カミュ（一六九九〜一七六八）だということが判明した。ジョン・アイザック・ホーキンスという土木技師が、カミュの『数学講義』のなかの歯車設計を扱った部分だけを英訳して、「時計などの機械装置や製粉所向けの歯車の最良の形と、歯の数を見つける術を示した、歯車の歯についての論文」という題名で発表しており、これが通称「歯車の歯に関するカミュの論文」と呼ばれていたのである。

カミュはまず、この論文で、理想的なギアの歯の形はどのようなものかという、数論よりはむしろ幾何学的な問題を扱っている。これは、数学者をはじめとするさまざまな分野の学者たちが、長いあいだ知恵を絞ってきた問題で、ロバート・フックやトーマス・ヤングやレオンハルト・オイラーやジョサイヤ・ウィラード・ギッブズといった面々が、外サイクロイドや伸開線の利点について論じている。これまた心惹かれるテーマではあったものの、時間にかぎりがあったので、わたしは、歯車設計の数値的な側面を取り上げた第二部に目を移すことにした。

カミュは、与えられた値を歯車で正確に実現できる事例に関しては、問題の数を因数分解して、その因数を一対の歯車に割りあてる方法を説明していた。そしてさらに、問題の数が簡単に因数分解できない事例における近似比をとる作業に注目し、次のような例題をだしている。「以下のような機械のホイールとピニオンからなる歯車列の歯の数を求めよ。……ただし筒車は、筒車の上に置かれた1時間に1回転するピニオンによって、平均年1年（365日5時間49分）かけて1回転しなければならない」。日や時間をすべて分に直して煎じ詰めると、この問題は最終的に、歯車で720/525949という比を作れという問題になる。ところが、この分数の分子はうまく因数分解できるが、分母は素数である。そこで、分母も分子も小さな因数をもっていて、しかも分数の値がなるべく720/525949に近い分数を見つけることが、次なる目標となる。ここでカミュは、次のような指摘をおこなっている。「一般には、試行錯誤を繰り返してそのような分数を見つけることになろうが、この方法にはいささか難があるので、ここでは別の、もっと確実に問題を解く方法を提案したいと思う」

ところが、そこから二十ページにわたって続く、実例を引いてその手法を説明している箇所に目を通してみると、ほとんど試行錯誤といってもよい有様だった。カミュが提案している目標値に近い比を見つけるための手順は、かなり骨が折れる代数的計算で、そのうえ記数法がくどくてぶざまなために、すこぶる読みにくい。そのうえ、この方法で作った比が因数分解できるという保証はどこにもなく、結局は試行錯誤が必要になる。カミュは、八度目の正直で、ようやく4/25 × 7/69 × 7/83に因数分解できる196/143175という分数を見つけた、と述べている。そして、この百年後にもっとよい方法を見つけたのが、ブロコだったのである。

## 著名な時計職人

わたしはついに、バージニア州のニューポート・ニューズにあるマリナーズ博物館の図書館で、『計時紀要』に掲載されたブロコの論文を手にすることができた。（時計と船乗りとのあいだに密接な関係があることを考えれば、さほど意外な場所でもない。）わたしが手がかりとした引用記事の巻号と日付は両方とも間違っていたが、それでも博物館の司書の力を借りて、問題の記事を見つけることができた。

時計製造者に関する参考図書には、アシール・ブロコは「著名な時計製造人」とあり、「ブロコの脱進機」のような機械の工夫は紹介されていたが、数学への貢献にはまるで言及がなかった。『計時紀要』に載った論文は、あくまでも実用を目的とした歯車を作るためのものであって、無限に続く実数列を作りだすためのものではなかったのである。しかし、理論こそ強調されていなかったが、その論文にははっきりと近代の刻印が押されていた。というのも、ブロコは自分の編みだした手法を、一つのアルゴリズム、プログラム可能な機械のためではなく、紙と鉛筆を使った計算のためのアルゴリズムとして紹介しているのだ。

ブロコは、自分の手法を説明するために、23分かけて1回転する歯車と3時間11分、つまり191分かけて1回転する軸を、歯車列を使ってつなぐという問題を作った。23と191はどちらも素数なので、歯車の歯の数を減らそうとすると、どうしてもそのものずばりではなく、近似になる。ブロコは、最も優れた近似を見つけだすために、まず、191/23の値が8よりも大きいが9より小さい、という事実に注目した。つまりこの比は、8対1と9対1のあいだのどこかにあるわけだ。そこでブロコは、一枚の紙の一番上に、まず次のように書いた。

8　　1　　−7

最初の2つの数は、8対1という比を表していて、3番目の数は、この近似による誤差を表している。誤差がマイナスなのは、目標となっている比を8/1で近似すると、191/23ではなく184/23になり、遅い方のホイールが目標時間より7分早く1回転し終わることを示している。

さらにブロコは、同じ紙の一番下に、

9　　1　　+16

と書いた。ここでも、最初の2つの数は、目標となっている比の近似で、3番目の数は誤差を表している。つまり、比が9/1となる歯車を使うと、9/1が207/23なので、遅いほうのホイールが1回転するのに16分余計にかかるのだ。

ここから、このアルゴリズムの反復部分がはじまる。ブロコは、この3行にでてくる数をすべて縦に足し、その合計を真んなかあたりに書いた。

17　　2　　+9

こうして得られた値は、実は一段と洗練された新たな近似になっていて、歯車比を17/2にすると、小さい歯車がついている軸を23分かけて1回転させたときに、遅いほうの軸が1回転するのに195.5分かかる。つまり目標となっている時間より4.5分余計にかかるわけで、誤差の項+9は、9/2という量を表しているのである。

さて、この先は、真んなかの行の数を一番上の行と足すか、あるいは一番下の行と足すかの二つに一つということになるが、一番上と真んなかの中間数を足したほうが誤差の項が小さくなるので、そちらを選ぶ。そして、得られた和を

25　　3　　＋2

と表に書きこむ。この比を使うと、遅い方のホイールは191/67分かけて1回転することになって、目標にしている時間との誤差は2/3分になる。

こうして、絶えず一番新しい行と、その行の近くにあって誤差項が減るような行とを加える形で近似を続ける。この方法には、あてずっぽうや試行錯誤がはいりこむ余地は皆無で、手順がすべてきちんと決まっている。しかも、優れたアルゴリズムはすべてそうなのだが、必ず終わりがくる。いつ終わるのかというと、この表に目標としていた比、つまり191/23が現れた時点、誤差がゼロになった時点で終わる。ブロコの実例では、表は結局次のようになる。

| | | |
|---|---|---|
| 8 | 1 | −7 |
| 33 | 4 | −5 |
| 58 | 7 | −3 |
| 83 | 10 | −1 |
| 191 | 23 | 0 |
| 108 | 13 | +1 |
| 25 | 3 | +2 |
| 17 | 2 | +9 |
| 9 | 1 | +16 |

ブロコのアルゴリズムによれば、目標の191/23に最も近いのは、83/10（この場合は10分の1秒早くなる）か108/13（この場合は13分の1秒遅くなる）になる。もっとよい近似が得たければ、歯車の数をふやして、何段階かの歯車列を作らなくてはならない。驚いたことに、ブロコはまったく同じアルゴリズムを使って、このような歯車列を設計している。紙の一番上に近似の片方を書き、正確な比を一番下に書き、行どうしをどんどん加えていって、誤差を小さくし、歯の数を大きくしていくのだ。たとえば、191/23と83/10を足すと274/33になり、さらに191/23を足せば465/56になる。

| | | |
|---|---|---|
| 83 | 10 | −1 |
| 274 | 33 | −1 |
| 465 | 56 | −1 |
| … | | |
| … | | |
| … | | |
| 191 | 23 | 0 |

こうして得られた組み合わせのなかに、分母分子ともうまく因数分解できるようなものがあれば、その因子を手がかりにして、さらによい近似を得ることができる。ところがここにきて、ついに試行錯誤が介入する。なぜなら、問題の数が小さな因子をもっているかどうかは、とりあえず因数分解してみないことには、わからないからだ。この例では、3行目に現れた比を5/7×93/8と因数分解できるので、歯車を4つ使って、目標となる歯車比との誤差が56分の1分の歯車列を作ることができる。

このブロコのアルゴリズムを使うと、どんな比であろうと、その近似をとることができる。しかもブロコは、あらかじめすべての計算をすませておいて、結果だけを表にまとめておけばよいということに気づいていた。それが、メリットの著作に載っていたブロコの表である。この表は、実は分子分母がともに100以下の数であるような分数の一覧で、すべての分数が大きさの順に並べてある。

## ギアが変わって

シュテルンが、数論の世界で作りあげた関数の実践的応用にはまったく触れなかったように、ブロコも、この歯車列作成のためのアルゴリズムの基盤となっている数学には、ほとんど関心をもたなかった。（わたしはまだ入手していないのだが、ブロコのもっと長い論文では、理論的な背景にも踏みこんでいるという。）この二人が互いの業績を知っていたという証拠はない。しかしこの二つを並べてみると、そのつながりは容易にわかる。ようするに二人は、述べ方が違うだけで、まったく同じことをしていたのだ。

さらにブロコのアルゴリズムは、今回の探求のそもそもの出発点だったフィボナッチ数列ともつながっている。どうつながるかを知りたければ、ブロコのアルゴリズムを使って、φあるいは黄金比と呼ばれる1.618という近似値をもつ無理数の定数を近似する比を求めてみるとよい。φの近似値の列は、1/1, 2/1, 3/2, 5/3, 8/5, 13/8……となり、その比のなかに、フィボナッチ数列がすっぽり埋めこまれているのである。

紙と鉛筆を用意して、実際にブロコのアルゴリズムを使ったり、印刷されたブロコの表をめくったりしているうちに、わたしはなにやら落ち着かなくなり、やがて考えこんでしまった。このような勤勉さや創意工夫が賞賛すべきものであることは間違いないのだが、同時に、現代を生きるわたしたちの目には、ひどく無駄なことのようにも映る。わたしには、何年もかけてπの10進小数展開を計算した何人もの神童たちのことが思いだされてならなかった。しかるにπの10進小数展開は、今やコンピュータのソフトウェアの軽い準備運動になっている。ということはつまり、わたし自身の苦労の結晶のなかからも、図書館で古びたこの随筆集を手にとる未来の読者から見れば、哀れなまでに時代遅れとしか思えないものがでてくる、ということなのだろうか。

実際、コンピュータという形をした圧倒的な計算力が手にはいった今日では、単純な歯車列の設計は、すでに計算における興味深い問題ではなくなっている。ここまでの計算力があれば、もはや創意工夫を発揮するまでもない。歯車の問題は力ずくで、カミュやブロコが考えもつかなかった形で、さらには、ほんの六十年前に著作をまとめたメリットですら考えつかなかったような形で、解決することができる。ある比を近似する必要がでてきたら、歯の数が100以下の歯車を2つ組み合わせた場合のギア比を片っぱしからコンピュータに試算させてみればよいのだ。このような組み合わせは計1万通りしかないのだから、一瞬のうちに最適な近似比をあぶりだすことができる。2段階の歯車列の場合にも、ものの数分もあれば1億通りの組み合わせをあたることができる。歯車製造人たちは、グルグルと渦を巻く進歩の歯車ゆえに、職にあぶれることとなったのである。

## 後から考えてみると

歯車の比をめぐる数学についてまとめはじめたとき、わたしは、これはおもに過去の歴史を扱った随筆になると考えていた。ところが、この随筆が雑誌に掲載されると、現役の時計製造者たちが次々に名乗りをあげて、この問題がけっして過去のものではないことを教えてくれた。時計ファンというと、アンティークな機械仕掛けの収集家が多いのだが、なかには、今も新たな歯車を設計したり作ったりしている人がいて、ブロコと同じような問題に直面しているという。

ある時計製造人（にして天文学者）によれば、最適な歯車の組み合わせを探すという課題はもはや計算上の重大問題ではなくなった、というわたしの軽薄な主張は見当外れだという。カリフォルニア州サンタバーバラに住むジョン・G・カークは、自分が実際に直面した、複合歯車列に関する問題を教えてくれた。それは、歯の数が15以上256以下の歯車だけを6つ組み合わせる組み合わせ方をすべて列挙する、という問題だった。このような歯車の組み合わせ方は計200兆通りを超えるから、たしかに、腕力頼みであらゆる組み合わせ方を洗いだすというやり方は実際的でない。（腕力にいささかの常識をプラスすれば、この問題も解くことができる。）

また、シュテルン・ブロコ木の歴史に関する話にも続きがあった。数名の読者から、この数の並び方にはなじみがあるが名前が違っていて、自分たちはファレイ列と呼んでいる、という指摘を受けた。ジョン・ファレイ（一七六六～一八二六）は英国の地質学者で、数学に関する文章は、一八一六年に『哲学雑誌』に載った報告のみであるらしい。ファレイはそのなかで、「ありふれた分数の奇妙な性質」について述べているのだが、実はこれが事実上、中間数の定義になっている。この論文は、シュテルンやブロコがこの話題を取り上げる四十年以上前に発表されているのだが、このアイデアは、ファレイ独自のものではなかった。この報告には、ヘンリー・グッドウィンが編纂した分数の表が引かれており、明らかにグッドウィンも、中間数の性質に気づいていた。さらに以前の一八〇二年には、ハロスなる人物がフランスの雑誌で同じ話題を論じている。（ハロスに関しては何も、名前すらわからなかった。一八〇二年の論文の引用例を見ると、著者C・ハロスC. Harosとなっている場合が多いが、実際の著者名欄には「le C.en Haros」と書かれており、このC.enは、革命の時代に広く使われていたCitizen＝市民、という呼称の略と思われる。）

ハロスやファレイのほうが先にこの表を考えついたのだとすれば、なぜシュテルン・ブロコ木と呼ばれているのだろう。たぶん、この二つのアイデアには、微妙ではあってもなんらかの差があって、まったく同じといえないのではなかろうか。たとえば、ハロスとファレイが0と1のあいだの分数だけを考えていたのに対して、シュテルンとブロコは正の有理数すべてをカバーしていた。さらに、ハロスとファレイが、自分たちの手法を大きさを増すような形に並んだ分数の列を作りだすためのもの、ととらえていたのに対して、シュテルンやブロコが論じたのは、一本の列ではなく一本の木、ありとあらゆる有理数を生みだすメカニズムだったのである。

もう一つ、この木の歴史をめぐって、これとは別の細かい事実に目を向けさせてくれたのが、スタンフォード大学の高名なコンピュータ科学者ドナルド・E・クヌースだった。クヌースによると、シュテルン自身は、この有理数の木の元になるアイデアは自分が考えだしたのではなく、同僚であり若き友でもあるゴットホルト・アイゼンシュタインのアイデアだといっていた。クヌースがアイゼンシュタインの著作集にあたったところ、シュテルン宛の一八五〇年の手紙に、この木の基本的なアイデアが書かれていたという。ただし、この木に数学的な証明をつけたのはシュテルンだった。

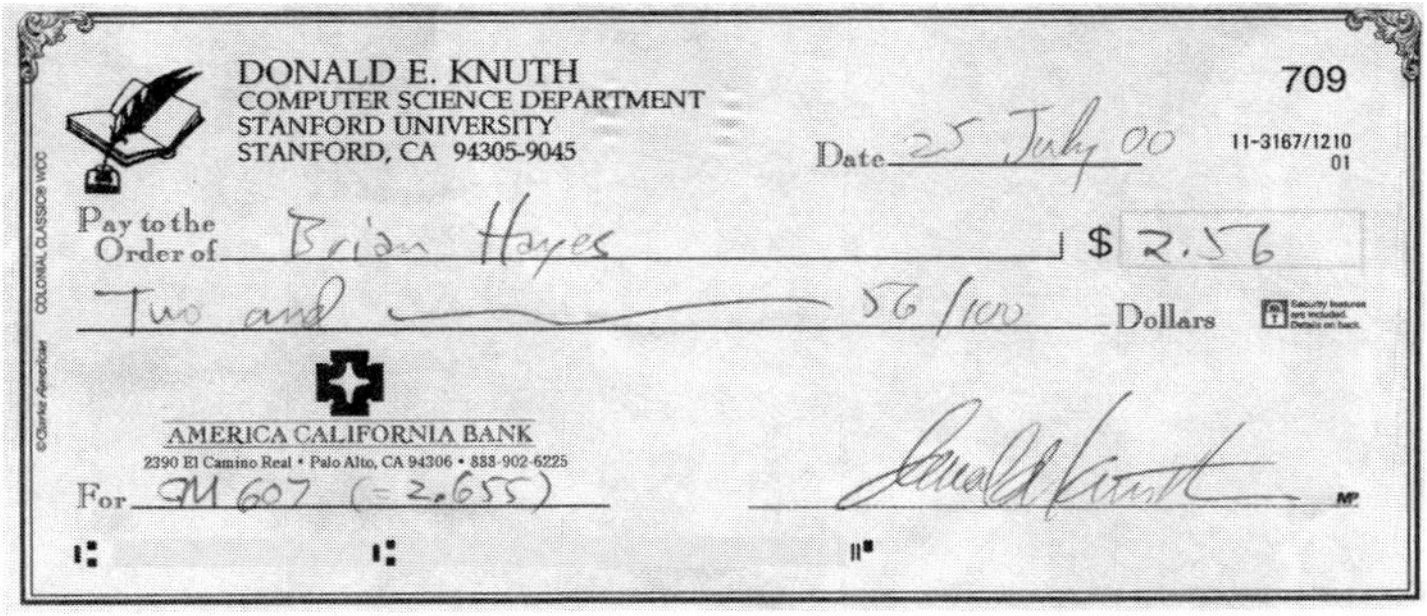


さらにクヌースからの手紙には、上にあるようなごほうびが同封されていた。この件について、わたしとしては誇りと悔しさが入り交じったいささか妙な気分なのだが、ここでそのいきさつを紹介しておこう。クヌースは昔から、自分の著作に間違いを見つけた人間には報奨金をだすといっていた。厳密にいうと、わたしはクヌースの間違いを指摘したわけではなく、もののついでに、引用が間違っていたために『計時紀要』の間違った巻にたどり着いた、と述べたにすぎない。しかしクヌースにとっては、この遠回しなコメントで十分だった。わたし自身が勤勉な研究者とはいいかねること（この随筆でもその結果に触れたのだが）、を考えると、クヌースの報奨金を受けとるのは、いささかきまりが悪い。もっとも、この小切手を換金する人間がいるとも思えないのだが。

わたしがシュテルンとブロコの足跡を追うことになったのは、そもそもオラシオ・カルーソが勤勉な学者であったおかげなのだが、カルーソ自身は二〇〇三年に亡くなった。直接顔を合わせたことはなかったが、わたしたちは親しい友達だった。カルーソの弟子であるセバスチャン・マロッタは、現在ボストン大学にいる。

# 8　一番簡単な難問



子供時代のことで、今も懐かしく思うものの一つに、ボール遊びをするときのチーム分けの儀式がある。わたしが育ったあたりでは、近所のガキ大将が二人、両チームのキャプテンとなり、次々にほかの選手を指名していった。キャプテンは、その時点で残っている子どものなかから最も能力がある（最後のころには、すこしでも不器用でない）選手を選び、結局は、全員がどちらかのチームに割りふられる。これは、互いに力が拮抗するチームを作るための儀式であり、ついでに、一人一人の子どもに、自分が序列の何番目にいるのかをはっきりと認識させるための儀式でもあった。そしてたいていは、これでうまくいった。

当時のわたしたちは、自分の名前が呼ばれるのを心待ちにしている連中はもちろんのこと、肩を怒らせた二人のチームリーダーも、誰一人として、このようなチーム作りの仕組みが、実はバランスのとれた数の分割問題に対する「どん欲な発見方法」であることに気づいていなかった。それに、この問題が「NP完全」であり、最適のメンバーを見つけるのが非常に難しいと証明済みだということも知るよしもなかった。わたしたちにすれば、さっさと試合をはじめたい一心だったのだ。

これはまさにパラドックスそのものといえよう。コンピュータ科学者たちが非常に扱いにくいと認めている分割問題を、世界じゅうの子どもたちは、いったいどうやって日々解決しているのだろう。子どもたちがきわめてお利口さんなのだろうか。たしかにそれも、大いにありうる。あるいは逆に、校庭で子どもたちが使っている手順が有効だという現実からして、この作業そのものが、「NP完全」なる恐ろしげな名前から受ける印象のわりには難しくなくなる場合があるのかもしれない。実際、目の付けどころがわからないと、この有名な難問のどの部分が難しいのかを探りだすことじたいが難問になりかねず、どこに難しい問題が潜んでいるのかが正確につきとめられたのは、最近のいくつかの研究、コンピュータ科学だけでなく、物理学や数学のツールも使った研究のおかげなのである。

空き地で野球の試合をしようとしている子どものほかにも、効率的な分割に関心をもつ人は大勢いる。なぜなら、資源を割りあてる作業では、往々にしてこれとよく似た問題が起きるからで、マイクロ・プロセッサが2つ搭載されているコンピュータに複数の作業をおこなわせるためのスケジュール作成が、そのいい例だ。この場合、いくつかの作業を実施時間の総計がほぼ同じになるような2つの組に分けて、プロセッサにかかる負荷を均等にしなくてはならない。あるいは、さまざまな資産からなる遺産を二人の相続人が分ける場合も、同じようなことが問題になる。

ではいったい、何が問題なのか?

ここで分割問題の形式を、もうすこし整えてみよう。今、$n$ 個の正の整数を2つに分けてくれ、

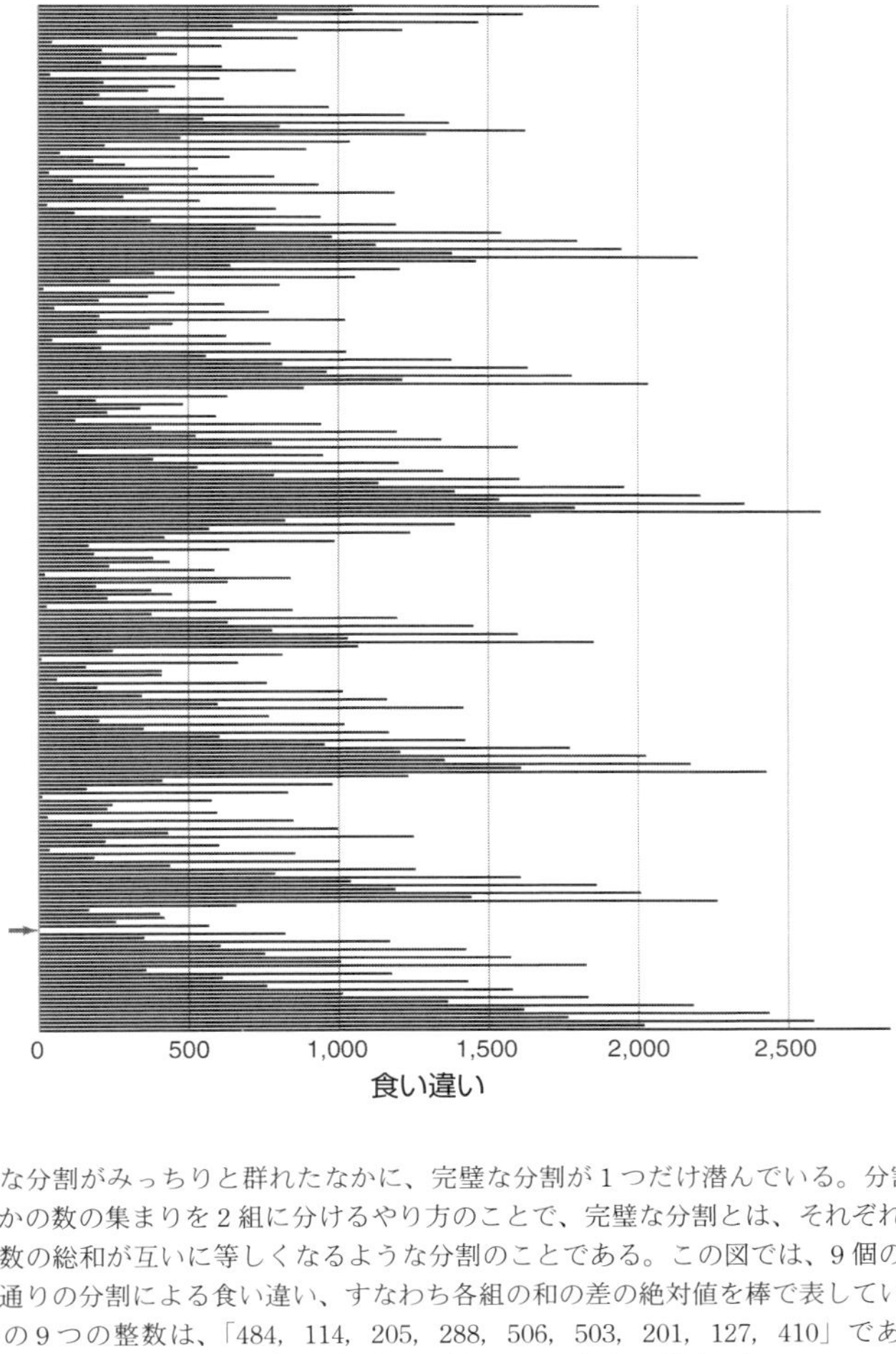


不完全な分割がみっちりと群れたなかに、完璧な分割が1つだけ潜んでいる。分割とは、いくつかの数の集まりを2組に分けるやり方のことで、完璧な分割とは、それぞれの組に属する数の総和が互いに等しくなるような分割のことである。この図では、9個の整数の計156通りの分割による食い違い、すなわち各組の和の差の絶対値を棒で表している。この場合の9つの整数は、「484, 114, 205, 288, 506, 503, 201, 127, 410」である。左欄外の矢印で指し示された唯一の完璧な分割では、これらの数を、「410, 503, 506」と「127, 201, 288, 205, 114, 484」に分けていて、各組の和は1419になる。

といわれたとしよう。それぞれの組に入れる整数の個数はいくつでもかまわないが、２組の数の和をできるだけ近づけたい。２つの和がぴったり同じならそれに越したことはないが、与えられた$n$個の整数の総和が偶数でないと、２つの和を等しくすることはできない。総和が奇数の場合は、せいぜい差を１にするのが関の山だ。というわけで、「食い違い（ないし、差異）」と呼ばれる各組の和の差の絶対値が１以下となる分割を、完璧な分割と定義する。

それでは、小さな例で試してみよう。今、１から10までの範囲からでたらめに選ばれた10個の数——これだけあればバスケットボールチームが２つ作れる——があるとしよう。

{2, 10, 3, 8, 5, 7, 9, 5, 3, 2}

このとき、この10個の数の完璧な分割を見つけることができるだろうか。この例の場合、これらの数を和が等しくなるように分割する方法は計23通りある。（左右がさかさまな分割を別な分割として数えれば46通り）。理詰めで考えていくと、まず間違いなく、この23通りのどれかにたどり着く。わたしが最初に見つけたのは、次のような分け方だった。

{2, 5, 3, 10, 7} と {2, 5, 3, 9, 8}

どちらも和は27である。

| 分割すべき集合 | 左 | 右 | 食い違い |
| --- | --- | --- | --- |
| 19 17 13 9 6 | | | |
| 17 13 9 6 | 19 | | 19 |
| 13 9 6 | 19 | 17 | 2 |
| 9 6 | 19 | 17 13 | 11 |
| 6 | 19 9 | 17 13 | 2 |
| | 19 9 6 | 17 13 | 4 |

欲張りアルゴリズムは、分割の最も単純な近似方法の一つだ。このアルゴリズムでは、つねに残っているもののなかから最大のものを取って、和が小さい方の組に入れる。この図では、各段階で動かされる数を灰色で塗ってある。

これはけっしてまれな例ではない。実際、1から10までの整数を計10個そろえたときに、完璧な分割が可能な整数の組は、99パーセントを超えている。（厳密にいうと、1から10までの整数10個からなる組が100億個あったとすると、9,989,770,790個は完璧に分割できる。なぜそんなことがわかるかというと、けっして簡単なことではなかったが、実際にすべて数え上げたからだ。）

整数の個数が多くなると、もっと難しくなるのかもしれない。範囲を1から10までにかぎって1000個の整数を選びだし、紙と鉛筆を使って和が等しくなる2つの組に分けるとなると、うんざりするほど長い時間がかかるが、簡単なコンピュータ・プログラムがあれば、すぐに作業は終る。二人のガキ大将が使ったアルゴリズムにちょいと手を加えればうまくゆく。1000個の数を大きさの順に並べておいて、一番大きい数から順繰りに、その時点で和が小さいほうの組に割りあてていくのである。このアルゴリズムは、一番大きな数からとっていくので、欲張りアルゴリズムと呼ばれている。

1以上10以下の数を1000個、どんなにでたらめに選んできたとしても、欲張りアルゴリズムを使えば、ほぼ確実に完璧な

| 分割すべき集合 | 差 | 左 | 右 | 食い違い |
|---|---|---|---|---|
| 19 17 13 9 6 | 2 | 13 19 | 17 9 6 | 0 |
| 13 9 6 2 | 4 | 13 2 | 9 6 | 0 |
| 6 4 2 | 2 | 4 2 | 6 | 0 |
| 2 2 | 0 | 2 | 2 | 0 |
| 0 | | | 0 | 0 |

カーマーカー・カープ法は２段階に分かれている。まず、図の左端を上から下に見てゆき、数を２つ１組にして、その差で置き換えていく。つまり、この２つの数が異なる組にいくことだけを決めるのだ。次に今度は図の右側を下から上に見て、差分決定を繰り返してゆけば、元の分割を再構成することができる。表の一番下の０は、２つある２の差だから、２つの２をそれぞれの組に書き入れる。さらに、これら２つの２の片方は６と４の差だから、今度は６と４を２つの組に割り振る、といった具合に続ければよい。

分割が見つかる。しかもそれだけでなく、数の範囲さえ変えなければ、1万個だろうと10万個だろうと100万個だろうと、やはりうまくいく。ここまで成功率が高いからといって、このアルゴリズムがとくに優れているわけではなく、同じくらい優秀な方法は、ほかにいくらでもある。

　なかでも独創的なのが、当時カリフォルニア大学バークレー校にいた、ナレンドラ・カーマーカーとリチャード・M・カープが一九八二年にが発表した方法だ。これは「差分法」と呼ばれる手法で、各段階で元となる集合から数を2つ選んでは、それらの差の絶対値で置き換えていく。これは実は、選んだ2つの整数のどちらがどの組にいくのかは決めずに、とりあえず別々の組にいくことだけを決めているのと同じことで、この作業を、表に残る数が1個になるまで続けると、残った数がその分割による食い違いになる。そこで今度はそこから一連の決定を逆にたどって、分割そのものを再構成していく。完璧な分割を探すときは、欲張りアルゴリズムよりもカーマーカー・カープ法を使ったほうが成功率が高い。

こうなると読者の皆さんは、分割問題はどうということもない問題であって、NP完全という名前には値しないと思われるかもしれない。だがここで、もう一つ別の例を見てみよう。でたらめに選んだ10個の数の分割について考えるのだが、今度は1から10ではなく、1から$2^{10}$、つまり1024までの範囲で10個選ぶ。

{771, 121, 281, 854, 885, 734, 468, 1003, 83, 62}

この10個の数は完璧に分割できるが、その分割方法は一通りしかなく、しかも、かなり粘らないことには見つからない。さらにこの場合は、欲張りアルゴリズムではうまくいかず、どうしても差を32より小さくできない。カーマーカー・カープ法のほうがすこしはましで、差を26まで押し縮められるが、確実に完璧な分割を見つけだしたければ、あらゆる分割方法をすべてチェックするしかなく、しかも考えられる分割方法は、なんと1024通りもある。

よろしい、わたしがその完璧な分割を見つけてやろうじゃないか、という方は、さらに、1から$2^{100}$までの範囲で100個の数を選ぶか、1から$2^{1000}$までの数のなかから1000個の数を選んで、分割してごらんになるとよい。とびっきりの幸運にでも恵まれないかぎり、これらの集合に完璧な分割があるかどうかをつきとめるだけでも、人生の二、三個分はかかるはずだ。

## 難しい問題はどこにあるのか

なぜこういうことになるのか理解するには、まず、問題が難しいということの意味をはっきりさせる必要がある。この点に関して、コンピュータ科学の世界には大まかな合意がある。曰く、「簡単な問題は「多項式時間」で解けるが、難しい問題は「指数時間」を要する」。大きさが $x$ の問題を $x$ 段階、あるいは $x^2$ 段階、あるいは $x^{50}$ 段階で解けるアルゴリズムが存在するとわかっている場合、$x$ や $x^2$ や $x^{50}$ はすべて $x$ の多項式なので、公式には、その問題は簡単だということになる。ところが、最も優れたアルゴリズムでも $2^x$ 段階、あるいは $x^x$ 段階必要になると、これはやっかい至極。なぜなら、このような指数関数（指数に $x$ が入っている関数）は、$x$ の値が大きくなるにつれて、どんな多項式よりも急速に大きくなるからだ。

さて、多項式時間で解ける簡単な問題はクラスPに属しているとされ、クラスPに属していないものはすべて難しい問題とされる。並外れて難しい問題は、悪名高きクラスNPに分類されていて、今のところわかっているかぎりでは、これらの問題を解くには「指数時間」が必要となる。その一方で、なんらかの解が提示されたときに、その解が正しいかどうかをチェックするには、多項式時間で十分だ。（NPというのは「非決定性多項式 Non-deterministic Polynomial」の略だが、残念なことに、フルネームがわかったからといって、この概念の理解がぐんと進むわけではない。）

では、数の分割問題は、この分類のどこにあてはまるのだろう。欲張りアルゴリズムもカーマーカー・カープ法も、$n$ 個の数を分割するのに必要な手順の総数が $n^2$ 段階未満なのだから、実行するのにかかる時間は多項式時間だ。ところが、いざ問題を分類する段になると、このようなアルゴリズムの有無は勘定にはいらなくなる。なぜなら、これらのアルゴリズムを使えば必ず正解にたどり着ける、という保証がないから。問題を難しさの順に並べるときには、あくまでも最悪の場合を想定した分析が基準となるため、ほんの一例でもうまくいかない問題があると、そのアルゴリズムは失格になってしまうのである。ちなみに数の分割問題の場合、わたしたちが知っている解き方のなかで、こうすれば必ず解けるという保証つきの方法はただ一つ、あらゆる分割方法をしらみつぶしにあたるというごりごりの腕力を使ったやり方だけだ。ところがこのアルゴリズムは、分割すべき整数を2つある組のどちらかに一つずつ割りあてるため、試さなければならない分割方法が$2^x$通りになって、$n$が大きくなると、実行時間が指数関数的にふえていく。

数の分割は古典的なNP問題である。$n$個の数の一覧を渡されて、「ここにある数を完璧に分割することは可能だろうか」と尋ねられたときは、しらみつぶしに分割方法をあたっていけば、必ず答えがでる。しかし、それには指数的な時間がかかるかもしれない。ところが、これぞ完璧な分割だという例を見せられた場合は、多項式時間で簡単に確認ができる。それぞれの組の和をとって、それをくらべるだけなので、$n$に比例した時間ですませられるのだ。

分割問題は、実はたんなるクラスNPの一員ではなく、NP完全と呼ばれるエリートである。つまり、分割問題を解くための多項式時間のアルゴリズムが見つかったら、そのアルゴリズムを使って、すべてのNP問題を多項式時間で解くことができる。つまりNP完全問題は、ひとつひとつがクラスNP全体の万能鍵なのである。

それにしても、正真正銘の難問であることが保証されている分割問題が、なぜ、往々にして欲張りアルゴリズムのような粗野な手法に簡単に屈するのだろう。この問題は本当に手強いのだろうか。それとも、オオカミの衣をまとったヒツジにすぎないのだろうか。

## 沸点と氷点

近年、物理学と数学とコンピュータ科学をはじめとするいくつかの学問分野にまたがる熱心な研究活動のおかげで、この疑問に対する一つの答えが見えてきた。曰く、「分割問題は難しい問題からやさしい問題まで多岐にわたっていて、難しい問題と簡単な問題のあいだには険しい境界がある。その問題がこの境界を越えたとたんに、ちょうど水が沸騰したり凍ったりするように、相転移を起こすのだ」

通常、問題は大きくなればなるほど難しくなる。縦に並べられた数を足す場合、足す数が多かったり、それぞれの数の桁が大きかったりすると、作業の量がふえる。これと似た考え方で、分割問題の大きさを測ることができる。この場合、分割すべき整数の個数$n$と代表的な整数の桁数$m$をかけたものが、その問題の大きさになる。ちなみに$m$は2進数、つまりビットで表すことになっていて、たとえば10ビットの整数100個の組を分割する問題の大きさは、1000ビットということになる。

さまざまな条件がすべて同じであれば、分割問題は、問題が大きくなるほど難しくなる。ところが実は、数の分割問題の難しさを最もよく表しているのは、$m$と$n$の積ではなく$m/n$という比なのだ。

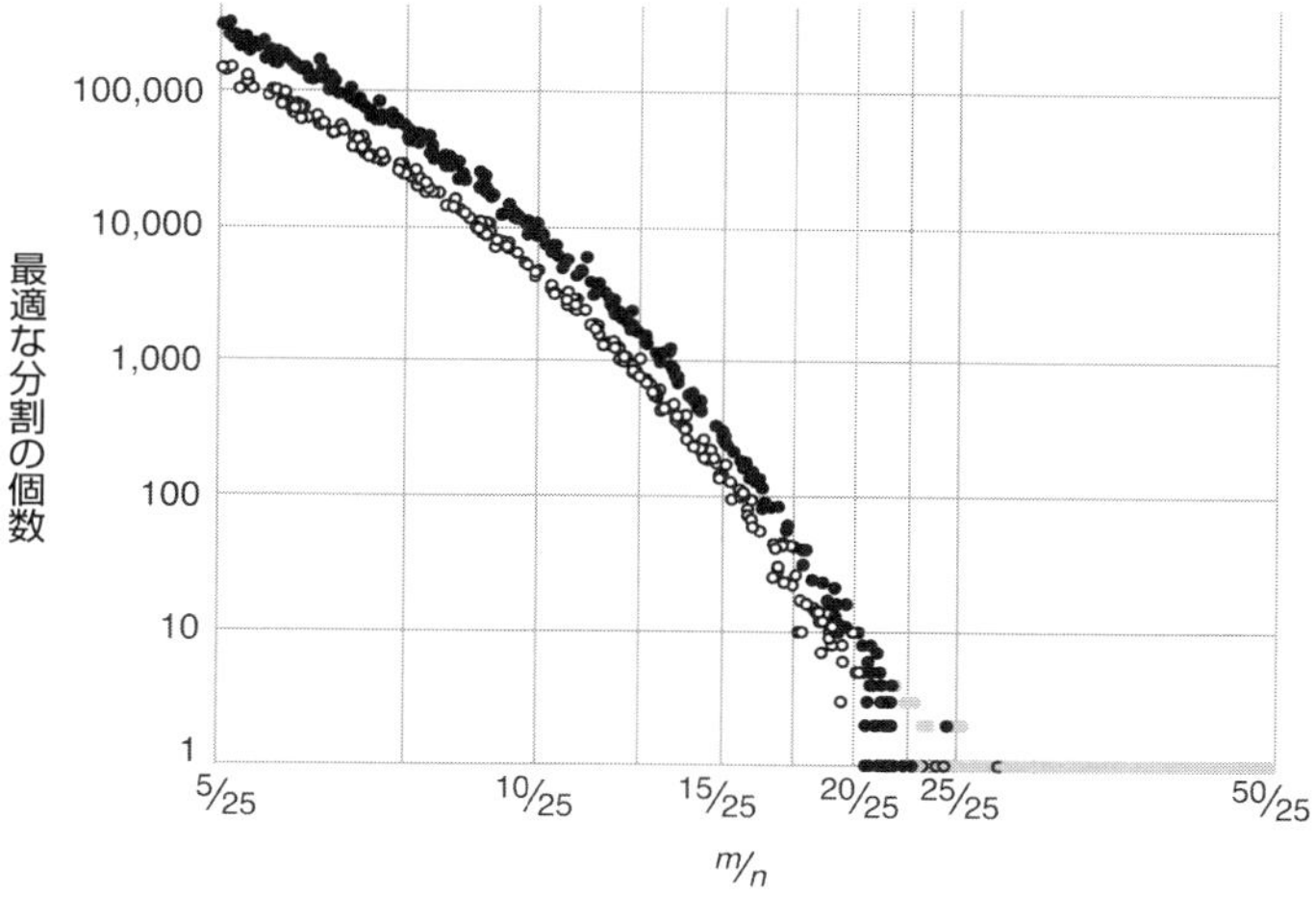


分割問題のなかに、あきれるほど簡単なものがあるのは、解がたくさんあるからだ。問題の難度を決定するパラメータは、数の個数 $n$ とそれらの数をビットで表したときの典型的な桁数 $m$ の2つである。$m$ が $n$ より小さければ、ほとんどの場合、完璧な分割がたくさん存在することになる。一方、$m$ が $n$ より大きくなると、最良の解はほぼつねに1つしかなく、そのうえめったに完璧でなくなる。この図は、$n = 25$ で $m$ が5から50までの場合の最適な分割の数をプロットしたグラフだ。不完全な分割は灰色に塗りつぶし、完璧な分割は、総和が奇数の場合は黒く塗りつぶし、総和が偶数の場合は中抜きの丸にしてある。この図では、$n = m$ の近くで相転移が起きている。

その理由は、極端な例に注目してごく単純な推論を進めてみれば、すぐにわかる。$m/n$ という比が、たとえば、$m = 1, n = 1000$ のように、ごく小さかったとしよう。これは実は1ビットで表される1000個の数を2組に分けるという作業であって、ごく簡単に遂行できる。1ビットの整数でしかも0より大きいとなれば、取りうる値は1しかなく、したがってこの場合は1が1000個入力されることになるから、完璧な分割を見つけたければ、数え上げればよい。次に、この正反対の例として、$m = 1000, n = 2$としてみよう。2つのものを2つに分割するやり方が何通りあるかを数えてみれば、この場合も2つの組に分けるのはすこぶる簡単だ。ところがこの2つの数が完璧に分割できる確率は、でたらめに選んだ2つの1000ビットの数が等しい確率そのものなので、非常に低くなる。

こうなると、わたしたちベビーブーム世代の子どもたちが、近所で集まって互角なチームを作るのがいとも簡単だった理由は明らかだ。試合のために集まった10人かそこいらの子どもたちのあいだでは、運動能力にばらつきがあったとしてもせいぜい何十倍のレベルで、差が何千倍に開くことは、まずない。このとき、2を底にした運動能力の範囲の対数がパラメータ$m$になるわけだから、$m$はせいぜい3〜4で、$m/n$もわりと小さくなる。このため、それなりに納得できる解がたくさんあって、そこから選ぶことができたのである。

## 反磁性を帯びた数

分割問題の空間は、$m/n$という比によって2つの領域に分かれている。それらのあいだのどこか、あちこちに解が咲き乱れる肥沃な谷と、たった1つの完璧な解を得ることすら望み薄な荒涼とした砂漠のあいだのどこかに、両方が混じった領域があって、そこで相転移が起きているはずだ。

相転移という概念じたいは物理のものだが、数学でも、とくに組み合わせ論の分野では、ずいぶん前から使われてきた。組み合わせ論では、ものの組み合わせ方や並べ方の個数が問題となることが多い。今をさかのぼること四十年前、ポール・エルデシュとアルフレッド・レーニイが、ランダムなグラフ（ドットとそれをつなぐ線の集まり）が成長する際に見られる相転移について論じた。二人は、孤立したドットを出発点として、それぞれのドット間に線を引くか引かないかを、確率を固定してランダムに決めると、確率をふやしていったときに、突然転移が起きることに気づいた。確率の値がある閾値より低いと、ほとんどのドットが二、三個のドットとしかつながらないのだが、閾値を超したとたんに、ドットをつなぐ線のネットワークが密になり、どのドットをとっても、他のドットへの道がほぼ確実に見つかるようになる。まさに相転移を思わせるきわめて急激な変化で、摂氏99度から摂氏101度に変わったとたんに水の状況が劇的に変化するのと同じように、グラフの性質が、ある閾値を境に突然変化するのだ。

一九八〇年代には、すでにさまざまな組み合わせプロセスで相転移が見つかっていた。なかでも最も徹底的に研究されたのが、充足可能性問題と呼ばれるNP完全問題である。ピーター・チーズマンとロバート・カネフスキーとウィリアム・M・テイラーは、一九九一年に発表した「真の難問があるところ」という論文で、どのNP問題にも相転移があり、その点を境にPに属する問題とNPに属する問題が分かれている、という説を展開した。

一方、セント・ルイスにあるワシントン大学のフー・ヤオティァンは、「計算の複雑さにおける統計力学の利用と乱用」という挑発的な題の論文で、数の分割問題は相転移を起こさないNP問題の例である、と論じた。すると、イアン・P・ゲント（現在、スコットランドのセント・アンドリュース大学に所属）とトビー・ウォルシュ（現在、オーストラリアのニュー・サースウェールズ大学に所属）はフー・ヤオティァンの仮説に異を唱え、数の分割問題における相転移の存在を示す強力な計算結果を発表した。二人の測定によると、簡単な問題から難しい問題への相転移が起きるのは、$m/n$ 比の値が0.96のあたりであるようだった。

　ドイツのマルデブルクにあるオットー・フォン・ゲーリケ大学のシュテファン・メルテンスは、数の分割問題を、物理学者の観点から徹底的に分析し、『理論計算科学』誌の「組み合わせ問題における争点」の特集号に、この随筆を書くにあたってわたしがおもな資料とした一本の論文を発表した。

　メルテンスは、数の分割問題と物理系のモデルを対応させて、相転移を理解しようと試みた。それにはまず、数の分割作業を別の角度からとらえなおす必要がある。いくつかの数を2つの組に分けていくかわりに、数自体は動かさずに、いくつかの数に−1をかけていくのだ。つまり、マイナスをつける数をうまく選んで、全体の和をゼロにしようというのである。そのうえで、数学から物理学へと一気に飛ぶ。物理の世界でプラスの数やマイナスの数を集めたものといえば、磁気を帯びた物質のなかの原子の配列だろう。プラスとマイナスでは、原子の磁場が逆を向いている。また、物理学者たちは、磁性体について説明するのに、上向きや下向きの原子の「スピン」を使うが、ここで上下の向きは、おなじみの磁石の北や南にほぼ対応している。冷蔵庫の扉にメモをつけるときに使うマグネットなどの強磁性体と呼ばれる物質のなかでは、ほとんどのスピンが同じ方向を向いているが、これに対して、数の分割問題の解となるスピン配列は、隣り合うスピンが逆を向きたがる奇妙な物質、すなわち反強磁性体と同じ配列なのだ。もっと具体的にいうと、数の分割システムは、無限に広がる反強磁性体、それぞれのスピンが、距離の如何に関係なく、ほかのあらゆるスピンに影響される反強磁性体に似ている。

数の分割問題を磁石の問題に置き換えて調べるというのは、いささかひねくれた発想に見えるかもしれない。これでは、せっかく組み合わせ論ですっきりと述べられていた問題が、物理学の統計力学と呼ばれる分野の、かなりあいまいでごちゃごちゃした系になってしまうだろうに、どうしてわざわざこんなことをするのか。なぜなら、物理学の世界にはこのような系の振る舞いを予測するための強力なツールがあるからだ。もっと具体的にいうと、たくさんのスピンがどのように進化して安定した平衡状態に至るのかは、エネルギーとエントロピーの相互の影響によって決まる。通常物理系には、エネルギーを最小にし、混乱の度合いを表す尺度であるエントロピーを最大にしようとする傾向がある。磁石の場合、エネルギーは、原子のスピン（つまり、プラスとマイナスの数）の相互作用によって生まれる。ところがこの系は反強磁性体なので、スピンが正反対を向いたとき（つまり数の和がゼロになったとき）に、エネルギーが最小になる。また、エントロピーは、エネルギーを最小な状態にもっていく方法が何通りあるかによって決まり、すべてのスピンの上下が均衡するような並べ方が1つしかなければ、エントロピーはゼロになる。これと同じように、完璧な分割がたった1つしかない数の組では、エントロピーはゼロになり、スピンのバランスをとる方法（つまりその集合を完璧に分割する方法）が多ければ多いほど、エントロピーは高くなる。

このとき、この系全体の状態を決めるのが比$m/n$で、$m$が$n$よりはるかに大きければ、スピンはほぼ確実に、エネルギーが最小になる配置を1つしかもたない。逆に、$m$が$n$よりはるかに小さければ、エネルギーがゼロになる状態がたくさんあって、系のほうからすれば、どの状態もよりどりみどりということになる。メルテンスは、$n$が非常に大きくて無限大に向かっている場合は、この2

つの相の転移が $m/n=1$ で起きることを示した。さらに、$n$ が有限の場合の修正法をつきとめて、ゲントとウォルシュが実験で得た転移点が、なぜ1からすこしずれて0.96になったのかを説明してみせた。

そして最後に、相転移の難問の側にある分割問題がどのくらい難しくなるのかを示した。この領域にある分割問題で最良の分割を見つけだすのは、でたらめに並んだ乱数表から最小の数を拾いだすのと同じくらい困難だという。どちらも、ありうる場合を片っぱしからあたってみて、はじめて正確な答えが保証されるのである。しかもあいにくなことに、ほんとうに優れた経験則も存在しない。あてずっぽうのサンプリングより確実にましだといえる近道は、皆無なのだ。

だからといって、分割問題の発見的な手法がなんの役にも立たない、というわけではない。それどころか、相転移モデルを使うと、なぜカーマーカー・カープ法がうまくいくのかが見えてくる。実はこの手法は、差分をとることで数の幅を狭め、$m/n$ の値を小さくして、問題そのものを簡単に解ける相にずらしているのだ。この差分アルゴリズムを使ったからといって、必ず最良の分割が見つかるという保証はないが、最悪の解を避けるにはよい方法なのである。

## 数学に立ち戻る

メルテンスのこれらの成果のおかげで、数の分割に関するおもな疑問にはほぼ答えがでた。しかし、これで一件落着というわけではない。統計力学の手法は、肉眼で見える物質の標本に含まれる原子などの、膨大な数の構成要素からなる系を取り扱うためのツールだ。したがって厳密にいうと、相手が非常に大きな集合、$m$も$n$も（比を一定に保ちながら）無限に向かうような集合でないかぎり、数の分割問題にこの手法を適用することは正しくない。ところが、実際に分割問題を解かなくてはならない人々が関心をもっているのは、通常、$m$や$n$の値がもっと小さい場合なのである。

さらに、メルテンスが得た結果にはもう一つ別の限界があった。メルテンスは、最適解の分布を計算するときに、ある重要なステップで、スピン系のある種のエネルギーがランダムだと仮定したうえで、単純化した近似を用いた。これらのエネルギーがどのような分布になっているのか、ほんとうのところを理屈でつきとめるのは難しい。しかし、マイクロソフト研究所のクリスチャン・ボルクスとジェニファー・T・チェイズとオハイオ州立大学のボリス・ピッテルは、この難問に取り組み、分割問題を物理学の領域から数学の世界へと取り戻した。三人の論文には、四十ページにわたる。証明の詳細が載っている。

ボルクスたちが驚いたことに、無限の$m$と$n$に関するある条件が満たされていると、エネルギーがランダムだと仮定したうえでのメルテンスの近似から、正しい値がはじきだされる。しかもその条件下では、極端な相転移が見られるのだ。閾となる比$m/n=1$より下では、完璧な分割の確率はすべて1になり、閾値を超えたとたんに確率はゼロになる。三人はまた、小規模な問題の場合に相転移がどれくらい穏やかになるのかを、こまかく説明することに成功した。$n$が有限であれば、完璧な分割の確率は0と1のあいだでなめらかに変化し、閾値となる比の両側に、有限の幅の窓が現れる。

さて、わたしや友達がこういったことをすべて承知のうえで球場に戻ったとしたら、もっといい試合ができたのだろうか。たぶん無理だろう。しかし、あの当時を振り返って、わたしたちのチーム作りの儀式がよくできたアルゴリズムだったと考えると、なんだか嬉しくなるのである。

## 後から考えてみると

この随筆のある図には実はいわくがあるのだが、この随筆が『アメリカン・サイエンティスト』誌に発表されたときは、その経緯に触れることができなかった。当時もわたしは、今とかわらず、雑誌の印刷予定日の前夜になってようやく図を仕上げるといった調子だった。一番最後の図(ここに再録しておく)を作るには、そうとうな量の計算をしなければならなかった。約1000個もの分割問題の最適解を徹底的に洗いださなければならなかったのだ。ついに結果がでて、それらのデータにもとづいてグラフを起こしはじめたわたしは、グラフに奇妙な特徴があるのに気づいて不安になった。わたしのおこなった実験では、整数の個数$n$は25に固定しておいて、整数の桁数$m$を、5ビットから125ビットまで動かしていた。そして思ったとおり、完璧な分割の数は、$m/n$という比が小さくなるにつれて、倍々で大きくなっていった。データをそのままプロットして得られた曲線は、つるりとなめらかにはなっていなかったが、膨大な事例で得られた結果を平均するのではなく、整数をランダムに選んで作った事例をひとつひとつプロットしているのだから、これは当然だ。曲線がでこぼこしたり乱れ

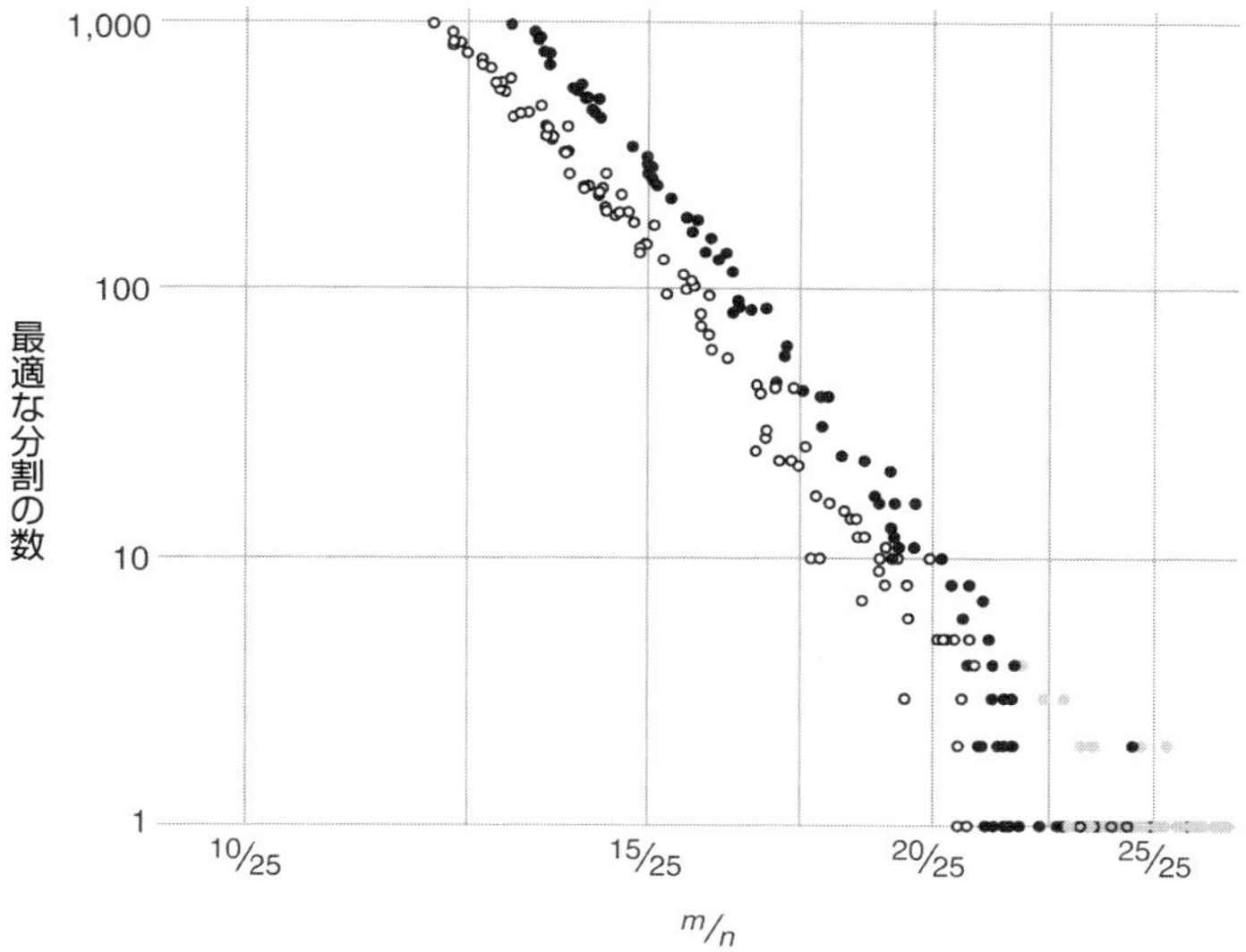


コンピュータで実験したところ、総和が奇数になる集合の最適の分割の数（黒丸）は、平均すると、似たような集合で総和が偶数になるものの最適の分割の数（中抜き）の2倍あることが明らかになった。

たりしているのは、別に気にならなかった。わたしがあれ?と思ったのは、結果を表す点が、隙間の空いた2本の平行線の上に並んでいるように見えたからだ。

そこで、もともとのデータにあたったところ、この現象そのものは説明できたのだが、かえって不安が増す結果となった。わたしのプログラムによると、整数の総和が奇数になる場合の完璧な分割の個数は、平均すると、偶数になる場合の約2倍だということになっていた。つまり、$\frac{m}{n}$のある値に対して、総和が偶数となるときの完璧な分割が100通りだとすれば、総和が奇数になるときの完璧な分割は200通りあることになる。このグラフが対数目盛であるために、奇数のときの解が偶数のときの倍あるという事実が、2本の平行な曲線となって現れていたのだ。奇数と偶数で、完璧な分割の個数に倍も開きがあることに気づくと、わたしは、自分のプログラムにバグがあるに違いないと考えた。総和が偶数のときの解の半分を見落としたのか、あるいは、奇数のときの解を二重に数えたのか。そこでコンピュータ・コードを見てみたが、どこもおかしくない。続いて、さらに実験を重ね、プログラムに手を加えて、完璧な分割の個数を数えるだけでなく、結果をプリントさせてみた。できあがった長い表をチェックしてみても、これといった脱落箇所や重複箇所はなく、総和が奇数の場合には、実際に2倍の解があるらしかった。わたしは、それほどひどいへまはしていなかったのかもしれないと思い、これにはある意味勇気づけられたものの、こういうことが起きる理由は、皆目見当がつかなかった。なぜ、総和が奇数だと分割の方法がこんなにふえるのか。わたしは山のような雑誌の記事やプレプリントをめくってみたが、どこにも説明はなかった。続いて、ほかの人が発表したグラフをしげしげと見てみたが、みんながみんな、データを平均化したうえでグラフにしていた。これでは、2つの平行線はつきまぜられて、平均値の線1本にまとめられてしまう。すでに真夜中で、印刷の締め切りが迫っていた。

この物語をめでたしめでたしという言葉で締めくくれたのは、ひとえに、数学者や物理学者が夜も眠らず、いつメールをだしても返事をくれたからだ。シュテファン・メルテンスとクリスティアン・ボルクスとジェニファー・チェイズは、すぐにわたしに助けの手をさしのべてくれたし、確率論の権威であるダートマス・カレッジのJ・ローリー・スネルやスウォースモア・カレッジのチャールズ・グリンステッドの指導も仰ぐことができた。なぜ最適な分割の数にこんな開きが生じるのかというと、実際に、数の総和が奇数の場合と偶数の場合の振る舞いが異なるからなのだ。問題の整数の総和$S$が偶数なら、完璧な分割をしたときの各組の整数の総和はちょうど$S/2$になる。ところが総和$S$が奇数だと、各組の整数の総和が$(S+1)/2$のものも$(S-1)/2$のものも完璧な分割とみなされる。したがって総和が奇数であれば、実際に、完璧な分割を作る方法は倍になる。（どこを見て、何を探すべきなのかさえわかっていれば、わたしも、この事実がボルクス、チェイズ、ピッテルの論文で取り上げられていることに気づいたろうに。）

この随筆が発表されると、ロングアイランド在住の環境工学コンサルタント、ドナルド・B・オーレンバッハから、野球チームを作るときの方法にちょっとした変更を加えると、ぐんとよくなるという指摘を受けた。わたしが随筆で述べた方法では、二人のキャプテンが、今仮にAとBと呼ぶことにしよう、選手をAB,AB,AB,AB,……という順に選んでいく。これでは毎回Aが先にとるので、結局は、Aのチームのほうが強めになる。そこでAとBの順番を入れ替えれば、つまりAB,BA,AB,BA,……とすれば、明らかに、力は一段と均衡するはずだ。オーレンバッハがいうように、まずAが選び、あとはそれぞれのキャプテンに二回続けて選ばせれば、事実上同じやり方になる。コンピュータで実験したところ、ABABよりABBAのほうが優れていることがはっきりと裏づけられた。

最後にもう一つ。この随筆で、集合の分割アルゴリズムはコンピュータによる作業のスケジューリングにも役に立つだろう、と述べた時点ではわたしは知らなかったのだが、実はこのアルゴリズムのスケジューリングへの応用は、この随筆で取り上げたほかの業績よりもはるかに早く、研究されていた。一九六九年に、現在カリフォルニア大学サンディエゴ校に所属するロナルド・L・グレアムが、この問題をとりあげた「多重処理のタイミングにおける不調和の限度（Bounds on Multiprocessing Timing Anomalies）」という論文を発表していたのである。

# 9　名前をつける

エデンの園におけるアダムの日課は唯一つ、獣や鳥に名前をつけることだった。アダムがこの仕事を負担に感じていたかどうか、創世記には記されていない。しかし、物に名前をつけたり番号を振ったりする作業は、今や大きな頭痛の種となっている。インターネットのドメインやEメールのアカウントに新たに名前をつけようとしても、最初に思いついた名前はとうの昔に使われている可能性が強い。わたし自身も、あるインターネットサービスで、「ブライアン」という名前はすでに使われているので、「ブライアン13311」ではどうだろう、と提案されたことがある。おそらくこれは、ルイ18世とかジョン21世のような呼び名と受けとるべきなのだろうが、それにしても、ブライアン13311世では、あまり個性が際立たない気がする。

名前の形に縛りがあって候補がかぎられる場合は、とくに目新しい名前をつけることが困難になる。たとえば、チッカーと呼ばれる、ニューヨークの証券取引所に上場されている証券につけられる相場受信機の記号は、字数にして最大3文字で、しかも英語のアルファベット26文字しか使えない。したがってチッカーとして使えそうな記号の数は、たかだか18,278個にかぎられる。もしも18,279番目の企業が証券取引所に上場したいといってよこしたら、このフォーマットを拡張するしかない。それに、18,278という絶対的な限界に達するはるか以前に、企業は、すこしでも自社の名前に似た記号をつけようと、四苦八苦することになるはずだ。

不足しているのは名前だけではない。数も枯渇しかけている。合衆国では、数年前に電話番号や地域番号が足りなくなったし、インターネットにつながれているコンピュータの識別番号も足りなくなった。これらの危機は去ったものの、今度は、合衆国とカナダで売られているほぼすべての商品についているバーコードラベルの元となっている統一商品コード（UPS）が注目を浴びることになった。どうやらこの世に存在する製品の種類は、UPSの商品コードの数を上回っているらしい。それやこれやで、12桁だったUPC規格は13桁のコードにとって代わられつつあり、しかも、14桁目をつけ加える準備がおこなわれているという有様だ。新しいコードへの移行の「初日」は二〇〇五年一月二日だったが、誰一人として、スーパーマーケットのレジ係ですら、偉大なる瞬間が訪れて過ぎ去ったことには気づかないようだった。それから二年が経った今、わが家のキッチンの棚に収まっている物には、あいかわらず前と同じ12桁のバーコードシールが貼ってある。それでもなお、UPCのデータベースにポップターツ（トースターで温めて食べるインスタントのパイ菓子）のフレーバーの数を十倍しても十分収まるくらいの余裕があることを、ありがたく思うべきなのだろう。

## アダムの仕事に始末をつけて

名前や番号は、インターネット時代が到来するずっと前から悩みの種だった。生物学界は、十七世紀から十八世紀にかけて、名前をめぐる重大な局面を迎えた。問題は、名前が少なすぎることではなく、多すぎることだった。同じ植物や動物が、場所によって異なる名前で呼ばれていたのである。そこに登場したのがカルロス・リンナエウスで、リンナエウスはラテン語二名法という大改革をおこなった。この生物を属と種に分けて名づける新たな枠組みは、分類学に革命を起こした。といっても、名前を二つにしたことやラテン語に魔力があったわけではなく、リンネとその弟子たちが、名前と生物を厳密に一対一対応させようと努力したことが、重要だったのだ。生物学における命名法の公式の記号体系では、今でも一つの名前に一つの種という原則が貫かれているが、そのためには、同義語や同音同綴異義語を根こぎにするための不断の努力が欠かせない。

リンナエウス自身は6000ほどの種に名前をつけていて、今や生物学の文献に登場する生物の名前は200万種に達しようとしている。しかもそのうえ、さらに1000万、ひょっとしたら1億の種が、分類されるのを待っているらしい。これでは、すべての生物に名前をつける前に、名前のほうがなくなってしまいそうだ。もし、二名法の名前がすべて本物のラテン語の単語、つまり古代ローマ人が知っていた単語でなければならないとなると、おそらく名前は枯渇することになったろう。だが実際には、リンネ式の名前はラテン語らしく見えればよいというだけの話で、名前の数をどこまでふやせるかは、生物学者の工夫しだいだ。たとえば、どちらもワラジムシの属名であるネロキラ（*Nerocila*）やコニレラ

(*Conilera*) という単語を古典ラテン語の辞書で引いても、どこにも見あたらない。この二つの単語の意味を推察するときには、むしろ、この二つの属名を作った生物学者がカロリーヌ(Caroline)という女性に好意をもっていたという知識のほうが役に立つ〔二つの属名は、どちらもCarolineのアナグラムである〕。

科学における命名法のなかでも最もみごとなのが、有機化学の命名法である。ほかの分野の名前は、概念や物につけられたあいまいなラベルにすぎず、その内実についてはほとんど何も語っていない。たとえば、リンネ式のウプパ・エポプス *Upupa epops* という名前を見ただけで、その生物が動物か植物かを判断できる人はめったにいない。(ちなみにこれは、ヤツガシラという鳥である。) ところが有機化合物のフルネームを見ると、その分子の構造が細かいところまでわかる。たとえば、「1,1-ジクロロ-2,2-ジフルオロエタン」という名前を聞いただけで、フロン分子の構造図が描ける。有機化学では物質の名前から構造図への対応がきわめて直接的なので、コンピュータ・プログラムを使って構造図を描くことができる。ところが、構造図から名前への対応となると、これはいささか微妙だ。つまり、名前から分子を作るほうが、分子から名前を作るよりも簡単なのである。

有機化合物の名前の場合、供給が枯渇する心配はない。命名法の性質上、どんな分子にでも名前がつけられる。しかしその一方で、コンピュータを使わないことには構文解析ができないくらい、長く入り組んだ名前になる可能性がある。

## 名前空間

命名にまつわる困難はけっして目新しいものではない。しかし、コンピュータ技術が導入されたことで、命名という作業の性質が変わり、今や、統一された唯一の名前を作ることが一段と重要になっている。しかもそれらの名前や識別番号の多くは、決められたアルファベットから決められた数の文字や数字をもってくる、といった厳格なフォーマットにしたがわなければならない。

場所の名前やその省略形を見ると、名前の性質がどう変化してきたのかがよくわかる。昔、アメリカ合衆国で暮らす人宛てに海外から届いた手紙の表書きには、U.S. あるいは U.S.A. あるいは EE.UU.（スペイン語でアメリカ合衆国の意味）などと書かれていたものだ。ところが今では、合衆国に相当する領域に宛てた電子メールの送付先は US のみにかぎられ、ほかの形は許されない。（そうはいっても、大文字と小文字の区別はつかないのだが。）インターネット・アドレスの国別コードのリストは、インターネット番号割りあて機関アイアナ（ＩＡＮＡ）が管理していて、これらのコードはアルファベット26文字から選ばれた２文字と決まっている。したがって、考えられるコード候補の数、つまり名前空間の大きさは、26×26で676になる。ＩＡＮＡの一覧には、現在247個の国別コードが登録されていて、実在するコードが名前空間に占める割合、すなわち充塡率は0.365である。したがって、かつてのユーゴスラビアやソビエト連邦のように今後分裂する国が数ヶ国あったとしても、はみだす心配はないが、だからといって新たにできた国が、すべて最初に選んだコードを使えるともかぎらない。

たとえば、オーランド諸島（Aland）の場合を見てみよう。これまでウェブサイトでは、この地域をFI（フィンランド）のなかの「スウェーデン語だけを使う、軍政をやめた自治的な地方」と定義してきた。しかしIANAは、十分な自治権をもっているこれらの島々に、専用の国別コードをだすことに同意した。では、オーランド諸島はどのようなコードを使うことになったのか。おそらく、最初はALというコードを選んだのだろうが、このコードは、すでにアルバニアAlbaniaが使っていた。もしもアンギラに先を越されていなければ、AIとしたいところだったろう。それにしても、アンギラAnguillaはなぜANにしなかったのか。なぜなら、蘭領アンティル島Nederlandse Antillenがすでに AN を使っていたからだ。（蘭領アンティル島は、ナミビアに先を越されていたために、NAという国別コードを使えなかった。）それに、むろん早い者勝ちとはいえ、ANという国別コードを使う権利は、アンドラAndorraや、アンゴラAngolaや、アンティグアAntigua、そしてアンタークティカAntarctica（南極大陸）にもあるわけで……。かくしてオーランド諸島の国別コードは、AXになった。みなさんがインターネットに、aland.fiという古いフィンランドのアドレスを打ちこんでみると、www.aland.axと書きなおされるはずだ。

名前空間がいっぱいになって、使われていない名前を探すのが難しくなってきたという話には、まだ続きがあるのだが、ここでまず、有限の名前空間の例をいくつか挙げておこう。

**証券取引所のチッカー・シンボル**　元来、電信係が非公式に使う速記記号だったチッカー・シンボルは、今ではさまざまな取引所に登録されている。ニューヨーク証券取引所とアメリカ証券取引所Amexはチッカー・シンボルの名前空間を共有しており、この二つの市場では、同じシンボルは同じ社名を表している。いくつかの些細なことには目をつぶるとして、このシンボルが1文字ないし2文

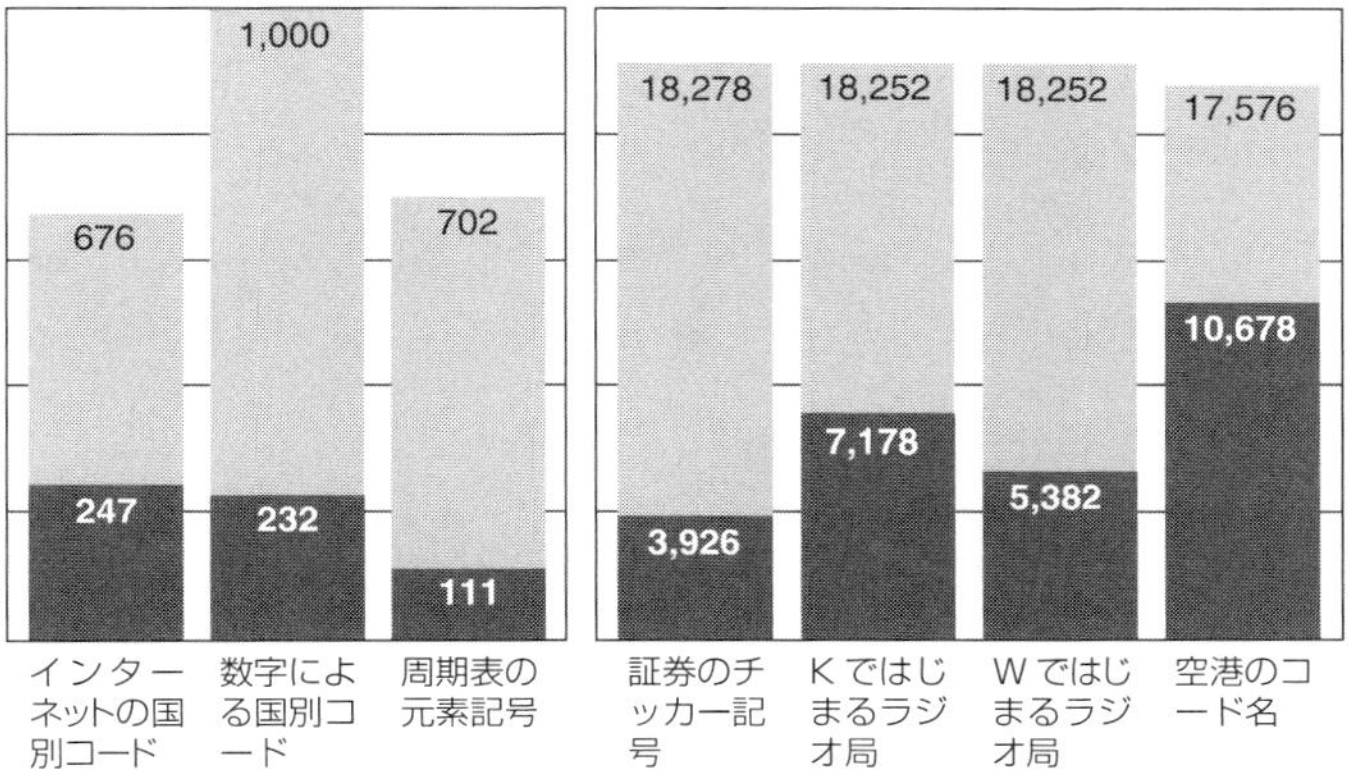


名前や番号を使ったラベルは、サイズもフォーマットも無制限というわけにはいかないので、名前空間も、決まった数の組み合わせだけが許される有限の空間になる。これは、いくつかの命名空間の大きさと、その命名空間が現在どのくらいの充塡率になっているかを表す棒グラフだ。（右の図と左の図では、目盛りが異なる。）ちなみに、例として挙げた名前空間は、インターネット・ドメイン名に使う2文字の国別コード、国連がつけた3桁の数字による国別コード、周期表の元素記号、ニューヨーク証券取引所およびアメリカ証券取引所の証券のチッカー記号、アメリカのラジオ放送局のKとWではじまるコールサイン、そして空港を識別するための3文字のコードである。

字ないし3文字でできているとすると、名前空間の大きさは、$26^3 + 26^2 + 26 = 18,278$になる。わたしが最後にチェックしたときには、実際に使われているシンボルは3926個で、充塡率は0.22だった。ちなみに、NASDAQ市場で取引されているチッカー・シンボルは4文字で、NASDAQで扱われている証券のほうが（約3400社と）数は少ないのに、名前空間は（456,976で）はるかに大きい。したがって新しく参入した企業にすれば、ずっと簡単にシンボルを見つけられるはずだ。（最近新規にNASDAQに参入したなかで、最も注目されたのがグーグルGoogleだったが、グーグルは、GOOGというチッカー・シンボルを選んだ。）

**電話番号**　北米大陸の電話番号は、（地域番号を含めて）10進法の10桁の数字で表されている。したがって、名前空間の容量は100億になる。ところが、一九八〇年代以降今に至るまで有効でありつづけている規則により、電話番号としてつかえる番号はその10分の1以下にかぎられる。一九八〇年代の電話番号は、Nを2～9までの適当な数字、Zを0～1までの数字、Xを0～9の適当な数字として、NZX-NNN-XXXXという形をしていた。これなら、約8億1900万個の数を作ることができる。現在合衆国で使われている電話はざっと3億台だから、これで十分なはずだった。ところが一九九〇年代初頭に、さまざまな地域番号で、番号の供給がパンクしそうになった。このような危機が起きたのは、モデムやファックスや携帯電話がふえたせいにされることが多いが、実は、番号割りあての枠組みが効率的でないせいだった。当時は、ある地域に電話会社と契約した人が一人でもいると、その会社に自動的に1万単位の数が割りあてられていたのである。そこでこの事態を解決するために、割りあて数をもっと小分けにすることを決め、さらにこの作業を進めるなかで、電話番号の文法規則をゆるめたので、名前空間そのものが広がることになった。こうして、今やNXX-XNN-XXXXという形の数字の組み合わせはすべて電話番号候補となり、名前空間の大きさは約64億になった。したがって慎重に管理していけば、二〇三〇年代のどこかの時点までは、電話番号の供給不足は起こらないはずである。

**製品コード**　統一商品コードが不足した原因の一つは、電話同様、コード割りあての方針にあった。UPCナンバーは12桁（名前空間の大きさは1兆個になる）あるのに、最初の桁はカテゴリーコードに宛てられていて、事実上この欄はほぼつねに0なのである。さらに、最後の桁はエラーをチェックするためのチェックサムになっており、残る10桁のうちの5つで製造者を特定し、5桁で個々の製品を特定することになっていた。コードの構造がこのように固定されていたため、すべての製造者が、自動的に10万種の製品に相当する番号の塊を手に入れることになったのだが、実際にこんなにたくさんの番号が必要になる企業はそうはなかった。そこで、新たな13桁の規格では、名前空間そのものを10倍に広げたうえで、番号資源をもっと柔軟に分割できるようにした。具体的にいうと、企業によっては、製造者コードをもっと長くし、製品コード数をもっと少なくしたコードを割りあてられる場合があるのだ。

この新たな製品コード基準は、実は新しいわけではない。合衆国やカナダは、ほかのほぼすべての国々で使われている欧州商品コードという規格の受け入れに合意しようとしているだけなのである。（北米大陸の一部でしか使われていない枠組みが、「ユニバーサル（全世界共通）」と呼ばれているとは、なんとも珍妙な話だ。）この2つのコードが合併された暁には、製品コード全体を、あらためてジーティン（GTIN　国際流通製品識別番号）と呼ぶことになっている。レジにあるバーコード読みとり装置のほとんどは、ずっと前に、13桁のヨーロッパ製品番号（EAN）フォーマットを読みとれるようになっていた。ところが事務所のデータベースのほうが、余分な1桁を取り扱いかねる場合が多かった。この避けて通れないコード切り替えのために、小売店は急いで14桁版のGTINのためのスペースを確保せねばならず、出版業界や図書館業界も、国際標準図書記号ISBNが13桁に拡張されてGTINの傘下に収まるのにともなって、番号の再割りあてをおこなうよう求められている。

**社会保障番号**　10進数で9桁の番号を使うと、名前空間の大きさは10億になる。合衆国の社会保障庁は、そのうちのごくわずかな例を除外しているにすぎず（社会保障番号には、これまでもこれからも666

という地域番号はない）、実際の名前空間の大きさは、どうやら987,921,198になるらしい。一九三六年以降、約4億2000万の番号が発行されており、充塡率は0.4になっている。これなら、給付金を払うのに必要な資金が尽きたとしても、番号にはまだ余裕がありそうだ。

合衆国の社会保障番号に相当する記号の割りあてシステムは、国によってまるで違う。たとえばイタリアのコディーチェ・フィスカーレ（納税者番号）の場合は、一人一人に適当な番号を割り振るのではなく、名前や出生地や生年月日などの個人情報を元に算出したアルファベットと数字の列をあてている。これなら列の作り方からいって、番号がたりなくなる心配はまったくない。ただしこの場合は、番号を算出するアルゴリズムをごく慎重に選ばないと、二人の人間に同じ数字が割りあてられる可能性がある。

**ラジオ放送局のコールサイン**　合衆国のラジオ放送局のコールサインは3文字ないし4文字で、1文字目はKかWに決まっている。そのため、名前空間の大きさは36,504になる。この空間がかなり密に詰まっていることを知って、正直わたしはびっくりした。現在、連邦通信委員会に登録されているコールサインは、AMとFMの周波数帯（両方の放送をおこなっているところが多い）を合わせると12,560にのぼり、充塡率は3分の1を超えている。

**空港コード**　空港で荷物をチェックインしたときに荷物につけられるタグには、万事順調にいけば最後に自分の持ち物を引き取れるはずの場所を示す、3文字のコードが記されている。これは、国際航空運送協会IATAが承認したコードで、航空路線に含まれる空港ひとつひとつに、さらには、二、三のバスターミナルや鉄道駅にもコードが割り振られている。驚いたことに、IATAのコード空間は、わたしがでくわしたどの名前空間よりも混みあっていた。候補として考えられる17,576個のコードのうちの10,678個がすでに割りあてられ、充填率は0.6にのぼる。そのせいなのか、とっぴょうしもないコードがある。（カルガリーのコードがYYCだって?）もっとも、このような謎の多くは、すこし時代をさかのぼれば解明できる。たとえばシカゴのオヘヤ空港がORDというコードになっているのは、かつて果樹畑（Orchard Field）と呼ばれていたからなのである。

## 名前のハッシュ《ごった煮》

さて、みなさんが新たな空港かラジオ放送局か主権国家を作ったばかりで、適切な機関に識別コードを登録したいと思っているとしよう。このとき、最初に選んだ識別コードですんなりと決まる可能性は、どれくらいあるのだろう。あるいは、第二、第三の候補で決まる可能性はどれくらいなのか？名前空間が混みあっていったとき、これらの可能性はどのように変わっていくのか。

コードに対する好みにとくに偏りがなく、コードが名前空間全体にでたらめに分布しているとすると、答えは簡単だ。最初に選んだものがすでに誰かにとられている確率は、名前空間の充填率に等しく、1番目と2番目の名前が両方ともとられている確率は充填率の2乗に等しく……。たとえば、名前空間の3分の2が埋まっていれば、でたらめに選んだコードがすでにとられている確率は3分の2になり、9回に4回は、でたらめに選んだコードが2度続けて取られていることになる。

まだ使われていない名前をいきあたりばったりで探すこのような作業に関係するのが、コンピュータ科学でハッシュ法と呼ばれる手順である。ハッシュ法では、データをすばやく回収できるよう、コンピュータメモリのなかの一つの表の至るところにデータを一見でたらめに散らばらせて、蓄積していく。しかしこの配置は実はでたらめではなく、それぞれのデータの位置は、ある「ハッシュ関数」によってちゃんと決まっている。ときには二つのデータが同じ場所に送られることもあって、このような衝突が起きた場合は、片方を別のところにやって事態を収拾する。この衝突が、お気に入りの名前やコードを申請したらすでに誰かにとられていたという状況とよく似ているのだ。

ここで名前探しとハッシュ法の類似に注目するのは、さまざまなアルゴリズムの性能に関して、すでに慎重な分析と報告がおこなわれているからだ。ハッシュ法アルゴリズムの場合、その性能を決めるのは、衝突を解決するための戦略である。つまり名前探しでいえば、うまく名前が見つかるかどうかは、ほしいと思っていた名前がすでにとられていたときに、かわりの名前をどう選ぶかにかかってくる。左図は、最も単純なハッシュ法に相当する名前探しのシミュレーション結果をグラフにしたものだ。この名前探しの規則は次のとおり。まず、最初はでたらめに名前を選び、そしてその名前がとられていたら、今度はとられていない名前がでてくるまで、アルファベット順に次々名前をあたっていく。こうすると、名前空間の充填率が上がるにつれて、当然衝突の数もふえるが、けっして充填率に比例してふえるわけではなく、得られるグラフは下に凸な曲線になる。つまり、充填率が約2分の1より低ければ、二、三個目に選んだ名前がとおる可能性がそこそこあるが、充填率が高くなると、名前が決まるまでの平均回数が急激に上昇するのである。

とはいえ、この分析には一つ難がある。ほしい名前をでたらめに決めるというのは明らかに変だ。

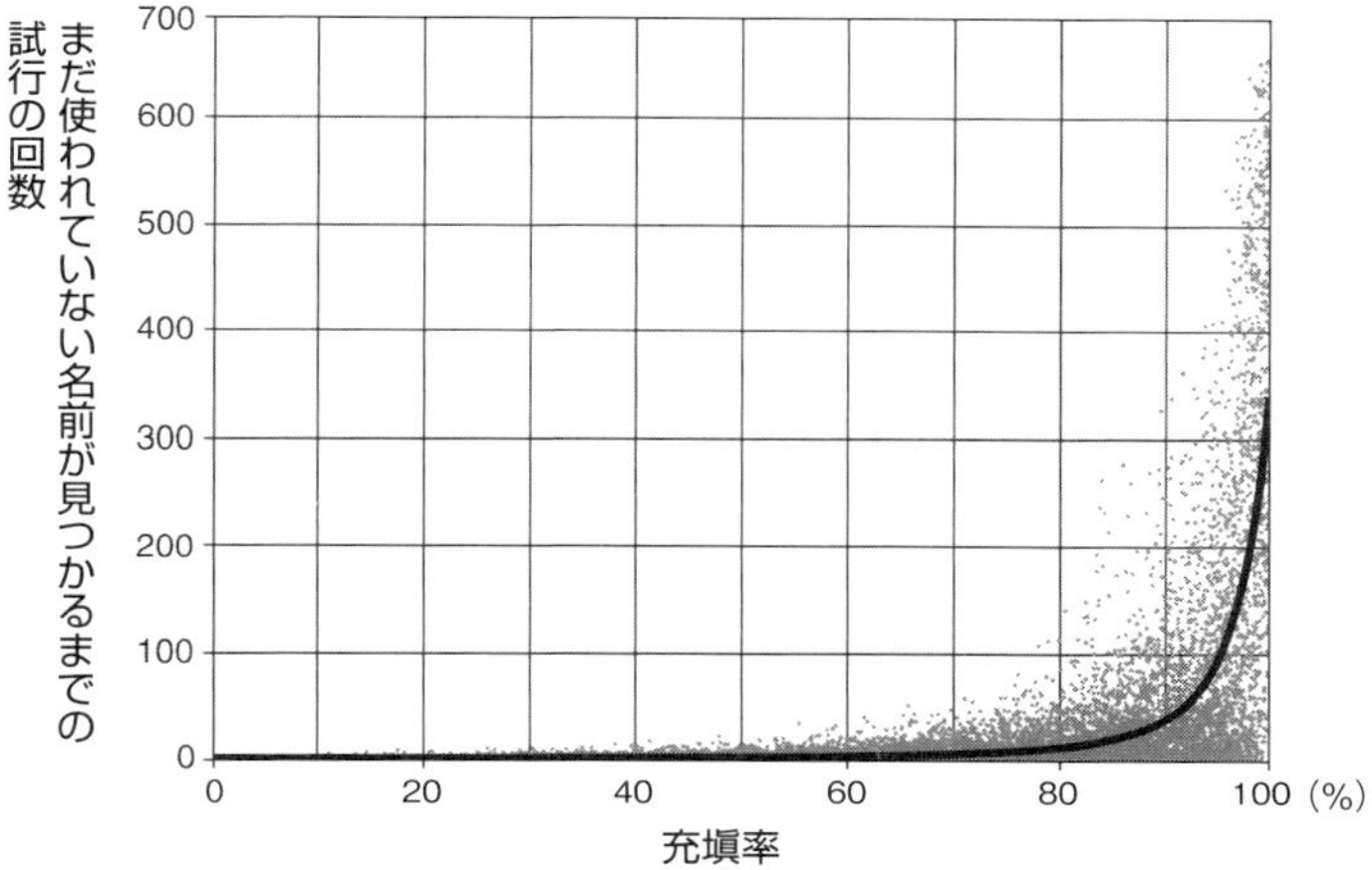


名前空間の充塡率を変えたときの命名の難易度をシミュレーションすると、空間の半分以上が使われている場合には、事実上、最初の名前ですんなり決まることはありえないくらい困難であることがわかる。676 個の要素からなる充塡率ゼロの名前空間からはじめて、一度に 1 つずつ名前を加えながら、シミュレーションをおこなっていく。最初の名前はでたらめに作り、その名前に対応する場所が空いていれば、その場所が埋まる。すでにその場所が埋まっているときは、空の場所にいきつくまで、アルファベット順にどんどん場所を取り替えていくようプログラムしてある。（必要とあれば、はじめに戻ることもある。）そのうえで、名前を 1 つ加えるごとに、グラフのなかの、その時点の充塡率を水平座標とし、チェックした場所の個数を垂直座標とする位置に点を打っていく。これを 40 回繰り返して重ねあわせたのが、図のもやもやした灰色の塊で、10 万回繰り返してから平均をとったときに現れるのが、黒い線である。

誰もが、でたらめな記号列ではなく、何か意味がある名前、ほかの名前と区別できるような特徴のある名前を望むもので、株式市場では、めったに見かけない一文字のチッカー・シンボルに、ある種の威信がついてまわるし、ラジオ局のコールサインでいえば、そのまま発音ができる綴り（WARM, KOOL）に人気が集まる。このような偏りを分類したり数値で表したりするのは、そう簡単ではないが、ここではこのような現象を評価す

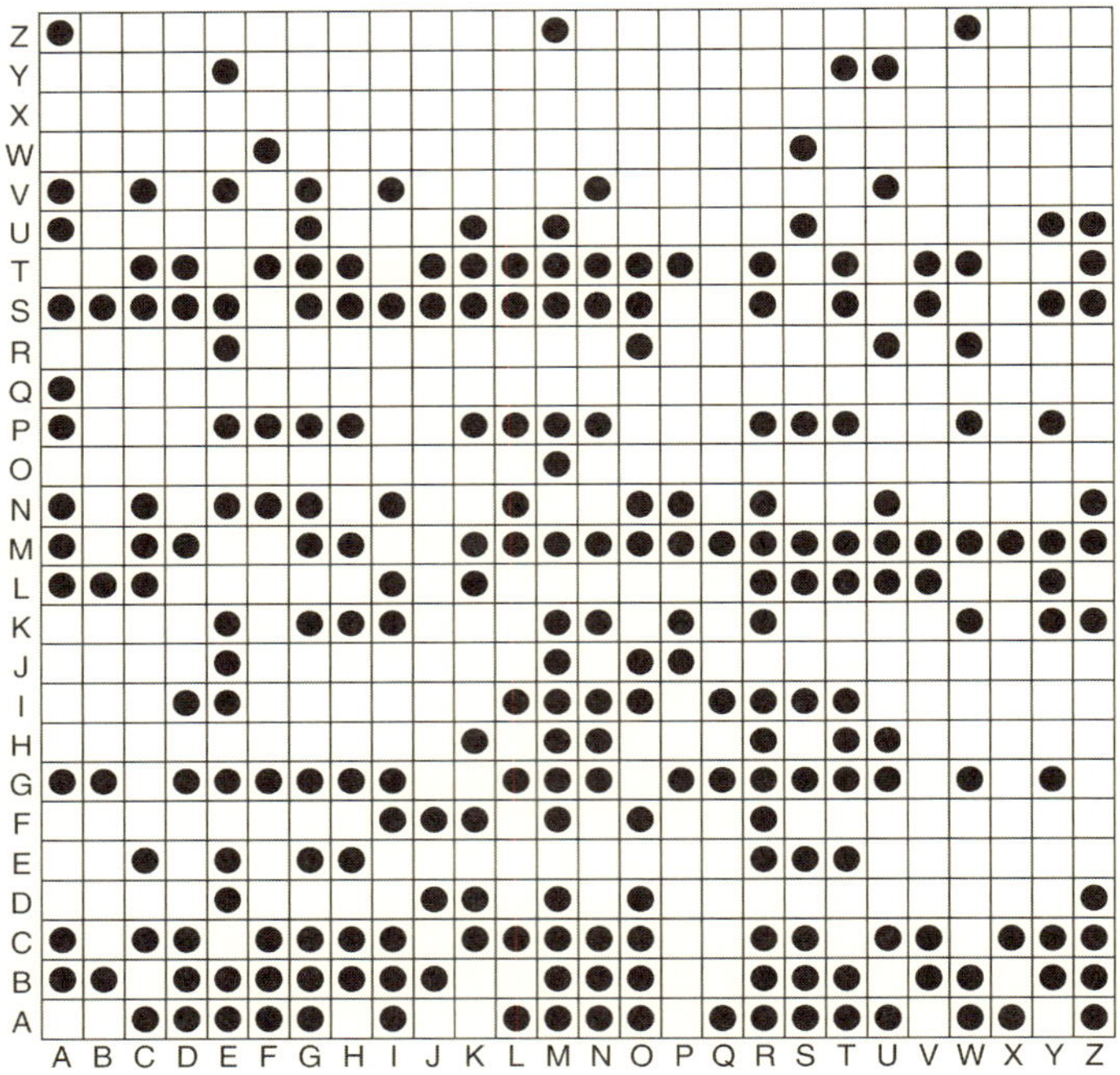


実際の名前空間では、名前はでたらめに分布しているわけではない。この図の黒い点は、国際番号割りあて機関 IANA のリストにある 2 文字の国コードを表している。この表は下から上へ、左から右へと読むので、AZ（アゼルバイジャン Azerbaijan）は右下に、ZA（南アフリカ）は左上にある。

る簡便な方法として、さまざまなデータセットのなかの符号語に関する一次統計に着目した。ちなみにここで用いたのは、それぞれの文字が符号語のどの位置にくることが多いのかを表した一次統計である。（二次以上の統計では、文字どうしの相関まで考慮に入れる。）

そのうえで、名前をまったくランダムに選ぶ人と、データセットにすでにある名前の統計に沿った偏りをもちつつランダムな選択をする人の、二人のプレイヤーの成功率をくらべる実験をおこなってみた。二人目のプレイヤーは、一言でいうとすでにありがちな名前を好むのだが、この場合当然、でたらめに選んだ人のほうが、簡単に名前を手に入れることができた。この優位の幅はかなり大きくなることがあって、たとえばＩＡＮＡの国別コードでいうと、ランダムに選ぶ場合は平均1.6回で名前が決まるが、すでにある名前と似た文字頻度の名前を選ぶ場合は、名前が決まるまでに平均2.5回かかった。また、ＩＡＴＡの空港コードの場合には、このような偏りによって、成功までの平均回数が2.5回から3.9回に跳ね上がった。これらの結果からも、名前空間によっては、ハッシュ法のアルゴリズムにもとづく分析で得られる予測よりずっと早くに混みあい、事実上新しい名前が選べなくなる場合があるということがわかる。

この実験には、実は奇妙な偏りがある。人々の好みを推測するときに、既存のデータセットを根拠とするため、既存のコードの多くが実は誰の第一希望でもなかった、すなわち、ひょっとすると本来希望していたコードがすでに埋まっていたので、次善の策としてそのコードを選んだだけだった、という可能性が見過ごされてしまうのだ。しかも、充塡率によって統計的な偏りが変わってしまう。データセットに含まれる名前が二、三個だけだと、文字の頻度がひどく偏って、どの名前にも使われて

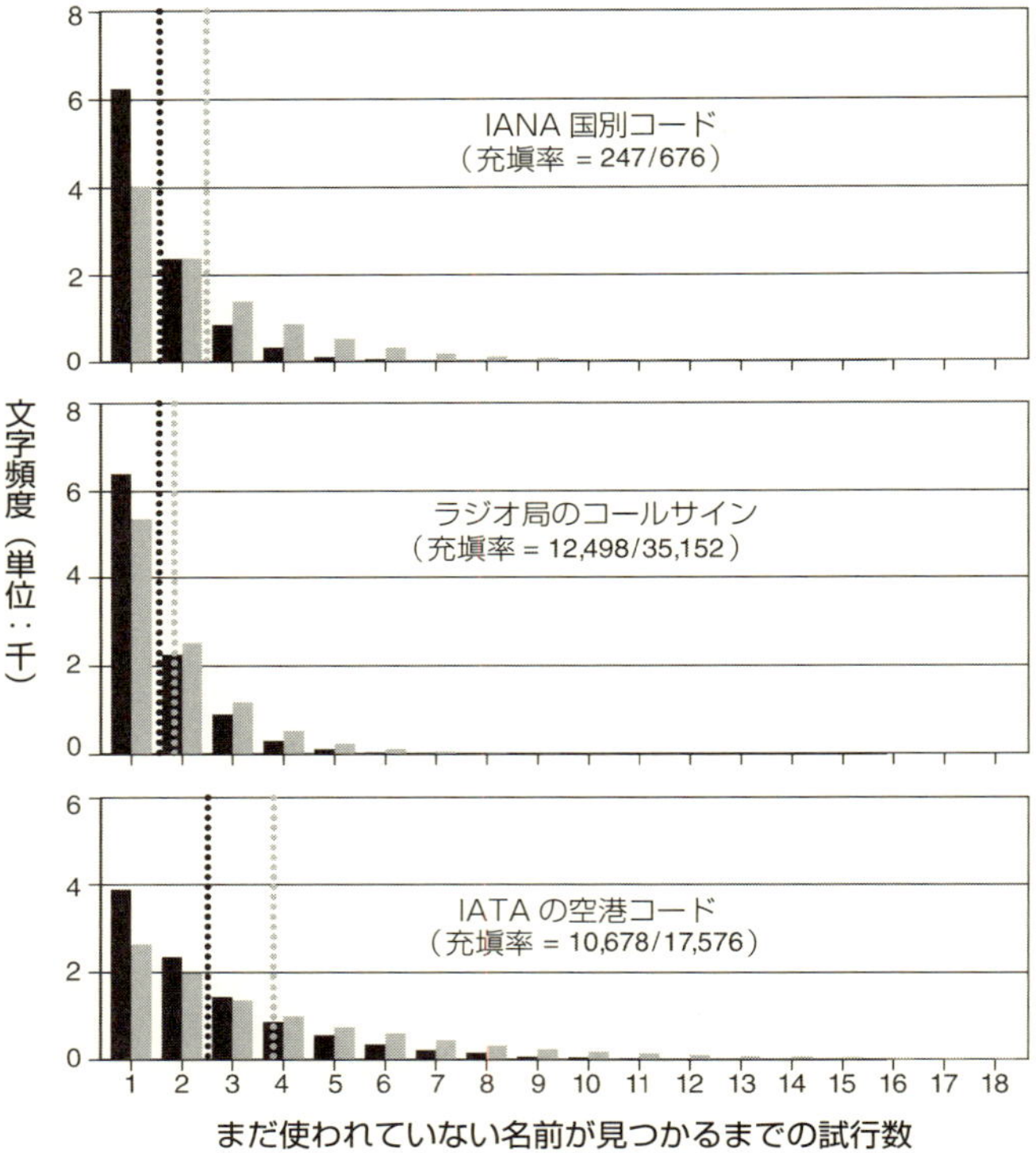


名前空間に統計的な偏りがあると、まだ使われていない名前を探す作業は、ますます難しくなる。上のグラフはすべて、既存の名前空間に新しい名前を1つ付け加える試みを、計1万回おこなった結果をまとめたものだ。1回目、2回目、3回目でうまくいった度数を棒の高さで表してある。黒い棒は、でたらめな名前をつけようとして成功した回数で、灰色の棒は、すでにデータセットに含まれている名前と一次統計が一致する名前をつけようとして成功した回数である。黒と灰色の点線は、まだ使われていない名前が見つかるまでに何回試行を繰り返したか、その回数の平均を表している。空港コードの場合、でたらめなコードでは平均2.5回試すと空きが見つかる。ところが、文字頻度が偏ったコードで空きを探そうとすると、3.9回の試行が必要になる。

いないせいで、確率ゼロを割りあてられてしまう文字がでてくるのである。あるいはこれとはまったく逆に、名前空間がいっぱいになるとともに、文字の頻度の偏りが小さくなって、候補となるコードがほぼ埋まった段階では、どの文字の頻度もさして変わらなくなる。

## 馬のセンス

名前空間が大規模になると、でたらめな文字列にもとづく分析では、たいしたことがわからなくなる。ここで、サラブレッドの命名について考えてみよう。ジョッキークラブには、ふつうのアルファベット26文字に空白とピリオドとアポストロフを加えたなかから、2文字〜18文字を選んで馬の名前にするという規則がある。この名前空間はきわめて膨大で、2×$10^{26}$以上の名前が入る。さて、ある時点で現役ないし最近引退した馬につけられている名前は約45万あって、そのほとんどが、結局は、また利用できるようになる。したがって、いつの時点でも、使われている馬の名前の数はほぼ変わらない。（飛び抜けて著名な馬の名前だけは、永遠に使われることがない。したがってケルソ〔アメリカ合衆国の有名な競走馬〕とかセクレタリアト〔アメリカ合衆国を代表する競走馬〕という馬は、二度と登場しない。）

計2×$10^{26}$個のうちのたった45万個しか埋まっていないのだから、この名前空間の充塡率はほぼゼロで、でたらめな文字列を作っていくと、$10^{21}$番目でようやくすでに使われている名前に出くわすことになる。ところが現実世界での経験から受ける印象は、これとはまるで違う。育種家が馬の名前を申請すると、$10^{21}$回に1回ではなく、4回に1回は却下されるのだ。ジョッキークラブの広報担当によると、申請された名前がすでにある名前に似すぎていて却下されるケースが一番多いという。このため、綴りが同じでなくても、発音が似ているだけでだめということになる。だが、独自性に関する基準をこうやって広げたとしても、文字列を素朴に数え上げるだけでは、サラブレッドの名前空間の充填率を見誤ることになる。この空間のほんとうの意味での充填率が知りたければ、でたらめな文字列に関する組み合わせ理論ではなく、単語をはじめとする高いレベルの言語単位に関する組み合わせ理論から出発しなくてはならないのだ。

www.bit-player.org〔ブライアン・ヘイズ自身のウェブログ〕やdel.icio.usといったインターネットのドメイン名についても、確実に同じことがいえる。ドメイン名の各部分つまりドットとドットのあいだの部分には、アルファベットか番号かハイフンしか入れられず、しかも、全部で63文字以内にかぎられている。この名前空間は大きさが$10^{100}$近くあって、すぐに一杯になる心配はなさそうだが、意味や含蓄のある賢いドメイン名となると、話は違ってくる。

たとえ名前空間が有限ではなかったとしても、現代の生活では、命名じたいが重荷になる場合がある。今こそ君が必要なのに、アダムよ君はどこにいる？　昔は、新聞の切り抜きに、いちいち名前をつける必要はなかった。ところが今や、文書をダウンロードするたびに、ちょっとした命名の儀式をすることになる。「わたしはそなたを、ファイル-037.txtと命名する」。命名を負担に感じる人がふえたおかげで、コンサルタントは、名前をひねりだすだけで生計を立てられるようになった。（ある命名会社は、「百匹の猿」と名乗っている。まったく、つけもつけたりという名前だ！）

うちの娘は、お話が大好きだった三歳のころ、通りすがりの人に向かって「ハイ！　あたちのなまえはエイミーっていうの。あなたのおなまえはなんていうの?」と熱心に尋ねていたものだが、わたしたちの目の前には、くらくらしそうな堂々めぐりが手ぐすねを引いて待ち構えている。いったん名前をつけはじめたが最後、名前の名前をつけて、さらにその名前の名前の名前をつけることになるのだ。はたして、この連鎖が終わるときがくるのだろうか!

## 後から考えてみると

統一製品コードの拡張はすでに終わり、水平線上には早くも次の世代が姿を見せている。新たな電化製品コードEPCの場合、店の棚に並んでいる物の確認は、印刷されたバーコードではなくRFID(無線ICタグ)でおこなう。この技術を使うと、タグは箱の外側の目に見えるところになくてもかまわず、きっかけとなる電波信号をスキャナで送ると、タグがその製品のコードを含む電波情報を送り返してくる。

RFIDタグが使われるようになれば、製品の名前空間はさらに劇的に拡大される。現在の規格では、10進法で14桁分の余裕があるが、電化製品コードは2進法で96ビット、すなわち10進数でいうと27桁~28桁分を使えることになる。たしかにこれはかなりの数だが、それもそのはず、このコードでは、製品番号をもっと自由に別のやり方で使うことになっているのである。どういうことかというと、今までの製品コードは、その品がどの分類に属するのかを判別するためのものだった。たとえばチェリオ〔リング状のシリアル〕の十五オンス入りの箱に一つの番号が割りあてられるので、チェリオの十五オンス入りの箱はどれも同じ番号になる。ところが電化製品コードの場合には、ひとつひとつの物に番号が割りあてられる。つまり、チェリオの箱ひとつひとつに固有の識別番号《シリアルナンバー》がつくのだ。（それともこの場合は、シリアルの番号《シリアルナンバー》というべきだろうか。）こうなるとお次は、チェリオのシリアル一粒一粒に番号を振ることになるのかもしれない。

電化製品コードのバリエーションはすでにいくつか提案されていて、そのうちのＵＰＣシステムと密接な関係があるコードでは、38ビットをシリアルナンバーにあてるので、274,877,906,943品目に番号を割りあてられるという。

この随筆で化学物質の名前について論じたとき、分子の名前から構造図を描くほうが、逆の作業、つまり構造図を見て名前を推理するよりも簡単だと述べた。ユージン・ガーフィールドは、たしかに逆のほうが難しいが、その作業を上手にこなすコンピュータ・ソフトがあることを教えてくれた。たとえば、国際純粋応用化学連合ＩＵＰＡＣは、構造に関する説明を国際化学物質識別子（International Chemical Identifier）すなわちInChIと呼ばれるラベルに変換するソフトを提供している。一般にナフタリンと呼ばれている炭化水素化合物は、InChIでいうと1/C10H8/c1-2-6-10-8-4-3-7-9(10)5-1/h1-8Hになる。この長い記号列のなかのC10H8という部分は、10個の炭素原子と8個の水素原子からなるおなじみの$C_{10}H_8$という分子の構造式で、残りは、原子がどのように化学結合しているかを符号化したものである。

ロイ・E・プロトニックからは、命名の際に認可団体の承認が必要なのは競走馬だけではない、という指摘を受けた。俳優組合や映画俳優組合も、やはり芸名に制限を加えているらしい。したがって、出生証明書に載っている本名がケーリー・グラントである場合は、舞台に上がる際に、別の芸名を考えなくてはならない。〔わたしが知るかぎりでは、アーチボルト・リーチ〔ケーリー・グラントの本名〕という名前は今も空いている。〕

プリンストン大学のアダム・L・オルターとダニエル・M・オッペンハイマーの実験によると、株式市場のチッカー・シンボルにあまり意味のある名前が含まれていないせいで、劇的な結果が生じる可能性があるという。企業の証券コードが英語として発音できる場合と、あまり記憶に残らない場合で、1000ドルの株式投資の結果をくらべたところ、発音できる株式のほうが、一日あたりの利益が85ドルも多かったのである。

この随筆で取り上げられそうな名前空間は、ほかにもいろいろあった。そこで、さらに三つの名前空間を紹介しておこう。まず、自動車の標準仕様のナンバープレートおよびバニティー・プレート〔好きな文字や数字を選んで作るプレートのこと〕の名前空間。この場合は、空間の大きさを計算するときにある種の調整が必要になる。たとえば、大文字のIと数字の1や!や:は、パッと見たときに判別しにくいので、ナンバープレートの記号としては同一とみなされることが多く、さらに、大文字のOとゼロも、見間違いやすいので、同じとみなされる可能性がある。

次に、天文学では深刻な命名問題がもち上がっている。星や銀河は、数があまりにも多すぎて、意味のある名前や説明的な名前をつけられる見込みは皆無といってよく、ごく有名な天体は別にして、どの天体にもカタログ番号しか振られていない。しかしわれらが地球のまわりでは、今も空を人間味のあるものにしようという努力が続いている。たとえば、十七世紀のイタリアの天文学者ジョヴァンニ・リッチョーリ以後、月のクレーターに著名な天文学者の名前をつけるようになった。(リッチョーリというクレーターは、非常に目立つ。)ところが、天文学者の数よりも月のクレーターの数のほうがはるかに多いので、名前の範囲を広げざるをえなくなった。かくして国際天文学連合によれば、「亡くなった有名な、科学者、学者、芸術家、探検家」の名前をつけてもよいことになった。

そしておしまいに、名前空間を最も無駄に使っている分野として、海運業界に勲章を差し上げることにしよう。この業界では、港や車両基地に積み上げられた輸送用のコンテナをひとつのこらず追跡する必要があり、そのために、各コンテナには持ち主を識別する4文字のコードが刷りこんである。ところがこのコードの末尾の文字はつねにUなので、事実上このコードは3文字しかないのと同じなのである。

# 10　第三の基数

ものを数えるとき、人間は10ずつまとめて数え、機械は２つずつまとめて数える。地球上での計算方法は、これに尽きるといえそうだ。とはいえ数え方そのものは、ほかにも数えきれないほどある。ここでわたくしは、３つずつまとめて数える３進法を言祝ぎ、万歳三唱をしたいと思う。0, 1, 2, 10, 11, 12, 20, 21, 22, 100, 101, 102……ではじまる３進法は、２進法や10進法ほど広く知られておらず、使われてもいない。しかし３進法には独特の魅力がある。いわば、記数法におけるゴルディロックス〔３匹のクマの話に登場する金髪の少女から転じて、ちょうどよい加減の意〕といったところで、基底を２にすると小さすぎ、10にすると大きすぎる場合には、３がぴったりなのだ。

## 数え方

わたしたちは普段、数と数字、強さや量を表す抽象的な概念とその概念を表す記号を、はっきり区別していない。10進法の19という数字と、２進法の 10011 という数字と、ローマ数字の XIX という数

字、そしてもっと原始的な||||| ||||| ||||| ||||という表現は、すべて同じ数を表している。こんなに多種多様な記数法がありながら、なんと、そのすべてが数学的には同等だ。つまり、どの数字を使って計算しても、規則さえきちんと守れば同じ答えがでて、同じ数になるのである。

一般に重用されている記数法には、どれも位取りの原理が取り入れられている。10進法では、19という数字は、

$$(1 \times 10^1) + (9 \times 10^0)$$

の略であり、小学校のときに教室で唱えた「10が1つと1が9つ」の略なのだ。同じように2進法の10011という数字は

$$(1 \times 2^4) + (0 \times 2^3) + (0 \times 2^2) + (1 \times 2^1) + (1 \times 2^0)$$

という意味で、この足し算をおこなうと、先ほどと同じ値になる。そこで今度は同じ数を3進法で書くと、201になり、省略されている部分を補うと、

$$(2 \times 3^2) + (0 \times 3^1) + (1 \times 3^0)$$

となる。
つまりこの場合は、9が2つと3が0個と1が1つあるのだ。
一般に、ある数を位取り記数法で表すときの公式は次のとおり。

$$\cdots\cdots d_3r^3 + d_2r^2 + d_1r^1 + d_0r^0\cdots\cdots$$

このrは基、あるいは基数と呼ばれ、係数の$d_i$がその位の数字になる。ふつう、rは正の整数で、各位の数字は0から$r-1$までの整数であるが、こういった制限は必ずしも不可欠でない。（基を負の数や無理数にしても、数を表す上ではまったく問題はなく、のちほど実際に、位の数字が負の数になるような表記を取り上げる。）

どの記数法でも同じ数が表されているからといって、目的の如何にかかわらず、すべての記数法が同じように使いやすいというわけではない。ものを数えるのに指を使う人間には基数を10にした10進法が最適だ、というのは有名な話である。コンピュータ・テクノロジーの世界で2を基数にした2進法が圧倒的なのは、オンとオフ、満タンか空かというように、2進装置には安定した状態が2つしかなく、単純で信頼できるからだ。それに、2進算術と2進論理が合致しているので、数値（1か0）と論理値（真か偽）を同じ信号で表せるのも、コンピュータ回路にとっては都合がよい。

## 3つまとめると安くなる

文化の面からは基数が10であることが好まれ、工学の面から見ると2を基数にするほうが便利だからといって、2進法や10進法に固有の数学的な特徴があるわけではない。ところが、基数を3にした3進法には、数学的に見て実に好ましい特徴がある。ある妥当と思われる尺度に照らしてみたとき、3は整数の基数のなかで最も効率的であり、最も経済的な数の表記法なのだ。

それにしても、数を表現するときの「経費」をいったいどうやって測るのだろう。この問いに答えるには、かつて自動車についていた距離計のような、機械的な数え上げ装置を考えてみるとよい。自動車の距離計を使うと、000000から999999までの計100万の異なる数が表示できる。このタイプの距離計は、ホイールが6ついていて、各ホイールの周上には、0から9までの数字が彫ってある。そこで、これら2つの数の積を、この距離計の効率を示す合理的な尺度として採用しよう。つまり、幅$w$（ホイールの数）×基数$r$（ホイールに刻んである記号の数）を、効率の尺度とするのだ。今の例でいうと、積$wr$は6×10で60になる。このとき、距離計の能力、すなわちこの距離計が表示できる数の個数は、$r^w$で$10^6$になることに注意しておこう。

さて、ここで今度は、0と1の2つの数字しか刻まれていない2進法の距離計がついた車を買ったとしよう。この距離計で10進法の距離計と同じマイル数を記録するとなると、ホイールの数をふやさなければならない。たとえば、2進法の距離計で100万マイルまでの距離を表すには、$2^{20}$までいくとちょうど100万を超えるので、ホイールが20個必要になる。つまり、2進法表記にしたときの経費は20×

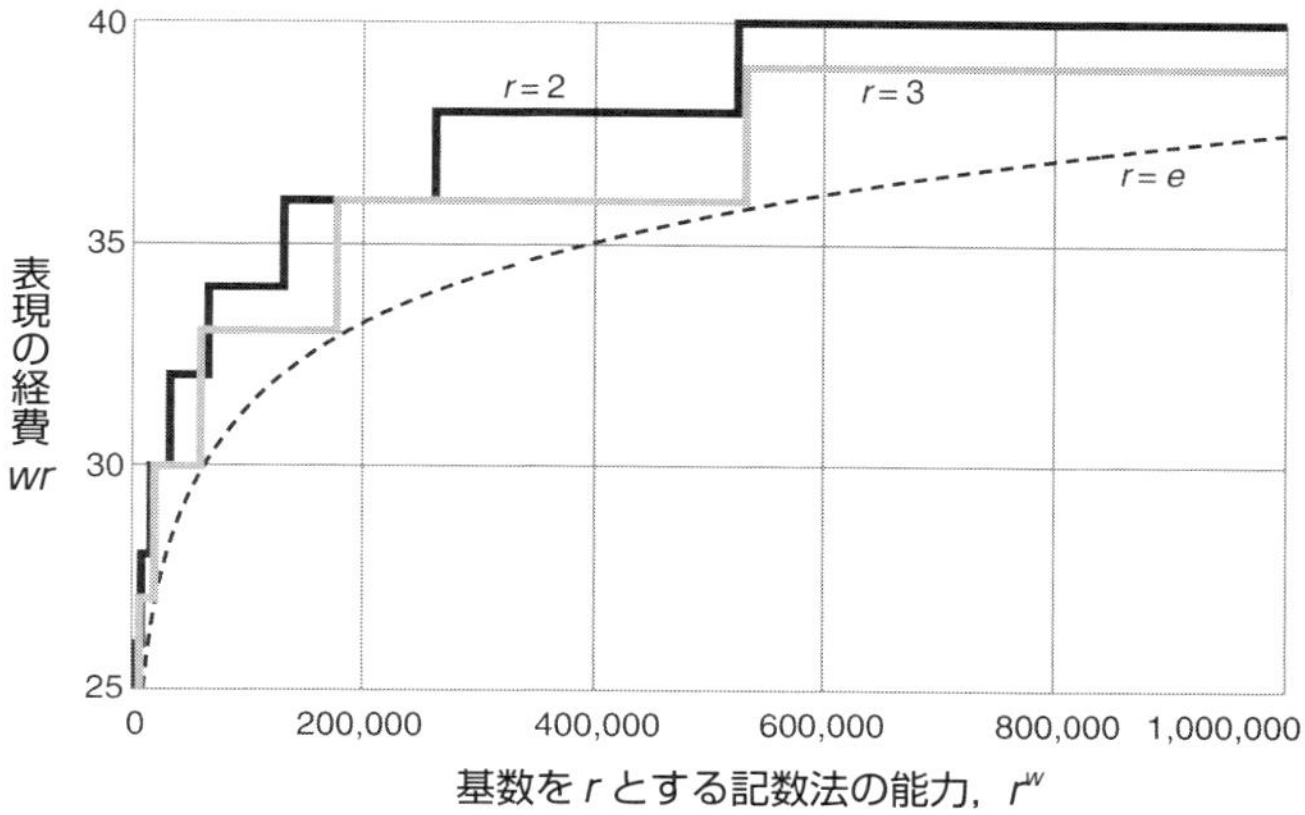


基数を3とする3進法を使うと、一般に、数を最も効率的かつ経済的に表すことができる。幅 $w$（最大の桁数）と基数 $r$（それぞれの桁がとりうる値の数）が決まれば、記数法が決まる。そのとき、記数法の能力は $r^w$ で、表現の経費は2つの積の $wr$ で定義される。$r$ はさまざまな整数値をとりうるが、$r^w$ のほとんどの値に対して ── 実際には無数の値に対して ── $r=3$ のときに経費が最小になる。例外となる値は8,487個あって、それらの場合は $r=2$ としたほうが効率的である。基数を整数にしなくてかまわないのなら、$r=e$（$e$ は無理数で、値は約2.718）としたときが最も効率的だ。

2で40となり、10進法表記よりかなり小さくなる。ところがそれぞれのホイールに0、1、2の3つの記号が刻まれた3進法の距離計では、この経費がさらに下がるのである。3進法の距離計では、13桁で100万マイルという閾値に達するので、経費関数の $wr$ は13×3で39になる。しかも距離計に関していうと、どんな整数を基数にしても、経費関数の値をこれ以上切り詰めることはできない。

さて、基数を整数に限ると3が最も効率的だというのは、0から999,999までの数を表すという特殊な問題に関する結論だった。では、この発見をさらに一般化できるのだろうか。できるともいえるし、できないともいえる。0から65,535マ

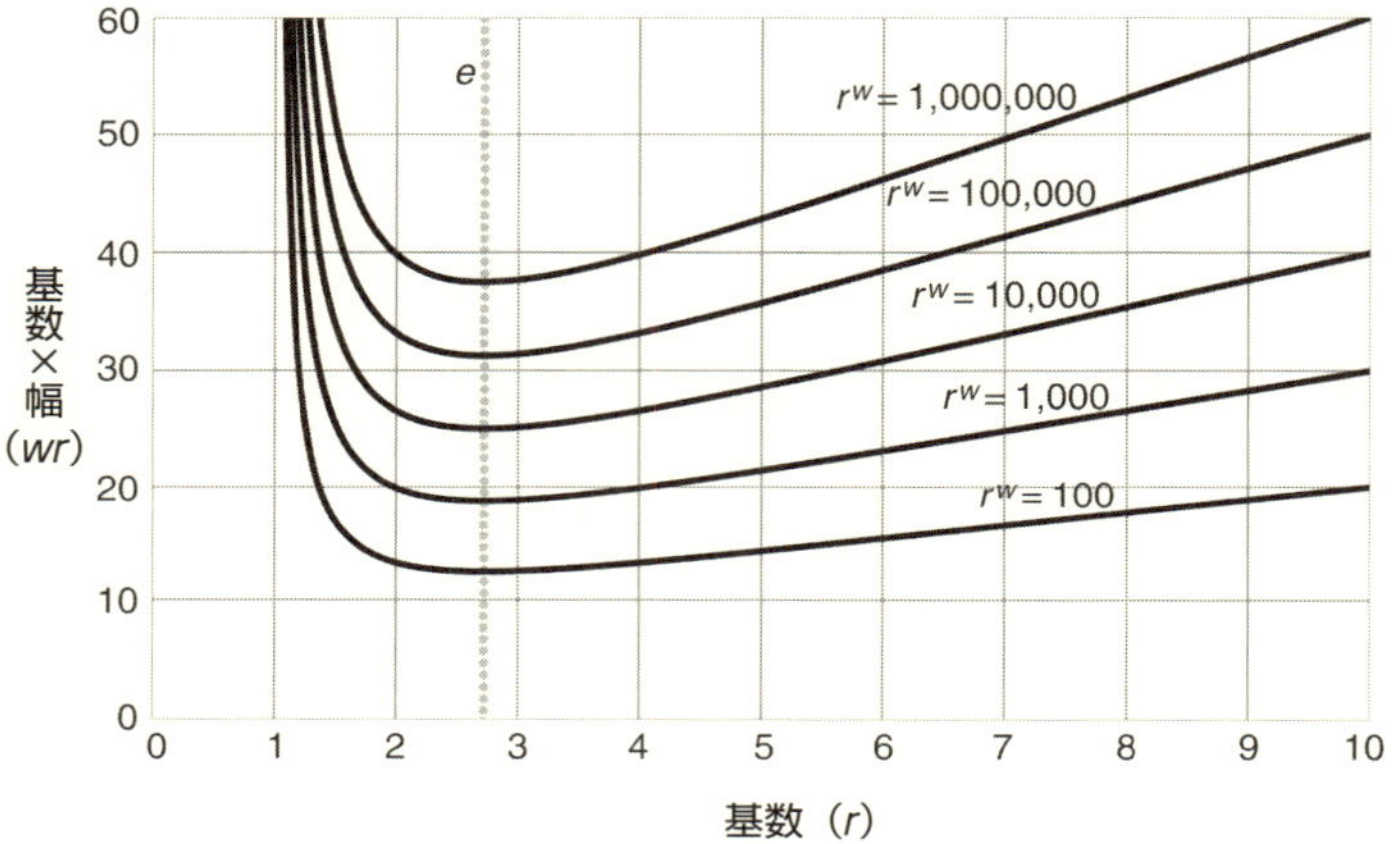


記数法の経費と能力をさらに正確にくらべるには、幅 $w$ と基数 $r$ を整数ではなく連続した値と見る必要がある。このとき、一番経済的な基数は $e$（値は約 2.718、灰色の波線で表してある）である。一番上の曲線は、100 万までの値を表したときの経費で、$r = 2$ のときの経費は 39.86。$r = 3$ のときは、これよりも少し小さい 37.73 になり、$r = e$ で、37.55 という最小値を取る。

イルまでを表示する距離計を作りたいのなら、２進法であれば（２の16乗が65,536だから）16桁の装置を作ればよい。したがって、２進法の距離計の経費 $wr$ は16×２＝32になる。ところが３進法の距離計で同じ数値を表すとなると、11桁必要になり、経費は11×３＝33になる。つまり、この場合は３進法より２進法のほうが効率的なわけで、つねに基数を３にしたほうが効率的だというと嘘になる。ところが、このような例外にはかぎりがあり、０からNまでの数をすべて表示したい場合、２進法が一番効率的であるNの値は8487個だけで、そのほかの無数の値に対しては、３進法が最も効率的である。

　記数法の経費や能力を比較するには、もう一つ、幅 $w$ を整数ではなく連続する変数とみなす方法がある。つまり、距離計の桁数が分数でもかまわないとするのである。こういうとかなり奇妙に聞こえるかもしれないが、理由は実に単純だ。2進法で20桁使うと、ほんとうは$2^{20}$、つまり1,048,576までの値を表せるはずで、この装置で999,999までの数だけを表示すると、距離計の能力に無駄がでる。したがって、実際に必要な桁数は20ではなく、2を底とした1,000,000の対数、つまり約19.93になる。というわけで、2進法で19.93桁ある装置を考えると、この装置の経費$wr$は40ではなく39.86になる。同じように、3進法で13桁ある距離計の能力は、ほんとうは$3^{13}$だから、1,594,323になる。そこで、距離計の表示範囲を100万までに限定すると、実際に使われている幅は、3を底とした1,000,000の対数、つまり約12.58となり、ここから経費は12.58 × 3 = 37.73となる。ところが、記数法の経費をこのような形で表してみると、整数の基数のなかではつねに3が最も効率的だということになる。

ホイールが12.58個ある距離計を実際に作るのは、たしかに難しい。だが、この考え方をさらに深めていくと、だったら基数だって整数とはかぎらないのでは?という話になる。$r$の$w$乗の値を変えずに、$wr$という積を最小にしたいのなら、$r$は自然対数の基底である無理数$e$（値は約2.718）にすべきだ。そこで、すべてのホイールに0から$e$までの文字が刻まれている100万マイルの距離計を作ると、ホイールは13.82個必要になる。ここで基数$e$に幅13.82をかけると、経費関数$wr$の値は37.55となって、3進数よりさらに低い。整数の基数のなかで3が一番効率がよいのは、ある意味で、3が$e$に近い整数だからなのである。

## 少《ビット》しずつ《・バイ・ビット》、ならぬ3つずつ《トリット・バイ・トリット》

初期のコンピュータ設計者たちも、基数3がもつこの特別な性質に注目した。コンピュータの部品数が、処理される数字の幅と基数に大まかに比例するとすれば、*wr*という値は、ハードウェアの経費を予測する優れた指標となるはずで、ハードウェアの資源を最も効率的に使えるのは3進法だということになる。このアイデアをはじめて取り上げたのは、わたしの知るかぎりでは、エンジニアリング・リサーチ社のスタッフが合衆国海軍のためにおこなったコンピュータ技術に関する調査報告書「高速計算装置」(一九五〇年刊行)だった。

また、この調査がおこなわれたのとほぼ同じころに、ハーバート・R・J・グロッシュがマサチューセッツ工科大学のホワールウィンド・コンピュータ・プロジェクトのために、3進法を使ったアーキテクチャを提案した。このプロジェクトはさらに発展して、やがて軍のレーダー・ネットワークのコントロール・システムとなり、三十年におよぶ冷戦のあいだじゅう、北米の領空を監視しつづけることとなった。その一方でこのプロジェクトは、磁気コアメモリをはじめとする新たなコンピュータ技術の実験場となった。しかし、グロッシュの推薦にもかかわらず、ホワールウィンド・プロジェクトで3進算術が試されることはなく、ホワールウィンドもその後継機も、すべて2進法にもとづいて作られていた。

3進法を使った電子計算機を最初に作ったのは、実は、鉄のカーテンの向こう側の人々だった。モスクワ国立大学のニコライ・P・ブルセンツォフとその同僚が設計したこの装置は、大学のキャンパスのそばを流れる川にちなんで、セトゥニ Сетунь と名づけられ、一九五八年から一九六五年にかけて、五十ほどの3進法コンピュータが作られた。セトゥニは18桁の3進数、つまりトリットにもとづいて動く装置で、扱える数は$3^{18}$、すなわち387,420,479までだった。2進法のコンピュータでこの値を扱うには29ビット必要となって、コスト関数$wr$の値は、3進数が54であるのに対して2進数は58となり、3進法が勝る。

残念ながらセトゥニは、基数を3にすれば部品の数が少なくてすむという特性を活かした構造になっていなかった。各トリットは一対の磁気コアに蓄積されていて、この2つの磁気コアが、2つのコアが両方とも「上」に帯磁した状態と、両方とも「下」に帯磁した状態と、互いに反対方向に帯磁した状態の3つの安定した状態を保つように作られていたのである。ところが、磁気コアが一対あれば、一組のトリットよりもさらに一つ多い2進数2ビット分の情報を蓄積できることになり、これでは3進法の利点を活かしたことにならない。

3を基底にしたコンピュータ・ハードウェアがあれば、3進算術だけでなく、三択の論理を使うことができる。たとえば、2つの数をくらべる作業の場合、2進論理にもとづく機械では、2段階に分けて比較をおこなうことが多い。まず「$x$は$y$よりも小さいか」と尋ね、その答えにもとづいて、たとえば、「$x$は$y$と等しいか」というふうに、第2の問いを決めるのである。ところが、3進の論理を使うと手順はぐっと簡単になり、1回の比較で、「小さい」のか「等しい」のか「大きい」のかがわかる。

3進コンピュータは一時の流行で、やがてすたれていったが、一九六〇年代にはいってからも、3

進論理のゲートやメモリーセルを作って、それらの部品を組みこんだ加算機などを作るプロジェクトがいくつかおこなわれた。さらに一九七三年には、バッファローにあるニューヨーク州立大学のギデオン・フリーダーとその同僚が、ターナックという完璧な3進コンピュータを設計して、ソフトウェアのエミュレータを作った。3進法のコンピュータというアイデアは、その後もたまに息を吹き返したが、コンピューザ CompUSA〔有名なパソコンの販売チェーン〕にいってみても、3進法にもとづいたラップトップやミニタワー〔小さな縦型コンピュータ〕の在庫はないはずだ。

3進法はなぜ流行らなかったのか。たぶん、3つの状態を確実に作りだせる装置が存在しないから、あるいはそういう装置の開発が難しすぎるからだということは、簡単に想像がつく。それに、いったん2進法を使った技術が確立されてしまうと、2進法のチップの製造法を開発して実際に製造するために、莫大な投資がおこなわれるので、たとえ理論上ほかの基数に多少の利点があったところで、そんなものは吹っ飛んでしまう。それに、そもそも3進法にこういった長所があるということじたい、ただの仮説にすぎない。すべては、$wr$という積がハードウェアの複雑さを表すのに適した指標である、すなわち、基数を増すことによる経費の増加と桁数を増すことによる経費の増加が等しい、という前提のうえで成り立つ議論なのである。

しかし、たとえ3進法にもとづく回路が結局はコンピュータのハードウェアに根づかなかったとしても、3という基数が大きすぎず小さすぎずちょうどよいという場面が、ないわけでもない。今、電話をかけたときに流れる恐怖のメニュー・システム、「迷惑をかけてほしいのなら1を、恩着せがましく振る舞ってほしいのなら2を押して……」というあれ、を作ることになったとしよう。メニューの選択肢が多い場合、それらをどういうふうに組織立てるのが一番よいのだろう。階層を多くして、メニューは二、三の選択肢からなる小さなものにすべきなのか。それとも、あまり階層が重ならないようにして、メニューにたくさんの選択肢が含まれるようにすべきなのか。このようなメニュー・システムでは、運悪く電話をかけてきた人が、自分の目的にたどり着くまでに聞かされる選択肢の数をなるべく少なくしたほうがよい。この問題は、実は整数を位取り記数法で表す場合によく似ていて、メニューごとの選択肢の数が基数 $r$ に、メニューの数が幅 $w$ に対応する。したがって、目的にたどり着くまでに聞かされる選択肢の平均の数が最小になるのは、一メニューあたりの選択肢が3個のときなのだ。

## 3進法のダストに注目

どの数を基数にしようと、概念としての数に変わりはない。とはいえ、表記の仕方しだいで、数のある種の性質をくっきりと浮かび上がらせることができるのも事実だ。たとえば、2進数で表した数を見ると、偶数か奇数かは一瞬にしてわかる。最後の桁を見ればよいからだ。3進数の場合も、奇数と偶数を区別できないわけではないが、2進法のように一目瞭然とはいかない。3進数の場合は、含まれる1の数が偶数なら偶数になる。（理由は、3のべきを計算してみればすぐにわかる。3のべきはすべて奇数になる。）

今をさかのぼること二十余年、ポール・エルデシュとロナルド・L・グレアムは、2のべきの3進表記について、ひとつの仮説を発表した。二人は、$2^2$と$2^8$を3進法で表わすと、2が一つも出てこないことに気づいた。（$2^2$と$2^8$は、3進法で表すと11と100111になる。）ところがこれ以外の2のべきは、どれも3進法で表したときに2を避けて通れないらしい。つまり、この2つ以外の2のべきは、何種類かの3のべきを一つずつ足しただけでは作れないようなのだ。フランス高等科学研究所のイアン・ヴァルディが、2の6,973,568,802乗までの数を調べてみたところ、反例は一つも見つからなかったが、この仮説そのものは、まだ証明されていない。

3進数表記は、数学者たちがカントール集合とかカントールダスト《カントールの屑》〔2次元以上のカントール集合〕と呼ぶ奇妙なものを明確にするのにも役立つ。カントール集合とは、1本の線分を書き、真んなかの3分の1を消して、残った2本の短い線分の真んなかの3分の1を取りのぞき、という作業を繰り返していったときにできるものである。では、中央の3分の1が際限なく取りのぞかれた後には、いったい何が残るのだろう。この問いに答えるために、もともとの線の上の点に0.0から0.222……までの3進数を対応させてみる。（10進数の0.999……が形こそ違え1.0と等しいのと同じで、3進法の循環小数0.222……も1.0と等しいことに注意。）すると、最初に中央の3分の1が取りのぞかれた段階で、0.1から0.1222……までの点、つまり小数点1位が1になるすべての点が消されたことになる。同様に、第2段階の作業では、小数点第2位が1になる数がすべて消される。このパターンをえんえんと繰り返していくと、結局、3進法で展開したときに1が1つも表れない点だけからなる極限集合が残る。最後にはほぼすべての点が取りのぞかれるのに、それでもまだ、無限個の点が残るのだ。

## 3重の王冠の宝石

ドナルド・E・クヌースは『*The Art of Computer Programming*（コンピュータ・プログラミングの技法）』〔邦訳はアスキーほか〕という著書のなかで「記数法のなかでも最も気が利いているのが、対称3進法だろう」と述べている。対称3進法は、ふつうの3進法と同じように、3のべきで展開したときの係数を抜きだした記数法だが、係数は｛0、1、2｝ではなく｛$\bar{1}$、0、1｝になる。なぜ対称という言葉がついているのかというと、ゼロを中心にして左右対称だからだ。ちなみに、係数が負の場合は、マイナスの符号をつけるかわりに、括線、すなわち1の上の横棒を引くのがふつうである。たとえば10進数の19は、対称3進法では$1\bar{1}01$となり、この表記は、

$$(1 \times 3^3) - (1 \times 3^2) + (0 \times 3^1) + (1 \times 3^0)$$

という数、つまり、$27 - 9 + 0 + 1$を表していると解釈される。正負に関係なくあらゆる数をこのような形で表すことができて、表し方はただ1通りに定まる。対称3進法で数を数え上げていくと、$0, 1, 1\bar{1}, 10, 11, 1\bar{1}\bar{1}, 1\bar{1}0, 1\bar{1}1$となる。また、0からマイナス方向に進むと、$\bar{1}, \bar{1}1, \bar{1}0, \bar{1}\bar{1}, \bar{1}11, \bar{1}10$, $\bar{1}1\bar{1}$となる。問題の数が負かどうかは、最初の位の正負で簡単に判別できる。

対称な記数法、つまり符号のついた記数法の歴史は、かなり複雑だ。3進コンピュータのセトゥニもフリーダーが作ったエミュレータも対称3進法を使っていたし、ホワールウィンド・プロジェクト

のためにグロッシュが提案したコンピュータも、やはり対称3進法にもとづくものだった。クロード・E・シャノンも一九五〇年に、3をはじめとする数を基数にした符号つきの対称な記数法に関する論文を発表している。だが実は、符号つきの記数法をはじめて取り上げたのは、二十世紀の発明家たちではなかった。一八四〇年にはオーギュスタン・コーシーが、さまざまな数を基数とする符号付きの位取り記数法について論じており、そのすぐ後にはレオン・ラランヌが、対称3進法の際だった長所についての論文を発表している。さらにその二十年前にはジョン・レズリーが『算術の哲学』という著書で、(符号の有無を問わず) さまざまな基数による記数法を使った計算について論じている。しかもそのレズリーに先んずることおよそ百年、ジョン・コルソンは「負と正の算術」という論文を発表しており、さらにその前にはヨハネス・ケプラーが、ローマ数字による対称3進法の体系を実際に使っている。そのうえ「ベーダ」と呼ばれるヒンズー教の経典には、符号つきの位取り記数法による算術の概念が含まれているというのだから、この着想は実は非常に古いものなのだ!

さて、対称3進法のどこがどう気が利いているのかというと、実はこの表記法を使うと、すべてが簡単に思えてくるのである。符号を使うことなく、正の数と負の数を1つにまとめることができるし、計算は2進法並に単純で、かけ算の表はとるにたらず、足し算と引き算は、引きたい数を否定して足せばよいだけのことだから、本質的に同じ操作になる。しかも否定するのは至極簡単。すべての$\bar{1}$を1にし、1を$\bar{1}$にすればよい。また、数値を丸めたいのなら省略すればよく、一番下の位の値を0にすれば、自動的に直近の3のべきに丸めることができる。

対称3進法の応用例のなかでも最もよく知られているものに、物の重さを量る数学パズルがある。

上皿天秤が1つあって、いくつかのおもりを使って、1グラム以上40グラム以下のコインの重さを量らなければならないとする。このとき、おもりはいくつあればよいのか。せっかちな人は、1、2、4、8、16、32グラムの計6つのおもりが必要だ、と答えるかもしれない。コインを片側の皿に載せ、おもりはすべて逆側の皿に乗せなくてはならないという制限がある場合は、たしかに重さが2の累乗になっているおもりを使うのがベストだ。ところが、左右どちらの皿におもりを乗せてもかまわないとなると、3進法を使って、1、3、9、27グラムのたった4つのおもりですませられる。たとえば、符号のついた3進法で表すと$110\bar{1}$になる35グラムのコインを載せた天秤を釣りあわせるには、反対の皿に27グラムと9グラムのおもりを載せて、コインと同じ皿に1グラムのおもりを載せればよい。こうすると、40グラム以下のどんなコインでも測ることができるのである。

## カリスマ主婦マーサ・スチュアートのファイル・キャビネット

数週間前に、古い切り抜きや手紙などのファイルを漁っていたわたしは、あっというほど自明で些細なことに気がついた。ファイルの中身とはまるで無関係な、引きだしの整理法に関して、ある発見をしたのだ。

今、ファイル整理界のマーサ・スチュアートともいうべきひどく気むずかしい事務員がいて、どのフォルダーもほかのフォルダーの陰にならないようにしたい、という強いこだわりがあったとしよう。隣りあうフォルダーの見出しタブは、絶対に重なってはならない。ファイルを丸ごと新調するつもりがあれば、タブがまったく重ならない状態にするのは簡単だ。しかしそれでも、あちこちにフォルダーが加わったり、あちこちからでたらめに引き抜かれたりすれば、すぐに元の木阿弥だ。

タブの位置が2つしかない「ハーフカット」のフォルダーを使うと、はじめのうちは、引きだしの端から端まで右左右左とタブが交互に並ぶことになる。ところがこのパターンは、真んなかに1つフォルダーを差しこんだだけで崩れてしまう。どんなフォルダーをどこに差しこもうと、(引きだしの端に差し込むのなら話は別だが) 決まってタブがかちあうことになる。フォルダーを1つ引き抜く場合も同じである。左を0右を1として、引きだしのなかの状態を2進数で表すと、はじめ、引きだしのなかのファイルは……0101010……という交互列になっている。ところが、ファイルを1つ入れたり抜いたりすると、00あるいは11という箇所が生じ、ちょうど、結晶のなかのずれのような傷ができるのだ。理論上は、逆の極性をもつ2つめの傷を差しこむか、その傷から先のすべてのフォルダーをひっくり返せばよいわけで、そうすればたしかにこの傷は治るが、どんなに整理好きの人でも、実際のファイル・キャビネットでそんなことをしようとは思わないだろう。

わたし自身は、タブが左右にあるハーフカット・ファイルではなく、左右と中央の3箇所にあるサードカット・ファイルを使っている。ところがわたしは長いあいだ、サードカット・ファイルでも同じようなことが起きて、新しいフォルダーを加えるたびに、その先のフォルダーをすべて並べなおさないと陰になるフォルダーがでてくる、と考えていた。——というよりも、考えもせずに勝手に思いこんでいた。ところがある日、というのは二、三週間前のことなのだが、わたしはファイル・キャビネットの本質に開眼した。ハーフカットとサードカットには天と地ほどの差があることに、卒然として気づいたのである。

なぜそのような差があるのかは、引きだしいっぱいのサードカット・フォルダーを3進法の数字列に翻訳してみれば、すぐにわかる。3進数列の場合はどこにでも、両隣の数字と異なる数字をつけ加えることができる。3は、このような性質をもつ基数のなかで最も小さい値なのだ。しかも、両隣とは絶対にかちあわないように数字をつけ加えるとなると、数字を挿入する場所を決めたとたんに、挿入すべき数字が決まってしまい、条件にあった2つのうちからどちらかを選ぶという余地はない。かくして、ファイル・キャビネットが一杯になるまで、つねにマーサ・スチュアートのお気に召すような秩序を保つことができ、しかもなんの苦労もいらない。

残念ながら、ファイルを加えるよりも抜くほうがやっかいで、2進法にしろ3進法にしろ、数列の好き勝手な場所から1つ項を抜いても、けっして数字のダブりが生まれない、という保証はどこにもない。（もっとも、ファイル・フォルダーのタブの位置についてあれこれ思い悩むほど小うるさい人は、金輪際ものを捨てたりしないはずなのだが。）

さて、サードカット・フォルダーのタブがかちあわないようにする方法がいかにも歴然としていたので、わたしは、このくらいのことはファイル係なら誰でも知っているにちがいない、と思った。ところが、ファイリングに関する教科書を六冊めくってみても、——たしかに六冊ぐらいでは膨大な文献のごく一部にすぎないのだが、この原理に関する明確な記述は見つからなかった。

しかもおもしろいことに、ファイル・キャビネット内のフォルダーの配列に関するこの些細な観察は、もっと多くの人々の注目を集めているある種の数学とつながっていた。今、隣りあうタブが重ならないのはもちろんのこと、いかなるパターンも連続して繰り返されることがないように、フォルダーを配列したいとする。つまり、00, 11だけでなく、01010も021021もごめん被りたい。このように、長さの如何を問わず、連続して繰り返されるパターンがいっさい存在しない列のことを、平方因子を含まない数になぞらえて「スクエアフリー」な列と呼ぶ。

2進法の場合には、1桁の列、つまり0と1は明らかにスクエアフリーだし、01と10もスクエアフリーだ。(が、00や11はスクエアフリーではない。) さらに3ビットの数のなかでは、010と101はスクエアフリーだが、そのほかの6つの列はどれもスクエアフリーではない。続いて、4桁の2進数列でスクエアフリーなものを作ろうとすると、そこで行き詰まる。4桁でスクエアフリーな2進数列は存在しないのだ。

では、スクエアフリーな3進数列はどうだろう。1桁ずつふやそうとすると、どこかでいきづまる可能性が高い。たとえば、0102010というスクエアフリー列にいきついたが最後、どう拡張してもスクエアができてしまう。(試しにやってみていただきたい!) このような袋小路型の3進数列は、ほかにもたくさんある。ところが、今をさかのぼること百年近く前に、ノルウェーの数学者アクセル・トゥエが、無限に広げられるスクエアフリーな3進列が存在することを証明し、その列を作る手順を実際に示してみせた。このアルゴリズムの鍵は、0→12、1→102、2→0という3つの置き換え規則であって、各段階で、これらの置き換え規則をひとつひとつの数字に順次適用していくと、得られた列が、次の段階の出発点になる。このアルゴリズムを何回か使ったときの様子は、次ページの図に示してある。トゥエは、スクエアフリーな列を出発点にしてこの規則を適用していけば、その列を際限なく長

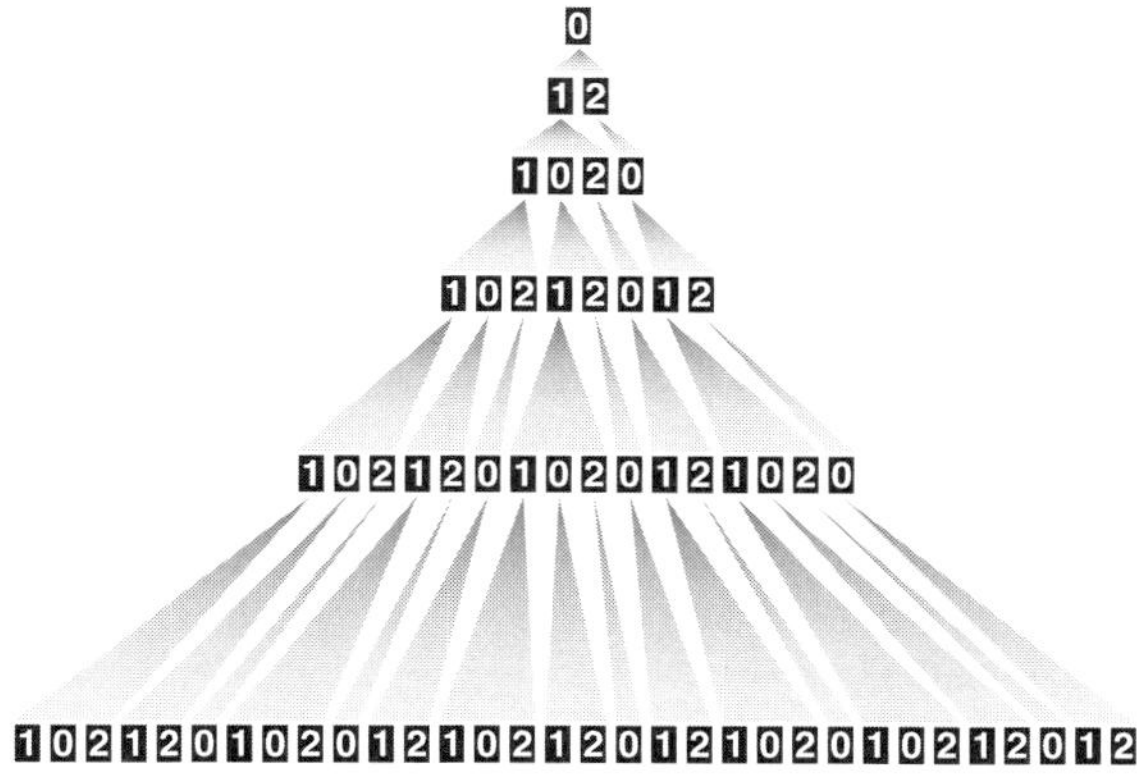


アクセル・トゥエが作った３進数列は、パターンの繰り返しをいっさい含まずに、無限に展開できる。２進数列の場合、このような性質の列は存在しない。トゥエの列は、0 → 12、1 → 102，2 → 0、の３つの置き換え規則で定義される。

くすることができ、しかも、絶対にスクエアを含まないことを証明した。

　最近になって今度は、スクエアフリーな3進数列は全部でいくつあるのか、という問題に注目が集まりはじめた。ラトガーズ大学のドロン・ザイルバーガーは、シャローシュ・B・エハードゥ〔ヘブライ語でシャローシュ Shalosh は3を、エハードゥ Ekhad は1を表すので、3B1ということになるが、3B1はPC7300ないしユニックスPCとも呼ばれるコンピュータのことである〕との共著論文で、計$3^n$個ある$n$桁の3進数列のうちで、少なくとも$2^{n/17}$乗個の列がスクエアフリーであることを証明した。さらにアムステルダム大学のウーヴェ・グリムは、この下限をすこし押し上げただけでなく、上限を見つけて、$n=110$までの$n$桁の3進数列をすべて洗いだした。こうして、まったく繰り返しをもたない110桁の3進数列を作りだすには、実に50,499,301,907,904通りのやり方があることが判明した。したがって、ファイル・キャビネットのなかをスクエアフリーにしておきたいのなら、そのいずれかを採用しなければならないのである。

## 後から考えてみると

この随筆を発表してほどなく、トーマス・ファウラーが一八四〇年にすばらしい3進計算機を作っていたことを教わった。ファウラーは、イングランド南西部のデボン州にある、学問や産業の中心からは遠く離れたグレート・トリントンの町に住んでいた。学校にはほとんど通わず、若いころから獣皮商人の丁稚として働き、屠場から動物の皮を受けとっては鞣《なめ》しの下準備をしていた。しかしファウラーにすれば、職人のままで一生を終えるつもりはなく、やがて印刷屋になり、銀行家になり、また、発明家になった。一八三五年には、今でいえば労働災害補償や身体障害補償を扱う公的な部署、グレート・トリントン救貧区連合の会計担当に指名された。資産や支払いを管理するには大量の計算が必要であることから、ファウラーは、計算に関する画期的な思いつきをまとめて、『算術計算を簡単にするための諸表』と題する本を刊行した。一八三八年に出版されたこの本には、2進数や符号のついた3進数を使った計算方法が盛りこまれていた。そしてその二年後には、符号つきの3進法を使った計算機を作ったのである。

ファウラーの機械は今や影も形もなく、図面すら残っていないが、ファウラーは当時、ロイヤル・ソサエティーの代表の立ち会いの元で、実際にこの機械を操作してみせた。この代表団には、チャールズ・バベッジ（バベッジ自身は10進法にもとづいた計算エンジンを作っていた）と公明な数学者にして論理学者でもあるオーガスタス・ド・モルガンが加わっていて、ド・モルガンはすぐにこの機械の詳細をまとめてロイヤル・ソサエティー宛てに送り、王室天文学者のジョージ・エアリーもこの装置に言及した。ところが、当時これだけの注目を集めたにもかかわらず、どうやらファウラーとその業績はそれから百五十年間、忘れ去られていたようだった。

ファウラーの計算機にふたたび光をあてたのは、ノース・デボン・カレッジのデイヴィッド・M・ホーガンと、デボン在住の著作家で歴史家でもあるパメラ・ヴァスと、カリフォルニア在住の機械エンジニアにして模型制作者でもあり、計算機に夢中なマーク・グラスカーだった。グラスカーは、ド・モルガンのメモなどの文献にもとづいてファウラーが設計した計算機を再現しようと尽力し、ついに、実際に動く3進計算機を作った。この計算機はすべて木でできていて、かけ算と割り算ができる。スライド式のロッドを1、0、$\bar{1}$に対応する3つの位置にセットできるようになっていて、これを使って各桁の数字を入力する。すると、ロッドについている歯が回転する枠の桟《さん》に引っかかり、符号つき3進数の単純なかけ算のアルゴリズムが実行されるので、その結果を、もう一組のスライド式のロッドから読みとるのだ。

一八四〇年にファウラーが作った機械は、3進法で55桁の処理能力があり、10進数でいえば26桁という広い範囲の数を扱えたという。（計算機の効率を幅×基数で計算すると、ファウラーの機械の効率が165になるのに対して、同じ性能をもつ10進数の装置の積$wr$は、約262になる。）グラスカーとホーガンとヴァスは、エアリーに宛てたファウラーの手紙から、次のような一節を引用している。「しばしば考えるのですが、人間社会の幼年期に、10進数ではなく3進数が採用されていたら、わたしが作ったのと似た機械が、すでに広くいきわたっていたのではないでしょうか。なぜなら、（3進数では）暗算から計算機への移行が実に簡単かつ明白ですから」

さて、2進法や3進法といったさまざまな記数法の効率をくらべる方法の優劣をめぐって、ちょっとした議論がもち上がった。オクスフォード・ブルックス大学のイアン・イーストからは、ノーバート・ウィーナーが、一九四八年に発表した有名な著書『サイバネティクス』でこの問題をとり上げている、という指摘を受けた。ウィーナーはわたしが述べた距離計と似たような装置を使って分析をおこない、異なる結論に達していた。ウィーナーによると、その装置には複数のダイアルというかメモリがあって、それぞれのダイアルは大きさも個数も同じで番号づけされた部品からできており、それらの部品のどれかを示す針がついているという。このときに、一つのダイアルをたくさんの部分に分けてダイヤルの数を減らしたほうがよいのか、それとも一つのダイヤルは二、三の部分に分けて、ダイヤルの数を増やしたほうがよいのかというのが、ウィーナーの取り上げた問題だった。その際ウィーナーが推論の根拠としたのは、針が$r$個ある部分のどこを指しているかを判断するときには、たかだか$r-1$個の判断をすればすむという観察だった。なぜそういえるかというと、$r-1$個の可能性がのぞかれれば、針は残りの1箇所を指しているに決まっているからで、この「今述べたなかのどれでもない」という選択肢のおかげで、数学的に分析するとほかのすべての点で3進法のほうが優れているにもかかわらず、基数を2にした計算枠組みのほうが効率的になる、というのである。

『サイバネティクス』のこの一節を理解しようと、わたしは長いあいだがんばってきたが、今でも、ウィーナーの議論についていけているのか、あまり自信がない。それでも、マウントサイナイ医科大学のレナード・オーンスタインが一九六九年に発表した論文に目を通したときには、一条の光明が差したように感じた。〔オーンスタインのこの論文は一度も印刷されたことがないが、それでもかなりよく知られているらしい。インターネットの citeseer.ist.psu.edu/ornstein69hierarchic.html〔citeseerx.ist.psu.edu/viewdoc/summary?doi = 10.1.1.39.6039〕を参照のこと。〕オーンスタインがその論文で取り上げていたのは、記数法とはまったく異なる場面、すなわち、生物の分類法のような階層のある分類を構築するという問題における基数の最適性の問題だった。これらの分類は木のような構造になっていて、細かい区別をするために、幹から枝へ、さらに小枝へ葉へとどんどん枝分かれしていく。〔もはや生物学者たちには認められていないが、今でも、説明図を書くときには役に立つ〕伝統的な分類法では、あらゆる生物を植物界と動物界に分ける。それから動物を、軟体動物とか節足動物とか脊柱動物といった属に分ける。さらに脊柱動物を、今度は魚類とは虫類と鳥類とほ乳類に分け、といった具合に、木の葉に相当する個々の種にたどり着くまで分類しつづけるのだ。手元の標本をこの分類法にもとづいて分類しようとすると、まずその生物が植物ではなく動物だという判断をし、さらに脊柱動物だと判断し、……最後に種を特定して、というふうに、木の幹からその標本に相当する葉へと分類図を横断していくことになる。

それにしても、このような生物の分類法の、いったいどこが記数法の効率と関係するのだろう。オーンスタインは、分類の木をどのような形にすれば比較や決定の数が最小になり、最も効率的になるのかを考えた。最も極端なのが2進法の木で、その場合、各階層にはたった2本の枝しかない。ところがこうすると、階層の数がふえてしまう。この対極にあるのが、水平方向に平べったく伸びた、あらゆる種がすべて同じ階層に並んでいる木で、こうなると、界や属といった階層がなくなるかわりに、1つの層のなかの選択肢がひどくふえる。オーンスタインは、記数法の効率評価に似た推論により、各階層の枝の数を$e$にすれば最適になると結論した。したがって、各層の枝の数を整数にかぎると、3が最も効率がいい。

こうなると、3進法が最も効率的だということになりそうだが、オーンスタインは、この評価をさらに改良した。分類学者は、標本を分類するにあたって、分類の各階層で、その標本が該当しそうなカテゴリーと現物を見くらべることになる。たとえば一番上の階層では、「これは植物か」という問いかけをし「これは動物か」という問いかけをする。ところが、植物でないのなら、動物に決まっているわけで、もしも選択肢が2つだけなら、片方の問いは余計になる。一般に、分類が$r$種類に分かれていて、あらゆる標本がどれか1つの種類にしか属さないとすれば、$r-1$回比較した段階で、どの種類なのかが判断できる。このような「いわずもがな」の状態を活かすと、分類の経費は$\frac{r-1}{r}$倍に圧縮される。しかるに、3進法の木では$r=3$なので、経費は元来の経費の$\frac{2}{3}$になるが、2進法の木では$r=2$なので、経費は元来の経費の$\frac{1}{2}$になる。そしてこの差が、3進法の木がもっているはずの利点を圧倒してしまうのである。ウィーナーのコンピュータ・メモリに関する議論のなかの、わたしが理解できずにいた「今述べたなかのどれでもないから」という議論の元になっているのは、このような考えなのだ。

では、この分析にもとづくと、ほんとうは2進記数法のほうが3進記数法より効率的である、という結論になるのだろうか。たぶんそれは、実際に使うときの細かい条件によるのだろう。たとえば、$r$通りの状態が考えられる装置や信号を読みとる場合には、すべての状態の数マイナス1個の状態をチェックすればことたりるわけだから（2進法の信号でいうと、0でないものは1に決まっている。また、3進法の信号でいえば、0でも1でもないものは2に決まっている）、比較や決定を省略できる2進法のほうが有利だ、という場合もあるだろう。だがわたしには、この利点が、コンピュータ・メモリに数などのデータを蓄積したり表したりするためのハードウェアにどう活用できるのかが、よくわからない。距離計のダイアルの例でいうと、それぞれのホイールには印がついた部分が$r$個必要で、どうやってみても$r-1$個ですませることはできないのだ。同じように、トランジスタをはじめとする電子部品で構成されたメモリの場合にも、2進法を使った装置にははっきりと区別できる2つの状態が必要であり、3進法を使ったメモリセルには3つの状態が必要だ。

このテーマに関して、もう一つ、触れておきたいことがある。ここまでの議論を見て、基数を2か3にするのが最も効率的な記数法であるらしい、という印象をもたれた方もおいでだろう。事実、ほぼそういってかまわない。0から$N-1$までの$N$個の数を表記するのに、基数を3にすると最も効率がよくなるような$N$の値は無数にあり、また、この随筆でもすでに指摘したように、基数を3ではなく2にしたほうが効率がよい例外的な値が8487個ある。ところがこの随筆では、8488番目の例外があることには触れなかった。実は、$N$のある値に対しては、2でも3でもなく5を基数にするのが一番効率的なのである。この$N$の値をつきとめる問題は、読者のみなさんの練習として残しておきたい。

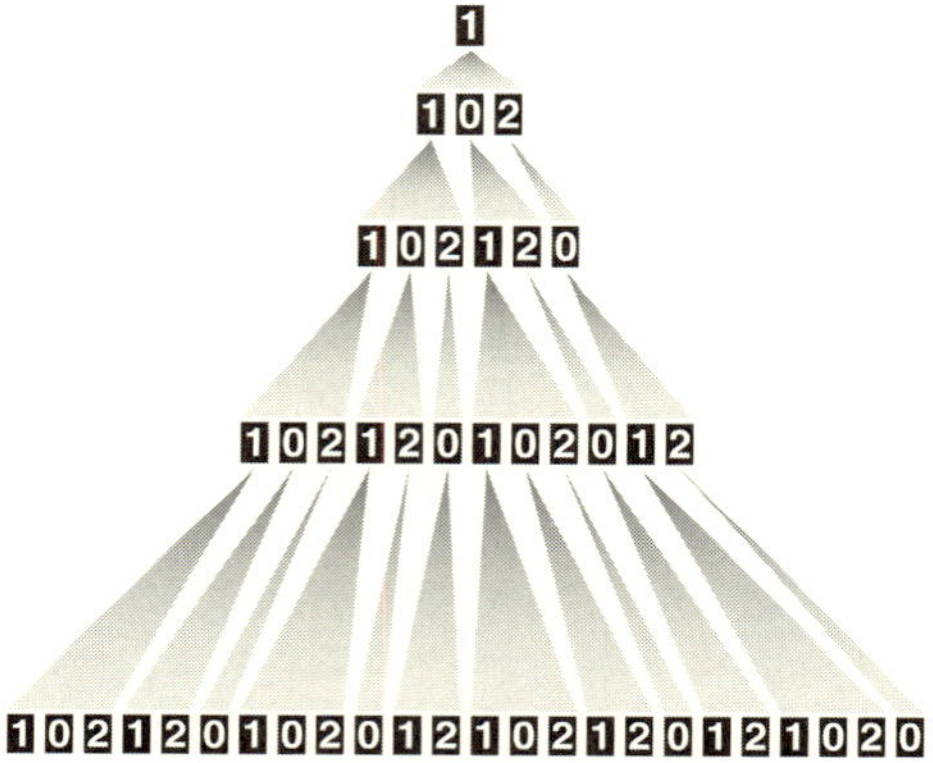


スクエアフリーなトゥエ列は、正しくは、1からはじまって左から右へと伸びていく。

3進法にもとづくスクエアフリーの列、すなわちトゥエ列に関しては、グスタフ・アドルフ・カレッジのマックス・ヘイルペリンから、わたしが説明した列は、実はアクセル・トゥエが調べた列とは異なるという指摘を受けた。0→12、1→102、2→0という数字の置き換え法則は正しかったのだが、わたしが0を出発点にしたのに対して、トゥエは1からはじめていたのだ。どちらもスクエアフリーな列で、連続して現れるパターンは一つもない。ところがトゥエの列には、図のそれぞれの段階の列と次の段階の列の先頭部分がまったく同じになる、というおもしろい性質がある。いわばこの列は、左から右へと伸びていくのだ。上に、正しいトゥエの列を示しておいた。

最後に、IBMのハイファ研究所にいるイスラエル・A・ワーグナーによると、3進法のマーサ・スチュアート・ファイリングシステムは、わたしが思っていた以上に優れたものであるという。わたしはこの随筆で、どこにフォルダーを加えても隣りあうフォルダーのタブが重ならないようにできるが、フォルダーを抜く場合は、タブが重なることがあると述べた。ところがワーグナーによると、フォルダーのタブを1つだけ取り替えれば、タブの重なりを解消できる。たとえば、もともとのファイルの状態が、0121202（0、1、2という数字は、それぞれタブの位置が左、中央、右にあることを意味している）だったとしよう。この列の真んなかから1を抜くと012202となって、2が2つ続く。ところがこの重なりは、実は至極簡単に解消できる。連続する2つの2は、どちらも隣りあうタブと重ならないように変えることが可能で、結果としては010202ないし012102という列にすることができるのだ。

# 11　アイデンティティーの危機

わたしが君のボートを借りて、すべての板をこっそりと、見かけがそっくりな別の板と取り替えたとしよう。そして後になって、そのボートを君に返したとする。このとき、わたしは君に君のボートを返したことになるのだろうか。いったいこれはどのような問いなのか。実はこれはボートに関する問いではなく、「同じ」という言葉の意味に関する問いなのである。

マーヴィン・ミンスキー『心の社会』より

ある気むずかしいヨットのオーナーの話を聞いたことがある。その人物のヨットをはじめて見たお客が、「君のヨットは、実際より大きいのかと思っていたよ」というと、オーナーが答えて曰く、「いいや、わたしのヨットは実際より大きくはないぞ」

バートランド・ラッセル『指示について』より

等号は、まったく罪のない数学記号のように思われる。誰でもこの記号の意味を正確に知っている。イコールという記号はいわばてこの支点で、その両側にあるものが何によらず等しい、同一である、同様である、区別できない、同じだ、と言いきっている。実に明確。わたしには、$e^{i\pi}=-1$という式のほんとうの意味を説明することはできないが、この等式そのものは謎に満ちているにしても、その謎は、秤に載せられている2つのもののなかに潜んでいるのであって、2つをつないでいる等号はまったく素直そのものに見える。

ところが、等式はそう単純なものではなく、ときには2つのものが等しいかどうかも、いやそれどころか、そもそもそれが2つのものなのかどうかも判然としないことがある。日々の生活のなかでは、同一性や対等といった概念につきまとう微妙なあいまいさはたいてい見過ごされている。なぜならわたしたちは無意識に、このようなあいまいさを許容し、順応しているからで、これが数学の世界になると、ことはいささかやっかいになる。だが、等しいという概念がほんとうに奇妙なことを引き起こす場所は、実は白黒のはっきりした、離散的で無味乾燥なデジタルコンピュータの小さな世界であって、この世界では、2つのものが「同じだ」といっただけで、びっくりするほど危険な領域に足を踏み入れることになりかねない。

これから、なんらかの形で平等とか同一性といった概念と関係がある問題や観察を、いくつかご紹介しよう。言葉や記号の意味に難癖をつけているとしか思えない事例もあれば、より深い問題を反映している事例もあるが、いずれにしても、コンピュータの世界において同等性を定義することがいかに難しいかがわかれば、わたしたちが暮らす日常的な物理世界における同一性の本質に関しても、なにがしかのことがわかるはずだ。

## ほかに抜きんでて等しいもの

ここで、ある数学者をめぐる昔話を紹介しよう。その人物はフォートランやC言語といったコンピュータ・プログラミング言語を学びはじめた。そしてすこぶる順調に進み、やがて、$x = x + 1$という言明にたどり着いたところで、コンピュータのプログラミングには数学的な意味がないと結論したという。

むろんこの話は、数学者をだしにしたプログラマーの冗談で、わたしなら、まったく同じ調子で、$x = x + 1$という「等式」を解くのに必要な知識をもっているのは数学者だけだ、と言い返すだろう。この場合、$x$が$\aleph_0$に等しいのは明らかである。$\aleph_0$とは最初の無限濃度で、そのものずばり、$\aleph_0 = \aleph_0 + 1$という性質をもっている。（$\aleph$という記号は、ヘブライ語のアルファベットの最初の文字、アレフである。）

実はフォートランやC言語の世界では、＝という記号は等号ではなく、したがって$x = x + 1$も等式ではない。＝は、2つの量をくらべる関係演算子ではなく、量を加工する代入演算子で、この代入文が実行されると、＝記号の左辺にあるものは、すべて右辺にある値に等しくなるように変えられる。この演算子には、2つのものが等しいかどうかを試すという意味はまったくない。ちなみに、代入という言葉の意味のせいで、コンピュータプログラムにやっかいな性質がもちこまれるのだが、これについては、また後で述べることとしよう。

等号と代入を混同しないように、これらの操作を異なる記号で表しているプログラム言語も多く、たとえば、アルゴルAlgolやその子孫の言語では、代入を:=で表す。そしてこの随筆では、=の記号は等しい（という言葉の意味がどうであれ）ということだけを意味している。

ちなみに、=という表記を発明したのは、ロバート・レコード（一五一〇～五八）である。レコードは、「これほど互いに等しいものはないから」というので、数学的に等しいことを表す記号として、2本の平行線を使うことにした。

## 豆は等しいか

さて、2つの数が等しいというのは、いったい何を意味しているのだろうか。まず、この問いが、数を表すための数字ではなく数そのものをめぐる問いである点に注意しておこう。10を基数とした5という数字と、4を基数とした11という数字と、ローマ数字のVは、すべて同じ数を表しており、すべて等しい。あるいは、数を山になった豆で表すこともできる。この場合は、基数が1の単項記数法になる。

豆の山がそれほど大きくなければ、たいていの人は、一目見て2つの山が等しいかどうかを判断できる。ところがコンピュータは、一瞥するのが苦手だ。2つの豆の山が等しいかどうかをコンピュータに確かめさせるには、アルゴリズムを使う必要がある。一つ、有限個であればどんな豆の山にも使えるごく簡単なアルゴリズムがある。コンピュータに求められる数学の能力は、0から1まで数えられることだけ。つまり、山が空《から》だということが認識できて、空でない山からは1つの豆を選ぶことが

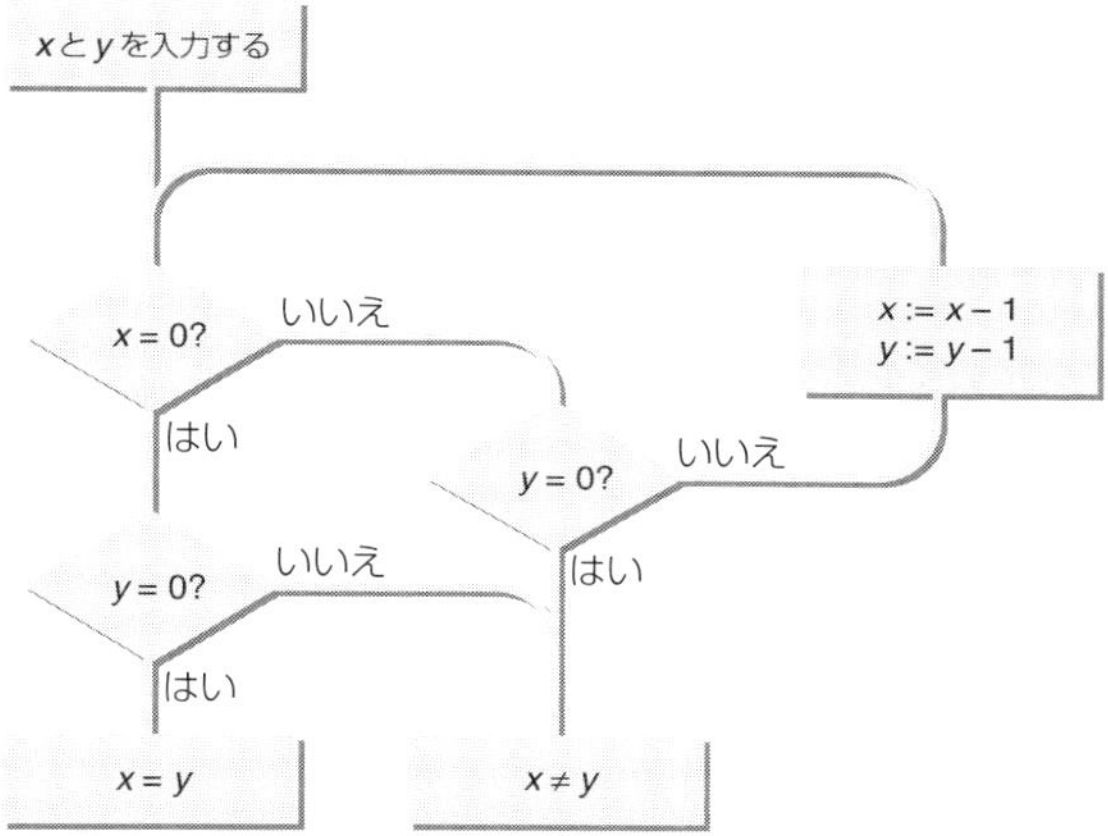


ペアノのアルゴリズムを使うと、2つの自然数ないし負でない整数が等しいかどうかを判定できる。鍵になるのは、両方の数から繰り返し1を減らすという着想だ。両方が同時に0になれば、2つの数は等しいことになる。

できればよい。この2つができれば、次のような規則にしたがって、2つの山が等しいかどうかが判定できる。まず最初に、2つの豆の山が空かどうかを見る。どちらも空であれば、この2つは明らかに等しい。片方が空でもう片方は空でなければ、2つの山は等しくない。さらに、両方とも空でない場合は、それぞれの山から1つずつ豆を取りのぞき、引きつづき、2つの山を見ては、空でなければ豆を1つずつ取りのぞくという作業を繰り返す。すると、豆の数にはかぎりがあるので、最後には少なくとも片方の山が空になる。よって、このアルゴリズムは必ず終わる。

この手法の元になっているのは、大まかにいうと、百年前にイタリアの数学者ジュゼッペ・ペアノが作りだした枠組みである。ペアノは、自然数（またの名を、正の整数）の算術に必要なひと揃いの公理を定式化した。ペアノの方法は、いささかぶざまになるが、すべての整数、つまり負の整数に一般化でき、$\frac{1}{2}$や$\frac{22}{7}$のように整数の比で表される数、つまり有理数にも拡張できる。有理数はすべて、項の値が最も小さい分数で表せるので、分母は分母どうし、分子も分子どうし等しければ、それらの有理数は等しいことになる。したがって、ペアノのアルゴリズムを2回使えば、有理数が等しいかどうかが確認できるのである。

ところが相手が無理数になると、2つの数が等しいかどうかを確認するのはそう簡単ではない。無理数とは、整数の比で表せない数のことで、なかには、$\pi$や$e$や$\sqrt{2}$のようにすっかり有名になった数もある。無理数はふつう、たとえば$\pi$の場合はおなじみの3.14159というように、10進法の近似値で表す。ところがこのような数には、ペアノのアルゴリズムが使えない。なぜなら、何か一定の単位量があって、それを何度も取り去っていけばすべてを取り尽くせる、というわけではないからだ。だったら、10進展開した小数を左から右へ1桁ずつくらべていけばいいじゃないか、と思われるかもしれない。2つの数が等しくないことを示したいのであれば、やがて数字の異なる桁がでてくるはずだから、これで大丈夫。ところが2つの数が等しいかどうかを調べるとなると、このやり方では未来永劫終わらない可能性がある。なぜなら、どこまでいってもまだその先があるからだ。

それに、10進法で展開された数値をくらべるときには、もう一つこれとは別の落とし穴があって、有理数の場合ですら、その穴に陥りかねない。というのは、一つの数に複数の10進展開表示があって、数学的には互いに等しいのに、まるで別物にしか見えないことがあるからだ。たとえば、0.9999……と1.000……の場合（……は、その数字が無限に繰り返されることを意味する）、左から右へと桁をそろえていくと、どこまでいっても数字は一致せず、それでいてこの2つはまったく同じ値を表している。（疑わしいと思う方は、0.333……＋0.333……＋0.333……＝0.999……であり、しかも1/3＋1/3＋1/3＝1であることを、考えあわせてみていただきたい。）つまり、そっくりでありながら等しいとは証明できない数があるかと思えば、等しいくせにまるで見かけが異なっている数が存在するのだ。

## 違いは同じ

整数や有理数や無理数をすべて集めると、連続した実数になる。連続しているというのは、実数線上にこれらの点が隙間なくびっしり詰まっているということだ。したがって、数直線をどんなに細かく分けても、各点に対応する数が必ず存在する。ちなみに、数直線上のほとんどの点は無理数に対応していて、数直線上の点をでたらめに一つ選んだときに、その点が実数や整数に対応している確率はゼロになる。

ところで実数は、コンピュータ科学の世界ではなく、数学の世界に棲む生きものである。たしかに、「実～」で始まるデータを提供するプログラム言語は存在するが、このタイプの数は、実は現実からははるか遠く、実数直線上に無限にある数すべてを含めることはとうてい不可能だ。したがってたいていのプログラム言語では、実数を、科学で用いられる記数法によく似た「浮動小数点」数で近似する。たとえば6.02×$10^{23}$という数は、6.02（仮数部分）と23（指数）の2つの値に分けてコンピュータ内部に蓄積されるのだ。ところが、仮数部分や指数のために確保されているビットにはかぎりがあるので、これらの数の精度や範囲にも、当然限度がある。

浮動小数点数を使った計算の大きな利点の一つに、永遠に待たなくてもよいということがある。等しいかどうかという問いの答えも、実数を浮動小数点数の値で置き換えれば、すぐにでる。ただし、その答えが正しいとはかぎらない。

試しに、お気に入りのプログラム言語で2の平方根を計算してから、得られた答えを2乗してみていただきたい。わたし自身が、プログラム可能な古い計算機でこの実験をしたところ、答えは1.999999999になった。この数字を1.999……という実数の近似と見れば、この答えは間違いではなく、2.000000000と同じくらい正しい。とはいえこの2.000000000もやはり近似にすぎず、そのうえやっかいなことに、機械自身が、この2つの答えが等しいかどうかを判別できるとはかぎらない。ここで、次のような条件がついたプログラムを考えてみよう。

もしも$\sqrt{2}$の2乗が2であれば、光をあらしめよ。
さもなくば、宇宙を殲滅せよ。

このプログラムをわたしの古いＨＰ－41Ｃで実行しようものなら、世界じゅうがとんでもないことになるはずだ。

このような危険を避けるには、浮動小数点数の算術とは別の処理方法を使うにかぎる。メープルやマテマティカなどの記号を使う数学システムでは、数値近似を避けることで、正しい答えを得る。ようするに、これらのシステムでは、2の平方根を「平方すると2になる量」と定義するのだ。むろん、正確な実数の算術がおこなわれているプログラム言語もないわけではなく、実数を近似で計算し、必要に応じて、理屈のうえでは際限なく桁数をふやせるような枠組みもたくさんある。しかしながら、ほとんどの数値計算で、昔ながらの浮動小数点数が使われているのは事実で、数値解析学のなかには、これにともなうエラーの克服法を教授する分野が、丸々一つ生まれたくらいなのである。

プログラマーに対して、浮動小数点数の値を正確な等式にあてはめるのはやめて、なんでもいいから小さな量をもちだせ、と助言する人もいる。$x = y$という関係が成り立つかどうかを計算するのはやめて、$|x-y| < \varepsilon$という式がどうなるかで判断しろ、というのだ。ちなみに、この縦の2本の線は絶対値演算子で、$\varepsilon$は、浮動小数点数を使った計算で生じる誤差を補うための小さな量である。こうやって近似等式に変えるといろいろと便利だが、まったく問題がないわけでもない。というのは、近似等式にしたとたんに、等式の最も基本的な性質である推移律が成り立たなくなるのだ。$\varepsilon$という量をもちだしたせいで、$x = y$で$y = z$なら$z = x$という基本原則が使えなくなるのである。

## あまり等しくないものも

等しかったり等しくなかったりするのは数だけではない。ほとんどのプログラム言語に、アルファベットをはじめとする数以外の簡単なデータを対象とした等価演算子がある。だからこそ、$a = a$だが$a \neq b$になるのである。($a = A$になるかどうかは、データベースによって違ってくる。)

通常ストリングと呼ばれる文字列も簡単に比較できて、同じ文字が同じように並んでいる場合には、その2本のストリングは等しいという。したがって、当然ストリングの長さも同じになる。ようするに、ストリングの等価演算子は、平行な2本のストリングの上を、端から文字を1つずつ突きあわせながら進んでいくだけのことで、アレイをはじめとするデータ構造にも、これと似たやり方で等号が導入される。

ところが、ある重要なデータ構造では、この手法がうまくいかない。データ要素を組織する手段のなかでも最も柔軟なのが、あるものからほかのものへとリンク、またはポインタでつないでいくやり方で、たとえば、$a, b, c$ という記号の場合は、$a \to b \to c \to nil$ という形になる。ちなみに $nil$ というのは、ポインタの鎖の終わりを示す特殊な値である。さて、このような構造が互いに等しいかどうかを調べるのは実に簡単で、2本のポインタの鎖を追っていったときに、2本が同時に $nil$ に達し、しかもそこまでにまったく違いがなければ、この2つの構造は同じだということになる。

このポインタ追跡アルゴリズムはたいていうまくいくが、ここで、次のような構造を考えてみていただきたい。

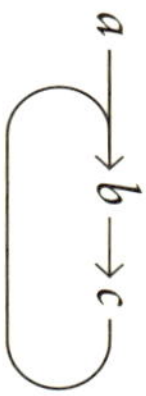


この場合、アルゴリズムが $nil$ にたどり着くまでポインタの鎖を追いつづけようとすると、作業ははてしなく続くことになり、2つの鎖が等しいかどうかは、永久にわからなくなる。このような状況

を回避するには、進みながらパンくずを落としていって、自分が落としたパンくずにでくわした時点で、追跡をやめればよい。しかしそれには、面倒な技術が必要になる。

　コンピュータの世界には、ほかにも等しいかどうかを調べるのがとても難しいものがある。その名はプログラム。最も単純な場合、すなわちプログラムが数学的な関数と計算上等しい場合でも、２つのプログラムが等しいことを証明するのは容易ではない。関数は、（その関数の独立変数と呼ばれる）入力を受け入れて、ある値を算出するプログラムであって、コンピュータの状態を変えるようなことは、ほかにはいっさいしない。関数がどのような値を出力するかは独立変数によって決まるから、同じ独立変数をその関数に繰り返し入れることもでき、そのときにでてくる値はつねに同じだ。たとえば、$f(x)=x^2$は、$x$という一つの独立変数の関数であって、関数の値は$x$の平方になる。

　ある関数が与えられたとき、そのコンピュータプログラムの書き方は実にさまざまで、最も些細な例でいうと、$f(x)=x^2$のかわりに$f(y)=y^2$と書いてもかまわない。この場合、違うのは変数の名前だけだ。あるいは、$f(x)=x\times x$とか、$f(x)=\exp(2\log(x))$と書くこともできて、少なくとも理想的な数学の世界では、すべて同じ結果が得られる。だとすれば、２つの関数に同じ独立変数を入れたときに必ず同じ値がでてくる場合は、この2つの関数は等しい、とするのが理屈に合っていそうな気がする。ところが、この判断基準にもとづいて関数の同等性を判断するとなると、関数の定義域のなかのすべての独立変数に対する値を確認しなくてはならなくなり、たとえ定義域が無限でなくても、広すぎて手に負えなくなる場合が多い。そこで、このような「外延的」同等性試験にかわるものとして、２つのプログラムのテキストの意味が同じであることを示す「内包的」試験がある。このような同値性の証明を作ることは不可能ではなく、事実、最適化コンパイラは、たえずこのようなことを実行しつつ、機械の指示を遅いものから早いものへと置き換えているのだが、それにしても、けっして簡単な作業ではない。

ましてや、同値性を証明する対象が、数学的な関数を手本にしたプログラムではなく、装置の状態を一部変える可能性のあるプログラムの場合は、難しいどころか、決定不能になる。つまり、2つのプログラムが同等かどうかという問題に必ず正解をだせるアルゴリズムは、存在しないのである。(プログラムの同値性に関する徹底的な議論に関しては、リチャード・バードの著書『プログラム理論入門』〔培風館〕を参照されたい。)

## 一にして同じ

普段はめったに気づかないで過ごしているが、「等しい」とか「同一」とか「同じ」といった言葉にはきわめてあいまいなところがある。たとえば、次のような文を考えてみよう。

金曜日、アレックスとバクスターは同じネクタイを締めていた。
金曜日、アレックスとバクスターは同じ先生に習った。

この同じ二つの「同じ」という単語が意味するところは、実は同じではない。金曜日に、アレックスとバクスターが一本のネクタイで首を結びあわされていたのならいざしらず、ネクタイは二本あったはずだ。ところが、先生のほうは一人しかいない。第一の文では、2つの物が同じだとみなせるくらい似ていたのに対して、第二の文では、物が1つしかないから当然同じだということになる。この二つの概念は、論じることも難しいくらいしっかりと絡みあっている。したがって、無用の混乱を避けるには、「別物だが同等」なものと「一にして同じ」なものの区別を強調すべきなのだろう。

よく似たものが2つあるのか、それとも実は1つしかないのかがはっきりしないとき、ふつうは、さらに詳しく調べる。二本のネクタイを念入りに調べれば、何か違いが見つかるかもしれない。たとえ相手が一卵性双生児だったとしても、なにからなにまでそっくり同じということはありえない。二人とのつきあいが深まれば、一人はタトゥーをしていて、もう一人は泳げないといったことが明らかになるはずだ。（それもだめなら、直接尋ねること。本人は、自分の素姓を知っているはずだ。）

ところがコンピュータのなかでは、よくよく眺めて違いを見つけるという戦略は通用しなくなる。なぜなら、あらゆるものがビットのパターンで、しかも、別々のパターンが実は同じものを表している場合があるからだ。いくらビットをにらんでみても、目立った傷やへこみやはっきりした特徴が見つかるわけではない。

「同じ」という言葉がどちらの状況を指し示しているのかを決めるために、1つの物は一時に2箇所を占めることができず、2つの物が同時に1つの場所を占めることはできない、という物理的な（あるいは思弁的な）法則を使うのもいいだろう。その場合、アレックスとバクスターを同じ部屋に連れていって、二人が首に締めているものをチェックすれば、ネクタイが一本なのか二本なのかがはっきりする。

これを計算機の世界に当てはめると、2つの対象のメモリ内でのアドレスが完全に一致したときに限って、それらは一にして同じものだといえる、という論法になる。こうしておけば2つのコピーを、たとえそのすべてのビットが一対一対応していても、アドレスが違うということで区別できる。これは実際的で、現に広く使われている方法だが、それにしても、いささか不満が残る。そもそもこの場合には、コンピュータのメモリには唯一無二のアドレスがずらりと並んでいるという前提があって、たしかにふつうはそのとおりなのだが、かといって、他の可能性がゼロだとは言いきれない。それに、そのものの在処がそのまま正体になるのであれば、場所を動かしたとたんに正体も変わることになる。だが、日々の生活のなかでは、居場所イコールその人の正体ではなく、昨今のコンピュータシステムでも、やはりこんなことは絵空事だ。なぜなら今どきのコンピュータでは、データはたえずバーチャルメモリーやキャッシュやガーベジコレクションと呼ばれるデータ蓄積管理技法などのメカニズムによってかき混ぜられているからで、こうなると、これらの枠組みすべてがプログラムをだまし、対象が動いていないと思いこませないことには、対象の同一性が維持できなくなる。ところがその作業で、またしても微妙なバグが発生しかねないのである。

## 「同じ」話題をさらに続けて

さて、ここで同一性を調べる第三の方法を紹介しよう。ただし今度は、対象に手を加える必要がある。たとえば、アレックスがネクタイにケチャップを落としたら、バクスターのネクタイにもシミがつくのだろうか。もしもバクスターが先生の足を踏んだら、アレックスの先生の足も痛むのだろうか。これらのやり方のもとになっているのは、2つのものが一にして同じであれば、片方を変えるともう片方も寸分たがわず変わる、という原理だ。

コンピュータの世界でこの原理を痛感するのは、なんといっても、2つの変数が同じ値、あるいは同じ対象の「エイリアス」だったという、想定外のありがたくない発見をしたときだろう。たとえば、アレックスの平均評点を示す変数とバクスターの平均評点を表す変数がメモリの同じ位置に置かれていると、片方を変えたとたんにもう片方も変わるが、学校の評価システムがこのような振る舞いをするのは困る。

理屈のうえでは、同一性を確認するために、メモリの内容をわざと変えてみるのも悪くない。対象の一部をすこしだけいじって、もう片方の対象が同じように変わるかどうかを見るのだ。もっともこの方法も、とくに複数のスレッドが同時に実行されるコンピュータでは、万全といえない。というのもこのようなコンピュータの場合は、2箇所で偶然まったく同じ変化が起きる可能性をぬぐい去ることができないからだ。つまり、まるでそっくりなケチャップのシミが、まったく無関係に同じ場所につくことも、絶対に不可能とは言いきれないのである。そんな偶然があるものか、と思われる方は、2つの変数を同調させるために、たえず両方の変数をチェックしては値をそろえるという処理を考えてみていただきたい。あるいは逆に、変数が絶対に変化しないように、変数に変化が生まれたとたんに元の値に復帰させるタイプの背景処理でもかまわない。このようなプログラムでは、対象をほんのすこし動かして同一性を確認しようとしたせいで、対象がそれ自身とすら等しくない、という判定が下る可能性がある。

別物ではあるがそっくりなものと一にして同じであるものとを区別することが、きわめて重要になることがある。銀行に金を預けた人は、その金が自分とは違うけれどそっくりな人物、生年月日も氏名も同じ人物の口座ではなく、自分自身の口座にはいることを強く望むだろう。そこでこのような場合には、同一性を保証するために、通常、口座の持ち主確認用に独自の番号が付与される。こういった数字は、銀行の口座通知書や運転免許証やクレジットカードなど、現代生活の至るところにあふれているが、コンピュータプログラムが内部データを追跡するときにも、これと同じ方法を使うことができる。たとえば、スモールトークSmalltalkというプログラム言語では、すべての対象にシリアル・ナンバーをつける。（スモールトークは、実は等価演算子を2つもっていて、別々だがそっくりなものには＝を、一にして同じものには＝＝を使っている。）

## つねに同じ

対象の同一性を保証するためにシリアルナンバーをつけるという手法には、大きな利点がある。これなら、対象に変化が起きても番号は変わらないので、場所が変わろうと、その対象の性質が変わろうと、対象としての連続性が保たれる。残高がまったく同じ銀行口座が2つあったとしても、口座番号が違えば違う口座であり、逆に、日々口座残高が変わったとしても、口座そのものの一貫性は保たれるのである。

このような一貫性と変化との絡みあいは、人間の生命にとってもおなじみの性質で、故デニス・フラナガンによれば、人間の体の組織のほとんどで、二週間たらずのうちに半分の分子が入れ替わっているという。つまり、己はかつての己ならず――しかも己でありつづける。そして、このようなたえ間ない分子の入れ替わりが止むときに、「己」も消えるのだ。

プログラムの意味論では、対象物の同一性が問題になるのは、対象が変化する可能性がある場合にかぎられる。代入演算子などの既存の値を変える術をもたないプログラミング・システムでは、別物だがそっくりなものと一にして同じものを区別しても、まったく意味がない。作りだされた対象が金輪際変化しないのなら、そのプログラムが対象そのものを使おうと、それにそっくりなコピーを使おうと、計算結果はまったく変わらないのである。

あるいはまた、個々の同一性という概念じたいが的外れに思われる場合もある。$2x - 2 = x + 2$という方程式に登場する3つの2は、互いにそっくりな別物とみなすべきなのか、あるいは、「2であること」という唯一の原型が3通りに表現されたものと理解すべきなのか。この3つの2を区別する術はないのだから、たぶんどちらでもよいのだろう。アルファベットや幾何学の点などの抽象物の場合も、これと同じことがいえる。

現実の世界の基本要素のなかにも、ひとつひとつを区別するにはおよばないとされているものがある。電子などの素粒子には、特徴らしきものがまったくなく、雪片とは違って、どの2つをとってもまるで同じだ。電子は、どれもまったく同じ質量で同じ電荷をもっていて、しかもシリアルナンバー

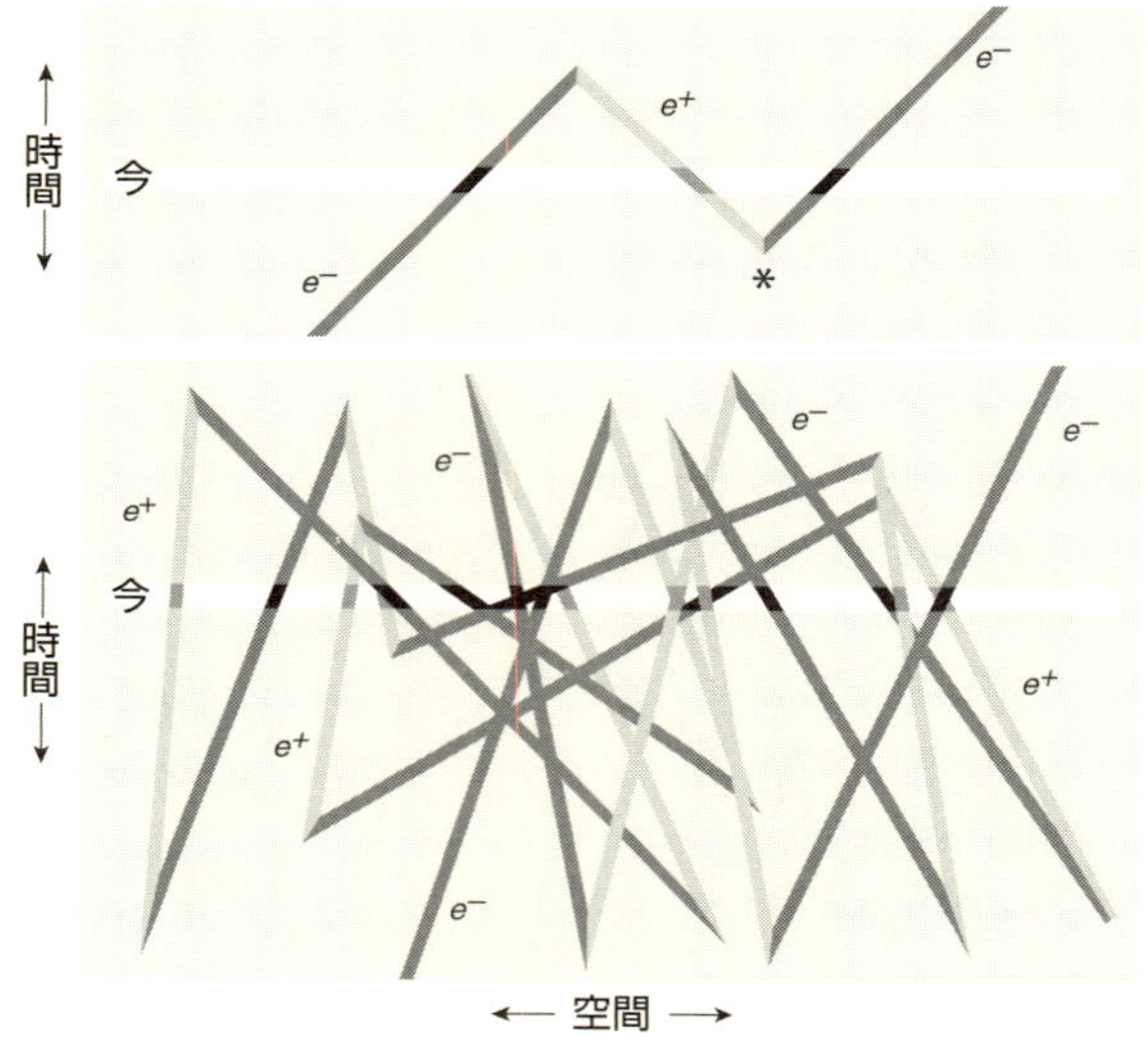


なぜ、すべての電子がここまでうり二つなのだろう。ひょっとしたら、すべて同じ電子なのかもしれない！　上の図に描かれている出来事はふつう、電子（$e^-$）とポジトロン陽電子（$e^+$）が星印の点にふいに現れて、ポジトロンが第二の電子と衝突し、粒子が両方とも破壊されて、後には１つの電子が残るという、３つの粒子の相互作用だと理解されている。ところがこれを、時間の流れに沿っているときは電子になり、逆らっているときはポジトロンになるたった１つの粒子の跡と解釈することができる。下の図では、絡みあった世界線を描くたった１つの粒子が、たくさんの電子やポジトロンとなって姿を現している。

がついていない。つまり、電子は顔のない大衆なのだ。どんなに長い時間、どれほど一生懸命に眺めたところで、この電子とあの電子を区別する術はなく、ひとつひとつが別物でありながら、同等である。

　あるいは、ひょっとすると、あらゆる電子が同一の電子なのかもしれない。ジョン・アーチボルト・ホイーラーは一九四八年に、教え子のリチャード・ファインマンとの電話で、とても魅力的な仮説を提示した。その仮説によれば、この宇宙にはたった1つの電子しか存在せず、たった1つの粒子が時間のなかを前後に飛び回って、とほうもなく絡みあった「世界線」を織り上げている。この「世界線」と時空間平面のわたしたちが「今」と認識している平面との交点は、粒子が時間を前進しているときは電子として、後退しているときにはポジトロン（反電子）として認識される。そして、これらの交点の総和がこの物質宇宙をなしている。だから、電子の質量と電荷はすべて等しい。というのも、もとを正せばすべてが同じ1つの電子であって、つねに自分自身と等しいからなのである。

## 後から考えてみると

実数が互いに等しいかどうかの確認がいかに難しいかを示す古典的な数学の難問がある。$e^{\pi\sqrt{163}}$とは何物なりや、という問いで、これがなんと、実は262,537,412,640,768,744という整数だというのだ。3重の無理数があたかも示しあわせたかのように相殺されるなんて、そんなバカな。しかし、すでに述べたように、$e^{i\pi}=-1$という有名な等式があるのも事実で、この場合には、2つの無理数（$e$と$\pi$）と虚数（$i$あるいは$\sqrt{-1}$）が組み合わさって、みごとに相殺されている。だとすれば、こういうことがないとも言いきれまい。

この仮説を確認するにせよ反駁するにせよ、ふつうの計算機ではじきにゆきづまる。なぜなら桁が大きすぎて、計算機のメモリやディスプレイに正確に表せないからだ。この仮説を検証するには、もっと正確な計算ができるコンピュータシステムが必要だ。ブラウン大学のフィリップ・J・デイヴィスは一九八一年に発表した好感のもてる論文で、この問題をごりごりの腕力頼みで解こうと試みた顚末を発表した。まず、値を20桁まで計算で求めたところ、262,537,412,640,768,743.99という数値を得たが、この程度では、魅力的ではあっても決定的とはいいかねたので、今度は25桁まで計算したところ、262,537,412,640,768,743.9999999という数値が得られた。整数値との誤差が1000万分の1以下というところまで迫ったわけだ。ところが、同じプログラムをそうとう長時間実行して、さらに数桁先まで結果をだしたところ、ついにこのパターンが破れ、262,537,412,640,768,743.999999999999250という値が得られたという。

実数を使って計算するのが困難だからといって、数値を浮動小数点数で近似してしまうと、ますます危なっかしいことになる。タスマニア大学のネヴィル・ホウムズからは、浮動小数点数を使った値をくらべるためにごまかしの因子εを導入する、というわたしの方法では問題は解決できない、という指摘を受けた。なぜなら、浮動小数点数は数値の大きさによって精度が異なるので、くらべる数の大きさによってεを変える必要があるからだ。これとは別に、デイヴィッド・W・カントレルからは、浮動小数点を使った記数法では0の値まであいまいになる、という指摘を受けた。現在浮動小数点数を使った計算の基準としては、+0.0と−0.0の2つのゼロの値が使われることが多い。ところがその基準に照らすと、これら2つの0は等しく、それでいて、まったくの別物なのだ。事実、この2つのゼロの逆数を取ると、+∞と−∞という似ても似つかぬ数になるのである。(もちろん、0の逆数をとろうとした時点でやっかいなことになるじゃないか、という反論は可能だ。）

（ベル研究所のレス・バクスターはもっと軽い調子で、アレックスのネクタイにケチャップがこぼれたら、バクスターのネクタイにシミがつくということもありうる旨を、完璧に論証してくれた。レスには、アレックス・バクスターという甥っ子がいるのだ。

# 12　長く使える時計

一九九九年十二月。世界が螺旋《らせん》を描きつつ、01-01-00、つまり二〇〇〇年一月一日へと向かっていたころ、なにはともあれ生き延びるための備えをしておかねば、という人々は、現金や缶詰や散弾銃の銃弾をせっせと貯めこんでいた。彼らが待ち受けていたのは、携挙〔イエス・キリストの再臨にあたって、キリスト教徒が空中で主と会うこと〕の瞬間でもなければ革命でもなく、技術の黙示録、Y2K（Year 2 Kilo ＝二〇〇〇年問題）だった。灯りはすべて消えるだろう、という警告が発せられた。銀行の機能が止まってしまう。飛行機が墜落するかもしれない。各家庭のビデオは瞬きを繰り返すことになる。いったい誰が、こんな大混乱を予測できたろう。千年紀の終わりに人々が不安になったり落ち着かなくなったりするくらいのことは、何十年も前から想像できたにしても、一九六〇〜七〇年代の名もなきコンピュータ・プログラマーが採用したソフトウェアのあいまいな省略法がもとで――当時のプログラマーたちは、コンピュータのメモリーを数バイト節約するために、年号を入力するスペースを下2桁分にかぎった――こんな不安が生じるとは、誰も思っていなかった。

結局、二〇〇〇年一月一日に文明は崩壊しなかった。Y2Kの大混乱は起きなかった。それにしても、今思うと、当時のプログラマーはあまり先のことを考えていなかったようだ。いったい全体なぜ、一九九九年以降のことを考えそこねたのだろう。とはいえ、彼らが無能だったという確たる証拠があるわけではなく、むしろあらゆる証拠から見て、彼らは賢い善意の人々だった。Y2Kが引き起こされたのは、当時のプログラマーが尊大に構えて先のことを考えに入れなかったから（「そのころには、こっちは引退していることだし。ま、次の担当者が直せばすむことさ」）ではなく、むしろ彼らが謙虚にすぎた（「自分のコードが、この先三十年も使われつづけるなんて、ありえない」）からだった。当時のプログラマーたちにすれば、自分たちがその場しのぎで修正したり修復した箇所が、次世代の「レガシーシステム《遺産ともいうべき》」になるとは、思いもしなかったのである。

使い捨ての製品を誰かが捨て忘れたために起きたこの大騒動を背景にして、これとはまるで異質な気構えで作られた計算装置《コンピュータ》についてじっくり考えてみるのも、何かの役に立つかもしれない。問題の装置は、千年紀までまだ時間にして人生二つ分はあろうかというころに作られたにもかかわらず、Y2K問題が起きないように、念入りに作られている。というよりも、九九九九年までなんの問題もなく動くようにできていて、たぶん、ごく簡単なパッチを一つ施しさえすれば、Y10Kの後も動きつづけるはずだ。ひょっとするとこの装置自体が、現代のソフトウェア・エンジニアにとって、ある種の有益な実物教育なのかもしれない。もっとも今のわたしには、ここからどのような教訓が得られるのか、さだかではないのだが。

## 歯車の栄光

問題の装置というのは、過去六百年間にいく度か作りなおされてきたストラスブール・カテドラルの天文時計で、現在の時計は十九世紀に作られたが、齢百六十余にして、今なおなんの問題もなく時を刻みつづけている。

ストラスブール・カテドラルのこの時計は、ロンドンのビッグ・ベンのような、街じゅうに時を知らせるための時計台ではない。建物の外側にある文字盤にはこれといった特徴もなく、どちらかというと鉄道駅にふさわしい代物で、時計の本体はカテドラルのなかに収まっている。それでいてこの時計は、マントルピースの上に飾る置き時計や、壁につるす掛け時計とも違い、高さ55フィート、幅24フィートの木や石でできた入れものに収められている。入れものには彫刻が施され、飾りのついた尖塔が三本あって、巨大なパネルには、文字盤や天体や絵や彫刻やたくさんの自動人形がついており、時計の内側は、これぞ歯車の栄光といった格好だ。

この装置はただの「時計」ではない。これは、時を刻むと同時に、天体の動きや暦を計算するコンピュータなのである。中央の大きな飾り棚の真ん前にとりつけられた天球儀には、五千個の星の位置が表示され、太陽系儀によく似た装置には、太陽系の内側の六つの惑星の動きが表示される。さらにその時点での月の相は、半分は金色に、残りの半分は黒く塗られた球の回転によって表される。

今何時なのかという問いには複数の答えが用意されていて、まず、天球儀の文字盤には、恒星時間、すなわち天空に固定された恒星に対する地球の回転にもとづいた時間が示されている。正面にあるさらに大きな文字盤の針は、日時計が示すのと同じ時刻、すなわち、太陽が一番高いところにきた時刻を正午とする、その地方の太陽時を示している。さらに同じ盤面のもう一つの針は、月の高さにもとづいた月時を示している。（太陽の針と月の針が重なると、日食が起きる。）そしてもう一つ、おなじみの長針と短針がある文字盤には、地球の軌道の季節による偏りを平均化して、すべての日の長さをちょうど24時間にそろえた平均太陽時が示されている。この文字盤にはもう一組針があって、そちらの針は常用時（ストラスブールの町は、中央ヨーロッパ時の子午線から見て標準時間帯半分だけ西にあるので、ストラスブールの常用時は平均太陽時より30分進んでいる）を示している。

年を数えるための装置は、地味な4桁の自動記録器で、車時代の人間が見れば、すぐにオドメータ（走行距離計）であることがわかる。毎年十二月三十一日の真夜中（太陽時の真夜中なので、フランスの標準時より30分遅い）に、このカウンターが回って、新しい年になる。一九九九年から二〇〇〇年になるときも、なんの問題も起こらなかった。

さらにさらに。差しわたしが9フィートある金色の歯車には365個の刻みがはいっていて、この歯車が一年に一回転し、その傍らに立つアポロンは今日の日付を指している。だったら閏年にはどうなるのか。なんとまあ、そのときがくると、歯車の上にどこからともなく余分な一日が現れるのだ。暦の歯車のそれぞれの溝穴には、聖人の名前やその日におこなわれる教会行事が刻まれていて、なかでも重要なのが、イースターをはじめとする教会暦の「移動祝祭日」である。だが、これらの移動祝祭日がその年の何月何日にあたるのかを計算して日付の歯車の該当箇所に正確に表示するには、まさに技術の粋ともいうべきとほうもない工夫が必要になる。

ストラスブール天文時計の全体（上）、および、天球儀と金色の歯車のクローズアップ（下）。（撮影：Didier B., 2005 年）

しかも、それだけではない！　この時計には、ちょっとしたテーマパークが開けそうな数の自動人形がとりつけられていて、たとえば二輪戦車に乗ってゆっくりと前進するギリシャ・ローマの七人の神々は、今日が何曜日なのかを示している。また、毎日正午になると十二使徒が姿を現して、キリストの像に向かって挨拶をする。するとキリストは、十二使徒に順繰りに祝福を与え、最後にそこにいる皆に祝福を与える。キューピッドのような人形が30分ごとに砂時計をひっくり返し、別のキューピッドが15分ごとに鐘を打つ。人間の一生の四つの時代を表す人形がさらにたくさんの鐘を打ち、最後に、死を象徴する骸骨が正時を告げる鐘を鳴らす。そして同時に機械仕掛けの雄鳥が一声鳴いて、金属の翼をばたつかせるのである。

これらすべてが、スマートで知的でのびのびとした折衷主義の構造物に収まっている。中央の尖塔のてっぺんには、ドイツバロック風のつや消しの泡が載っているが、左の小さな尖塔（この時計の動力である錘が収まっている塔）はむしろフランス風で、一番右の第三の尖塔には、イタリア・ルネッサンスの望楼を思わせる石の螺旋階段がついている。箱の一番下の二枚のガラスパネルを通してなかの真鍮の歯車列をのぞき見ることができるあたりは、まるで薬種屋の窓のようでもあり、いかにも科学の世紀と呼ばれた十九世紀の品らしい。この装置は、キリストの死や復活や堕落や救済などの宗教をテーマとする数多くの彫刻や絵画で飾られているが、なかには、天文の神であるウーラニアーの肖像やコペルニクスの肖像も混じっていて、この後すぐにお話しすることになるジャン＝バティスト・ソシメ・シュウィルゲの肖像も一枚含まれている。

## 真鍮を使ったプログラミング

さて、この時計は、小歯車やねじや渦形カムや心棒、つめや爪車、カムやカム従動子、ケーブルやレバーやベルクランクや旋回軸を組み合わせた歯車で動いている。

ほかの時計と同じように、振り子や脱進機構などの計時メカニズムによって一連の歯車が動いて、平均太陽時を刻み、このたゆみない動きを元に、天文や暦に関するすべての機能が導きだされるのだ。たとえば地方太陽時を得るには、平均太陽時に二つ修正を加えればよく、まず、季節による一日の長さの変動を加味して、次に、太陽を回る地球の軌道が完全な円ではなく楕円であるために起きる、軌道上での地球の速さの変動を補正する。これらの修正をおこなうのは、縁に加工を施してその修正に適した数学的関数のグラフを描くようにした一組のプロファイル・ホイールで、これらの歯車が回ると、プロファイルにしたがって進むコロが、地方太陽時の針のスピードを適宜調整する。平均太陽時にもとづいて月の動きを計算する場合は、五つ修正が必要なので、五つのプロファイル・ホイールを使うことになる。ちなみにこの五つの修正には、変則、出差、二均差、年差、修正という名前がついている。

時計全体の精度を左右するのは振り子の精度で、振り子はたえず調整しつづけなければならないが、この時計の副次的な機能に関しては、これとは別の誤差を考えに入れる必要がある。仮に平均時が正確だったとしても、太陽や月や惑星の動きを示すすべての針が、きちんと太陽や月や惑星の動きについていけるような仕組みになっているのだろうか。こうなると、天体の動きを、実際の歯車比に反映される有理数の計算で、どこまで近似できるかが問題になってくるが、ストラスブールの時計の場合はじつによく近似されており、これはもう、みごとというほかはない。たとえば、実際の恒星日が23時間56分と4.0905324秒なのに対して、平均太陽日は（定義からいって）ちょうど24時間である。したがって、この2つの時間の比は、78,892,313対79,108,313になるが、歯が8000万個近くもある歯車を作ることなど問題外だ。しかるにこの時計では、この比を1＋（450/611×1/269）で近似しており、これによって、恒星日は23時間56分と4.0905533秒になっている。つまりこの時計の誤差は、一世紀につき1秒以下なのである。

しかし、なんといっても面倒なのは、閏年や教会の移動祝祭日の計算だろう。閏年の規則によれば、西暦N年のNが4で割り切れる場合には、一年にさらに一日が加わるが、Nが100でも割り切れる場合は普段どおり一年は365日のままだ。ところがさらにNが400でも割り切れると、その年は改めて閏年になる。だから（地球上のグレゴリオ暦を採用している地域では）、一七〇〇年、一八〇〇年、一九〇〇年はすべてふつうの年だったが、二〇〇〇年には二月二十九日があった。さて、もしこうだったらああしてという具合に、いくつもの条件が重なった閏年の規則を歯車列に置き換えるには、どうすればよいのだろう。この時計には、全部で25個あるはずの歯の一つが欠けた歯車が、一枚組みこまれている。この歯車は一世紀かけて一回転するので、4年ごとに、歯車の歯が閏年のメカニズムを始動させる位置にくる。だが、25番目の歯が欠けているので、100で割れる年にはメカニズムが始動せず、したがって閏年にならないという法則が実現される。ところがさらに、100でも400でも割れる場合はふつうの年にする、という調整が必要だ。ここで鍵となるのが、一回転するのに400年かかる第二の歯車で、この歯車によって一世紀歯車に25番目の歯が送りこまれるおかげで、400年に一度の閏年に対応できるのである。

閏年は計算するのもたいへんだが、表示も一筋縄ではいかない。この時計の暦を表す大きなリングの十二月三十一日と一月一日の刻みのあいだにはすこし隙間があって、そこに、「普通年のはじまり」（Commencement de l'année commune）という銘が刻まれている。ところが、もうじき閏年になろうという十二月三十一日の真夜中前に、一年の最初の六十日分が刻まれている滑りフランジが、つめ車によって一日分前に巻き戻され、フランジの片方の端が「普通の（commune）」という言葉を隠すと同時に、もう片方の端の下から二月二十九日が現れる。そしてこのフランジは、一年間ずっとその位置に留まり、次の年がはじまる寸前に、今度は一日分後ろにずれて二月二十九日を隠し、同時に「普通の（commune）」という言葉が現れる。

その年のイースターが何月何日になるのかを算出するための規則は、閏年の規則よりさらに込み入っている。ドナルド・クヌースは『*The Art of Computer Programming*（コンピュータ・プログラミングの技法）』という著書のなかで、「さまざまな事実から見て、中世ヨーロッパにおいて、イースターの日付計算のみが重要な算術の応用であったことは確かだ」と述べている。クヌースが紹介している十六世紀のイースターの日付計算アルゴリズムは、大きく八つのステップからなっていて、かなりややこしいステップが含まれている。たとえば第五ステップは、

（$11G + 20 + Z - X$）（モデュロ30）を$E$とせよ。$E = 25$で、黄金数$G$が11より大きいか、あるいは、

$E=24$であれば、$E$に1を加える（$E$はいつ満月になるかを決める、いわゆる歳首月齢）。〔$X$、$Z$、$G$は西暦を元に第一〜第三ステップで得た値である。〕

現代のコンピュータでイースターの日付計算をプログラミングするときでさえ、ことを慎重に運ぶ必要があるのを考えれば、真鍮の歯車を収めた箱を使って同じ計算をおこなうためのプログラミングは、まさに離れ業といってよい。わたしは、歯車やリンク装置の図面をしげしげと眺めて、なんとかその動きを追おうとしたが、結局、歯車がどう嚙みあって動くのかを完全に理解するには至らなかった。

さきほど述べた歳首月齢の計算の基本的なステップを機械的なリンク装置に実行させる方法を、抽象的に理解するだけならそう難しくはなく、歯が30ある歯車かコグを使って11$G$のノッチを時計回りに動かして、さらに同じ方向に20進んでから、続いて$Z$進み、最後に反時計回りに$X$進めばよい。このプログラムに「モデュロ30」とあるのは、足した結果から30の倍数を引いて値を小さくする、という意味で（つまり、30は0になり、31は1になる）、一連の計算を30等分した円の上でおこなえば、自動的にモデュロ30の計算になる。というわけで、ここまではよろしい。事実、ストラスブールの時計には歯が30ある歯車が組みこまれていて、ご丁寧に「歳首月齢」と書いてある。ところが、件の歯車を動かすためのさまざまなレバーやラックやピニオンの仕組みやつながりや、件の歯車の状態を時計のほかの部分に伝えるためのカム従動子の動きを理解しようとすると、わけがわからなくなる。どうやら歯車の動作がかなり最適化されていて、真鍮の量がすこしばかり節約されているのは確かなのだが、そのせいで装置の仕組みがわかりにくくなっている。ひょっとしてバラバラにできる模型があれば、それを組み立てなおして……

まあ、わたしが時間や空間をめぐる推論に失敗したからといって、どうぞご心配なく。機械そのものはちゃんと動いているのだから。毎年大晦日になると、イースターと書かれた金属のタグが暦リングの円周上を滑っていって、翌年のイースターにあたる日曜日の上にちゃんと陣どる。（イースターの日付には、三月二十二日から四月二十五日までの幅がある。）これ以外の教会の移動祝祭日は、すべてイースターの何日前、何日後という形で決まっているので、これらの祝祭日を示すタグはイースターのタグとしっかりつながっていて、連動する。

## 動かしてみせる!

現在のストラスブールの時計は三代目にあたる。一代目が作られたのは十四世紀半ば、カテドラルに尖塔がつけ加えられて、ヨーロッパで最も高い建物となったときのことだった。この初代の時計についてわかっているのは、正時ごとに聖母子に向かってお辞儀をする三賢者の自動人形がついていたことくらいで、当時のもので今も残っているのは、現在の時計の雄鶏の祖先にあたる機械仕掛けの雄鳥だけである。

一代目の三賢者の時計は、十六世紀半ばにはすでに動いておらず、最先端の時計技術を示すものでもなくなっていた。そこでストラスブールの人々は、この時計の改良の監督者として、ストラスブール大学の数学の教授コンラッド・ダシポディウスと、時計職人のイザーク・ハプレヒトと画家のトビアス・スティマーを雇った。そこで三人は、絵や彫刻や尖塔が三ついた箱といった、今も目にすることができる装置の基本計画を作った。それにしても、この当時に描かれたコペルニクスの肖像まで残っているというのは、なんとも奇妙な話だ。というのも、ダシポディウスが設計した時計に描かれている天空の図は、太陽を中心としたコペルニクスのものではなく、地球を中心としたプトレマイオスのものなのだから。この二代目の時計は、爾来二百年ほど動きつづけた。

第三代目の物語はなんともすてきな、事実なのかどうかを詮索する気になれないくらい魅力的な逸話で幕を開けた。曰く、十九世紀初頭にカテドラルの内部を案内していた教会の典礼部の役員が、この時計は二十年前に止まったままで誰も直せない、というと、「動かしてみせるよ！」という小さな声がした。この少年こそがジャン＝バティスト・ソシメ・シュウィルゲで、シュウィルゲは、四十年後にみごとその約束を守ったというのである。

シュウィルゲの仕事の条件をめぐっては、ちょっとした行き違いがあった。本人にすれば、今までにない時計を作りたかったのだが、カテドラルの管理責任者たちは、古い時計を直してほしかった。そこで双方が歩み寄り、中身は抜いて入れものだけ取っておき、古いデザインに合うような針や自動装置を新たに作ることになった。新しい機械は、一八四二年十月二日に動きはじめた。

この計画を引き受けた時点で、シュウィルゲが、はるか先のことまで考えていたのは明らかである。さきほど述べたように、閏年を表示する部分には、400年に一回しか起きない出来事に対応するための部品が組みこまれているのだが、この部分がきちんと機能するかどうかは、二〇〇〇年にならないと確認できず、それを過ぎれば、ふたたび二四〇〇年まで眠りにつくことになる。ここまでまれな出来事に対しては、通常とくに手段を講じることなく、人の手で修正するもので、実際、時計を維持管理する人にとっても、400年に一度だけ時計の針を動かすくらいのことは、たいした負担にならないはずだ。ところがシュウィルゲは誇りと喜びをもって、この機械にさまざまな細かい調整を組みこもうとした。ストラスブール・カテドラルの時計が西暦二〇〇〇年、あるいは二四〇〇年になってもまだ動いているかどうかはさだかでなかったが、それでもシュウィルゲは、仮に動きつづけていたとすれば、狂いが生じないような時計を作ったのだった。

コンピュータのハードウェアやソフトウェアの現状とくらべてみても、この時計は、まったく遜色がない。コンピュータシステムでは、恐怖のY2Kを生き延びたものですら、日付はたいてい一九〇一年から二〇九九年までにかぎられている。なぜなら、この期間にかぎっておけば、年号が4で割れるかどうかさえ調べればよく、閏年の法則がすこぶる単純になるからだ。しかし、ストラスブールの時計とくらべると、このようなシステム設計の方針はひどく弱気に映る。シュウィルゲが、懸命に歯車を組み合わせ、100年に一度、400年に一度の出来事に対応できる時計を作ったことを考えると、コンピュータプログラマーも、100年ごとに訪れる例外をチェックするための数行のコードを付け加えるくらいのことはできたはずなのに。たとえそのコード列の出番が一度もなかったとしても、そこにきちんと書かれていると、わかっていればそれでよい。

シュウィルゲの時計には、ほかにも、さらに遠い未来を見据えた仕掛けが施してある。たとえば、教会暦を計算する部分の奥深くには、2500年かけて一回転する歯車が一枚組みこまれていて、時計の正面にある天球は、きわめてゆっくりと動く。実際この天球は、日々回転するだけでなく、黄道帯の星座のあいだを巡る春分点歳差運動が地球の軌道に反映されるような形で、別の軸のまわりをゆっくりと回っているのだ。この粛々とした動きによって、ほんものの太陽系では、最近、水瓶座の時代（一九六〇〜二〇〇〇年まで続くとされる新しい自由の時代）がはじまった。一方この時計では、一恒星日で一回転する地球の動きが、9451512：1の比で減速されるので、春分点が歳差運動をおこなって完全に元の状態に戻るまでに25,806年かかる。（現在、実際の歳差運動の周期は25,784年と考えられている。）そしてふたたび水瓶座の時代がはじまり、まちがいなく、ペイズリー模様やベルボトムが流行りはじめるのである。

## 一一八四二年のイースターは四月三日

先ほども述べたように、ストラスブールの時計の年を表示するオドメーターには、9999までしか目盛りがない。シュウィルゲは、このカウンターが仮に0000に戻ったとして、そのときもまだこの時計が動いていたら、千の位の左側に1という数字を書き加えればよい、と述べたといわれている。こんなに簡単に解決できるところをみると、Y10KはY2Kほど壊滅的な危機ではないらしい。結局のところ、計算機じたいを取り替えるよりも、桁を一つつけ加えるほうが楽なのだから。

それにしても、ストラスブールの時計が実際に一万年間動きつづけることがありうるのだろうか。人類が作ったもののなかでそこまで長持ちしているのは、せいぜい洞窟に描かれた絵や先をとがらせた燧石くらいのもので、ストーンヘンジやエジプトのピラミッドでさえ、できてから五千年くらいしか経っていない。先代、先々代のストラスブールの時計は、いずれも現在の時計と同じような技術で作られて、ほぼ二百年後には壊れている。複雑で、しかも部品が動くタイプの機械は、たとえ入念に整備補修をおこなったとしても、たいてい数百年後には動かなくなる。むろん、このような機械は数百年前までは非常に珍しかったから、機械の年齢分布がひどく偏っているのは事実で、これと同じように、現在動いているコンピュータはどれも作られてから五十年以上経っていないから、どうやらコンピュータも、五十〜六十年もすれば動かなくなるといえそうだ。どちらにしても、時計やコンピュータの実際の寿命は、3桁以下とみてまず間違いない。

理屈からいうと、機械の部品が摩耗したとたんにその部品を取り替えるという作業を繰り返せば、その機械は永久に壊れなくてすむ。しかしこの方法を成功させるには、装置だけでなく、その装置を支える制度も存続させなくてはならない。くる日もくる日も誰かがそばについていて、時計を巻き、油を差し、埃を払いつづける必要があるのだ。ストラスブールのような国境の町では、明らかに、このような長期にわたる作業は中断される恐れがある。何しろここは、互いに敵意を抱いた夫婦の離婚によって残された子どものように、フランスとドイツのあいだで奪いあいになってきた町で、司教や住民たちが、自分たちの手で町を管理しようとがんばったことがあったくらいなのだから。ストラスブールのカテドラルは、カソリックの手に渡り、プロテスタントの手に渡り、革命を信じる無神論者の手に渡った。それでも石造りの建物は崩れることなく、さまざまな制度も消えずに残った。実際このカテドラルは、十三世紀以降ウーヴル・ノートル・ダームというただ一つの組織によって、維持管理されてきた。

それにしても、仮にこの時計が一一八四二年になっても時を刻みつづけていたとして、そのころになってもまだ、イースターの日付を知りたがる人がいるものなのだろうか。さらにいえば、そのころになってもまだ、西暦紀元の年号が使われつづけているのだろうか。世界のどこを見ても、一万年ものあいだ使われつづけた計時システムは一つもない。ローマの暦は、千五百年使われたのちに放棄された。マヤの暦は二千年、エジプトの暦は約三千年続いたといわれている。ヘブライの暦によると、すでに五千七百年を超す年月を数えているらしいのだが、さりとて、一回目のティシュリ(ヘブライ暦の正月)の一日からこちら、一日も欠かさず日付を記録してきたわけでなし。このほかにも、さまざまな暦ができては消えていった。シュウィルゲがこの時計を数十年早く改造していたら、文字盤の月の名前は、ブリューメル、テルミドール、フリュクティドールなどの革命暦になり、フランス革命を元年とした年数のカウンターは、未だに二〇〇年代初頭になっていたはずだ。

### 「ロング《長い》・ナウ《今》」

ここでもう一つ、別の問題を取り上げたい。仮に時計をきちんと動かしつづけられ、また、暦になんらかの意味がありつづけたとして、何千年も動きつづけるこのような装置を作ることは、はたして名案といえるのだろうか。わたしははっきりいって怪しいと思っているが、最近、新たな一万年時計を作ろうという提案がなされたのを知って、その疑念はますます濃くなった。

この計画を立案したのは、一九八〇年代に広くもてはやされたまったく新しいスーパーコンピュータ、コネクションマシンを設計したダニー・ヒリスである。かつて、どことなくシュウィルゲが作った教会暦計算機を思わせる、ティンカートイズ〔米国の組み立ておもちゃ〕だけでコンピュータを作るというプロジェクトを実現したことがあるヒリスは、友人や同僚たちと語らって、「世界一ゆっくりと動くコンピュータ」とでもいった時計を作る計画を立てた。この時計の機能はただ一つ、できるだけ長いあいだ動きつづけることに尽きる。この計画の概略に関しては、「ホール・アース・カタログ」〔カウンターカルチャーのためのツールやアクセスをまとめたカタログ〕の発案者スチュワート・ブラントがまとめた『ロング・ナウの時計』〔ロング・ナウ協会は、「よりゆっくり、よりよく」という長期的指向への転換を提唱している〕という著作を参照されたい。

ロング・ナウの時計に用いる技術は、まだ細かいところまで確定しているわけではないが、ブラントによると、揺れるのではなくねじれる振り子を使い、アナログのギア列のかわりに振り子の振動を数えるデジタル・カウンターを使うことになっているらしい。カウンターそのものはデジタルだが、電気を使わないという点がポイントで、ヒリスの設計によると、歯車とペグを使って、ゼロからあらかじめ決められた定数、たとえば一年間の秒の数までを、2進法で機械的に勘定していくという。

また、この計画では、しだいに大きくなっていくいくつかの時計を作ることになっているという。原型となるのは高さ8フィートの時計で、大都市には、楽にアクセスできるように高さ20フィートの時計が据えられ、さらに、どこかの砂漠に保存のための60フィートの時計を据える。ここで、一番大きな時計がどのようなものになるのか、ヒリスの言葉を引用しよう。

この時計はいくつかの部屋からなっていて、第一の部屋には、ゆっくりとねじれる大きな振り子がある。人間でいえば鼓動に相当するこの時計は、しかし鼓動よりも遅く、次の部屋には、一日で一回転する単純な24時間時計がある。その次の部屋には太陰暦の月の相を表す月が一つぽつんとあり、その次の部屋には、春分点や至や太陽の傾きを表す天球儀があり……次の部屋は、柔らかい石でできたなんの変哲もない黒い円盤が一つ置かれた「生涯の部屋」で、一生分の時間をかけて一回転するこの円盤には、自分の印を刻めるようになっている。

最後の部屋はほかの部屋よりずっと大きい。この暦の部屋には、百年に一度回転する輪と、春分点歳差と同じ周期で回転しているさらに大きな輪の一万年分の弧が収められていて、この二つの輪が交差したところを見れば、そのときの日付がわかるのである。

ここまでゆっくりと動く記念碑を作るのは、時間を測るためではない。ヒリスにすれば、今が何世紀なのかがわからなくなっても、いっこうにさしつかえない。この時計は、ある心理効果を狙ったもの、物事を長い目で見ることを奨励し、人々に未来の世代のニーズや要求を思い起こさせるための装置なのだ。この計画の概要は、次のような序文の言葉ではじまっている。「文明は加速し、人々の注意の継続時間は病的なまでに短くなっている。これはおそらく、技術の進歩が加速し、市場原理にもとづく経済活動によって短期の利益に重きが置かれ、民主国家では次の選挙を視野に入れた動きが重視されるようになり、さらに、同時並行で仕事をこなすために、一つのものに長く集中できなくなったことなどによって引き起こされた現象なのだろう」。この大きくてゆっくりした時計は、狂ったような時代の流れを中和し、「深い時を具現化するもの」なのである。

　前もってあれこれ計画を立てて資源を節約し、やがて生まれてくる人々のために何かを取り置いて、世界をよりよい状態にしておくといった計画に、難癖をつけるのは難しい。たしかに、自分の子孫の幸福を考えることは美徳、あるいは進化の要請である。それに、将来地球で暮らすはずの者たちへの慈愛もまた、広く讃えられるべきものだ。しかし、数世代先のことを見通すのが善だからといって、数十代先を見通すことがさらなる善といえるのだろうか。二百世代先、さらには三百世代先を見通せばよりいっそうの善となるのか？　その答えは、現実に人間がどれくらい先を見通せるのかにかかっているにちがいない。

　ロング・ナウ運動の面々は、子孫にとって最もよい形で振る舞え、とわたしたちをせっつく。だが実際には、百年先、二百年先の話となると、何がそのころの人類の利益になるのか、まるで見当がつかない。今の時代の価値観が永遠の真実や美徳を具現していると考えるのは、愚かでもあり傲慢でもある。ひょっとするとわたしたちは、有害な石油を全部燃やしてくれたといって未来の人々から感謝され、天然痘のウィルスを根絶したといって恨まれることになるのかもしれない。

　それに、ブラントの本を読んでみても、ロング・ナウ運動を推し進める人々のほうが、わたしたちよりもさらに先を見通しているどころか、むしろ、きわめて短い「今《ナウ》」を生きているとしか思えない。なぜなら、ブラントが序文で挙げている四半期所得や四年ごとの選挙といった悩みは、すべて最近、あるいはたかだかここ数十年の間に登場した問題だからである。数百年前の人間にすれば、こんな話はちんぷんかんぷんだったわけで、そうなると、一万年先どころか、三百年先の緊急課題のリストに載るかどうかも怪しい。

また、このロング・ナウ計画で2進法デジタルの優位が強調されているのも、いかにも二十世紀後半らしく、やがていつか、ヒリスの採用した2進法カウンターが、シュウィルゲが使った真鍮の歯車なみに時代遅れに見える日がやってこないともかぎらない。

物事を長期的に考えるのは非常に難しい。だからこそロング・ナウ計画が生まれたのだが、同時にこれは、この計画の弱点になっている。人間の一生の長さから見て一番しっかりしていそうなものが、地学年代や天文学の時間の物差しでいうと実は移ろいやすいものなのかもしれない、ということをつねに念頭に置いておくのは、そう簡単なことではない。たとえば、一つの時計を（ニューヨークのような）都市に、もう一つの時計を（ネバダのような）砂漠に据える、という計画について考えてみよう。たしかに、当面の目的はこれで達成されるだろうが、一万年後もニューヨークが都市でありつづけ、ネバダに人が住まないという保証がどこにあるのだろう。事実、今では人気のない砂漠のあちこちに、昔は都市があり、逆に、現在都市となっている場所に、かつて人は住んでいなかった。（もっとも、ネバダに時計を置くというのはそう悪くない考えかもしれない。どうせならその時計を、この先一万年は残るであろう文明の産物、すなわち原子力発電所の放射性廃棄物の保管場所の候補に挙がっているネバダ州のユッカ山に据えるとよいだろう。）

むろん、未来を予測するのが困難だからといって、無視してよいわけではない。あのY2K騒動からもわかるように、対象となる期間を2桁にかぎったのでは、あきらかに短かすぎる。だが、4桁もあれば十分だろう。一万年以上動きつづけるような機械を作ったり、コンピュータ・プログラムの対象期間を5桁にしたからといって、別に未来の人々に功徳を施しているわけではなく、ただ、己の錯覚をふくらませているにすぎないのだ。

## 時の植民地主義

十六世紀にストラスブール・カテドラルの時計を動かしてほしいと頼まれたダシポディウスとその同僚は、すでにあった二百年ものの三賢者の時計を修復することもできたのに、そうはせずに、古い時計を跡形もなく取り払って、新たに優れた時計を作った。そしてさらに二百有余年が経ち、ダシポディウスの時計を直してくれと頼まれたシュウィルゲは、時計の内臓をすっぽり抜いて、うつろな骸のなかに自分で考案した装置を据えた。つまりシュウィルゲは、一万年は保つさらに優れた新たな時計を作ったのだ。それからさらに二百年が経った今、ロング・ナウ協会の面々は、シュウィルゲの時計を壊そうとするまでもなく、かといってさらに長持ちさせようとするでもなく、ただ、無視している。ようするに彼らは、今までとは別の一万年は動く優れた時計を作りたいのである。

どうやら、ひとつのパターンが見えてきたようだ。はっきり言って、ほかの人間が作った古い時計のねじを巻いたり、埃を払ったり、直したりするのは退屈だ。自力でまっさらな時計を作るほうがはるかにおもしろい。しかも、その時計がこの先ずっと人々の尊敬や畏敬を集めると主張できるのであれば、これはなおさら結構な話。だとすれば、自分たちは今いい思いをして、退屈なメンテナンスの仕事は、この先三百世代の人々に押しつけるにかぎる。

ヒリスとその一党が、このような「時の植民地主義」的行為、自分たちが遺産として残す装置の保守作業に未来の世代を縛りつける行為に成功する気配があれば、わたしとしても、この計画に反対したり邪魔することが後世の人々への義務だと感じたことだろう。しかし実際には、そんな心配はない。わたしは未来を信じている。西暦二二〇〇年代のある日、ロング・ナウの時計の残骸を見学していた幼子が、きっとこう宣言するにちがいない。「ぼくが動かしてみせるよ！」そしてその子は、めちゃくちゃになった時計を解体して、新たに一万年は保つ優れた時計を作るのである。

## 後から考えてみると

長持ちするものを作るというテーマをめぐるこの考察は、実はこの随筆集に収めた随筆のなかでいちばん古びやすいことが判明した。この随筆は、西暦第二千年期の終わりという特別な出来事を迎えるにあたってまとめられ、『サイエンス』誌の一九九九年十一月十二日号に掲載された。今回、この随筆集に収めるために原稿に手を入れはじめたわたしは、ここで展開されている議論のほとんどが、あの一瞬、すなわち差し迫った「Y２K危機」への懸念と密接につながっていることに気づいた。つまりこの随筆を書いた時点で、わたしはものごとを長期的に捉えていなかったのだ。

そこで、一九九九年という年の虜になっていた随筆をもうすこし普遍的にすべく、若干手を入れたが、二〇〇七年の現在から振り返って全編を書きなおすことまではしなかった。（今この瞬間でさえ、結局は過ぎ去るのだから。）さらにわたしはこの機会を利用して、雑誌に載せたときに紙面の関係上省かざるをえなかったパラグラフを復活させた。そして最後に一つ、赤面ものの間違いを訂正した。

いったいどのような間違いだったのか。わたしは、年号の左に1をつけ加えるというシュウィルゲの方法では、一万年を過ぎた後の時計の調整は完璧ではないと考えていた。なぜなら、イースターの日付計算が狂ってくるからだ。イースターの日付を計算するアルゴリズムでは、西暦の数値を入力すると、その年のイースターの日付が出力される。このアルゴリズムを使って、ちょっとしたコンピュータ・プログラムを作ってみたところ、やはり九九九九年を過ぎると、時計の計算に狂いが生じるようだった。たとえば（そのころになっても誰かが関心を示したとして）、一一九九九年のイースターは四月十一日になるはずだが、この時計に組みこまれた教会暦計算機は、年号の最後の4桁しか見ていないので、一九九九年のイースターの日付を計算することになり、日付は四月四日になるはずだった。つまり、この時計のイースターの日付は一万年周期で永久に繰り返されることになるのだ。

ところが、ストラスブールの時計の歯車列が自分のプログラムと同じように働くと考えたのは間違いで、この時計の教会暦の計算装置は、実は年号の数値とは無関係だった。この装置では、年々計算を積み重ねて、イースターの日付を決めるときに必要な太陽や月の動きをすべてシミュレーションする。この計算に年号の数値がはいる余地は皆無で、たとえ年を表すカウンターが止まったとしても、教会暦は正しく更新されつづけるのである。

なんともばつの悪い話なのだが、この随筆を発表する前に、すでに『サイエンス』誌の編集者だったピーター・ブラウンから、どうやら君は誤解をしているようだ、という指摘を受けていた。ところがわたしは、自分が正しいと信じて疑わなかった。アラスカ州アンカレッジに住むボブ・コンリーから編集部宛に届いた手紙を見て、ようやくわたしは自分の間違いに合点がいった。

さらにもう一つ、小さな間違いがある。この間違いはあえて訂正しなかったが、気づいたということだけは、ここで明らかにしておきたい。本文で、人間が作ったもののなかで一万年以上壊れずに残っているのは洞窟の絵と石器だけだと述べたとき、わたしは、焼き物のことをすっかり忘れていた。日本の縄文土器は、少なくとも一万一千年前までさかのぼることができ、もっと古いものがあるのではないかと考えられている。

さて、ロング・ナウの時計はどうなったかというと、二〇〇〇年十二月三十一日に最初の原型が完成し、真夜中に二つ時を打つことができた。この時計は、現在ロンドンの科学博物館に展示されている。二つめの原型は、現在カリフォルニアで作られていて、ロング・ナウ協会は、石造りの大きな時計を据えるために、ネバダ州東部のユッカ山からそう遠くない場所に土地を買った。さらに詳細を知りたい方、計画の進捗状況を知りたい方は、www.longnow.org にアクセスされたい。

この随筆が雑誌に発表されてからというもの、地球温暖化についての議論がかなり熱を帯びてきたので、ここで、長い目で見た思考の必要性と、遠い未来を見通すことの難しさについて、もうすこし述べておきたい。今自分たちがとっている行動、あるいはとりそびれている行動によって、この先数千年間の地球の気候が変わってしまうとなれば、この惑星の運命に関して、人間にもなにがしかの責任があるはずだ。わたしたちが地球の未来について一考しようが知らん顔をしようが、未来の形がわたしたちしだいであることは事実なのである。

だが、気候の大変動一つとっても、未来が今とは異なる世界であろうことを、つくづく思い知らされる。未来は、今わたしたちが生きている世界とも、わたしたちが想像できるいかなる世界とも違うはずなのだ。たとえば今の時点では、フロリダが遠浅の海になり、北米大陸の穀倉地帯にはサボテンしか生えなくなるのではないかと懸念されている。ところが逆に、氷河がふたたび発達して、南のセント・ルイスあたりまでの大陸をすべて削り取ってしまう可能性もある。それに、楽観主義者向けのシナリオとしては、人類が一二〇〇〇年ごろまでに、地球環境の激しい変動を押さえこむ術や知恵を身につけることも考えられる。

わたしが若かったころは、核爆弾の撃ちあいで地球が人類の住める場所でなくなる事態が、最も深刻な人類生存の危機とされていた。ところが、そのような危険が消えてなくなったわけでもないのに、今ではこのような事態はあまり話題にならない。それに、人類の運命を左右するのは人口爆発や環境汚染や資源枯渇である、とされていた時代もあった。そして今では、気候問題がスポットライトを浴びている。こうして危機の変遷の歴史をたどってみせたのは、けっしてこれらの危機を矮小化したいからではない。どれも真剣に受け止めるべき事態だ。わたしがいいたいのは、人間が「長期的な見通し」について思いをめぐらせようと懸命に努力するときには、必ずといっていいほど、そのはるかな未来の展望そのものが今の心配事を反映している、ということなのだ。

孫の孫のそのまた孫の……孫の暮らしをすこしでもましにするという目標は、十分に努力のしがいがある目標であって、今日ただ今の自分たちの利便性や幸福しか考えない政治、未来の世代の安寧を無視するような政治は非難されるべきだ。かりにもロング・ナウの時計が、日々の暮らしは続く、あるいは、わたしたちとしてはこの日々の暮らしが続いてほしいと願っている、ということを人々に思いださせるよすがとなるのなら、けっして害はない。しかし、実際に時計を作ることで得をするのは、あくまでもロング・ナウの時計を作る側であって、その時計を遺贈される側の世代ではないということだけは、心にとめておいていただきたいのである。

# 訳者あとがき

これは、*Group Theory in the Bedroom, and Other Mathematical Diversions*（Farrar, Straus and Giroux, 2008）と題する随筆集の全訳である。

ベッドルームで群論とはずいぶんミスマッチだな、というのが、この本を手にしたときにまず感じたことだった。ページを繰ると、「はじめに」の冒頭に、著者はかつて、ずぶの素人が超絶技巧で有名な楽曲を演奏するという悪夢を地でいったことがあったが、コンピュータのおかげで無事その演奏を終えることができた、というようなことが書かれている。そこで本文を読んでみると、ちょっとした疑問をすくい上げては、くるりくるりといじり回し、次々に推論の花を咲かせる著者の鮮やかな手つきに、こちらはただぽかんと口を開けて見とれるばかり。そのトピックの多様さといい、アプローチの真剣さといい、これはもう、著者の言う「火遊び」の範疇を超えている。著者自身が感じている「コンピュータを使って数学する喜び」が生き生きと伝わってきて、読んでいて、とても心地よかった。

どの随筆でも、まず、マットレス返しや歯車列作りといったかなり具体的なトピックが設定され、続いて、図書館やコンピュータを駆使した骨惜しみのない探究がはじまる。好奇心全開で、自分の抱いた疑問に素直に考察を進める著者の姿勢は、そのまま、身の回りのものや自然を理屈を立てて理解しようとする科学者の姿とダブってくる。しかも、あれこれ試行錯誤しつつ、さまざまな角度からしつこく対象に迫るあたりは、臨場感たっぷりだ。別に、各篇で立派な結論が得られるわけではないから、「ベッドルームで群論を、とそのほかの数学的な手慰み」という原題に嘘はなく、あくまでも手慰みではあるのだが、読み手にすれば、その軽快さが心地よい。それでいて、いつのまにやら著者とともに探究の小旅行をしているような気になり、読み終わると、なんとも言えぬ充足感と開放感を感じるのだから、実に不思議だ。本書からは、ちょっとした手慰みにこそ現れる、数学の楽しみのエッセンスや、ほんの些細なことから驚くべき結果が導きだされる数学の醍醐味が、ちゃんと伝わってくる。

さらに、各章の末尾に「後から考えてみると」という節を設け、読者の反応や反論を取り上げているのも、問題と自分だけで完結せずに他者に向かって開かれた率直な姿勢が感じられ、なかなか好ましい。というようなことをつらつら考えていくと、どうやらこれらの随筆は、音楽でいうと、著者の言うパガニーニのようなクラシックではなく、ジャズのようだ。軽快さや即興性が感じられ、それでいてしっかりとしたテクニックや姿勢に裏付けられたジャズ演奏。仲間との掛け合いや、いかにもリラックスした雰囲気も含めて、これはまさにジャズなのではなかろうか。そしてこの本は、さしずめそれぞれに個性あふれる十二の楽曲を集めたジャズのベストCD。

実際、十二の随筆はいずれも甲乙つけがたい。扱っている問題は多種多様で、たとえば分水嶺という題材は、日本人には今ひとつピンとこないし、3進数にもそれほどなじみがあるとは言いがたい。ところが不思議なことに、本書を読むにつれて、なじみがなかったはずのトピックをひどく身近に感じるようになる。それはおそらく、著者が結論ではなく解決法に力点を置き、ある程度一般化可能な思考法の本質をうまく伝えているからなのだろう。遺伝暗号のように、すでに多数の著作があって、さんざん書き尽くされた感のあるトピックが新鮮に感じられるのも、遺伝暗号がどのようなものだったのかという結果よりも、暗号をつきとめる過程での論理的な試行錯誤に焦点が当てられているからにちがいない。

要するにこの著者は、話を膨らませることなく事実で楽しませる誠実な語り手であり、しかも、厳密な数学やコンピュータ・サイエンスの世界で遊ぶ楽しさを、生き生きと伝えることができる人物なのだ。

さて、このすばらしい随筆集をまとめた著者ブライアン・ヘイズについて、ここであらためて簡単に紹介しておこう。

著者は、七〇年代から数学やコンピュータ・サイエンス関係の記事を執筆し、科学雑誌のエディターも勤めたことのあるベテランの著名なサイエンス・ライターで、すでに二〇〇五年に *Infrastructure: A Field Guide to the Industrial Landscape* という著書をまとめている。さいわい、本書の成り立ちとは切っても切れない「本人による略歴」があるので、それをざっと紹介する。

本人曰く、子どものころは、偉大な作家になるか、原子物理学者あるいは海洋学者になりたかった。もちろんほかにもいろいろな夢があったが、最終的には、理科系か文科系かの選択になるな、と思っていた。ところが、高校で理科系に進むための単位を取っていなかったことが判明し、この悩みは自動的に解消された。文科系ということで新聞社に入社、書評などを手がけていたが、その間も理科への関心は消えなかった。そうこうするうちに奇跡が起きて、『サイエンティフィック・アメリカン』の編集部に入ることとなった。こうして、文科と理科の統合が達成されると、それからは、雑誌に寄せられる一流の学者たちの文章をテキスト代わりに、自然科学の自学自習を進め、編集執筆者としても、デニス・フラナガンの薫陶を受け、腕を磨いた。

そこに巡ってきたのが、他人の科学冒険譚をまとめるのではなく、自身の冒険譚を執筆する初めてのチャンス、すなわち、この本の元となったコラムの執筆だった。パソコンの普及を受けてはじまった「コンピュータを使う喜び」と題するそのコラムは、著者にとって、パソコンという道具のおかげではじめて可能となったさまざまな数学遊びを紹介する場となった。本書には、著者がその後二十五年にわたって『アメリカン・サイエンティスト』誌などに書きつづけた随筆の中から、選りすぐりの十二篇が収められている。

『アメリカン・サイエンティスト』誌は、『サイエンティフィック・アメリカン』誌（日本版が『日経サイエンス』）よりやや専門家よりの雑誌である。「後から考えてみると」からもうかがえる、仲間内のリラックスした雰囲気や高度なやりとりも、このような雑誌に掲載されたからこそ生まれたのだろう。

ブライアン・ヘイズは、日本語版の最後の章にあたる「長く使える時計」で、全米雑誌賞 National Magazine Award を受賞した。また、オンライン版の『アメリカン・サイエンティスト』二〇〇九年十一月～十二月号のコンピュータ・サイエンスのコラムには、二〇一〇年に一年間の休暇を取る旨が記されている。本人曰く、一九九三年からずっと書きつづけてきた隔月コラムも、これで九十七篇目となるが、まだまだ学びたいこと、書きたいことはたくさんあるので、一年後にコラムを再開するのを楽しみにしている。というわけで、この随筆集の続編にも大いに期待できそうだ。

ちなみに、原書には公式サイトがあって、「後から考えてみると」からもはみ出したおまけのエピソードが載っているので、関心のある方は、そちらもごらんいただきたい。(hhtp://grouptheoryinthebedroom.com/)

最後になりましたが、このような興味深い随筆集を紹介する機会をくださったみすず書房の市原加奈子さんに、心から感謝いたします。

どうかみなさんが、ブライアン・ヘイズさんの軽快で味わい深い演奏を、大いに楽しまれますように。

二〇一〇年八月

冨永星

## 追記

第一章の二十一ページに出てくる有名なジョークとは、なんでも極端に一般化したがる理論物理学者（ないし数学者）をめぐるもので、アメリカでは、専門書や一般書のタイトルになり、インターネットのドメイン名として登録されるなど、広く親しまれている。さまざまなバージョンがあるが、乳牛が登場することと落ちの台詞だけは共通している。ここで参考までに、そのうちの一つを紹介しておく。

ある畜産農家が、なんとか搾乳率を上げようと必死の努力をしていた。一昨年は、音楽を聴かせるとよいと聞き、「雌牛のためのベートーベン」をBGMに採用したが、搾乳率は逆に下がってしまった。去年は、「サンタバーバラ魔女連合」との間に「遠隔家畜生産性向上」契約を結んだものの、芳しい結果は得られなかった。そこで今年は最後の手段として、理論物理学者に相談することにした。数週間後、理論物理学者が電話をよこした。「あの問題について、今度セミナーで発表するので、来てほしいんだが」。セミナー会場に入った農夫は、どうも場違いなところに来たようだと感じていたが、時間になると、件の理論物理学者は、黒板に大きな円を描いて話をはじめた。「まず最初に、牛が球形だとすると……」

生物学者や化学者や物理学者に相談したあげく、ついに数学者にたどり着くというバージョンも知られている。

# 索　引

## サ

## タ

## ナ



## ハ

## マ

## ワ

# 参考文献

## 1　ベッドルームで群論を

Bernie and Phyl's Furniture. Phyl's Furniture Facts. www.bernphyl.com/ bnp/ bedding_facts.asp.

Cobb, Linda. Flipping the mattress. www.diynetwork.com/diy/lv_ household_ tips/article/0,2041,DIY_14119_2275112,00.html.

eHow. How to care for a mattress. eHow: Clear instructions on how to do (just about) everything. www.ehow.com/how_6302_caremattress. html.

Gallian, Joseph A. 2005. Groups in the household. *MAA Focus* **25**(5): 10–11.

Gardner, Martin. 1980. Mathematical games: The capture of the monster: A mathematical group with a ridiculous number of elements. *Scientific American* **242**(6): 16–22.

Humphreys, J. F., and M. Y. Prest. 2004. *Numbers, Groups, and Codes*. 2nd ed. Cambridge, U.K.: Cambridge University Press.

Pemmaraju, Sriram, and Steven S. Skiena. 2003. *Computational Discrete Mathematics: Combinatorics and Graph Theory with Mathematica*. Cambridge, U.K.: Cambridge University Press.

Stevenson, Seth. 2000. Going to the mattresses: How to cut through the marketing gimmicks of Sealy, Serta, and the rest. *Slate*. slate.com/id/93956.

## 2　資源としての「無作為」

Aumann, Yonatan, Yan Zong Ding, and Michael O. Rabin. 2002. Everlasting security in the bounded storage model. *IEEE Transactions on Information Theory* **48**(6): 1668–80.

Bauke, Heiko, and Stephan Mertens. 2004. Pseudo random coins show more

heads than tails. *Journal of Statistical Physics* **114**: 1149–69.

Ding, Yan Zong, and Michael O. Rabin. 2002. Hyper-encryption and everlasting security. In *Proceedings of the Nineteenth Annual Symposium on Theoretical Aspects of Computer Science*, pp. 1–26. Lecture Notes in Computer Science, vol. 2285. London: Springer Verlag.

Fisher, R. A., and F. Yates. 1938. Statistical Tables for Biological, Agricultural, and Medical Research. London: Oliver and Boyd.

Ford, Joseph. 1983. How random is a coin toss? *Physics Today* **36**(4): 40–47.

Marsaglia, George. 1995. The Marsaglia random number CDROM, including the DIEHARD battery of tests of randomness. Tallahassee: Department of Statistics, Florida State University.

Maurer, Ueli M. 1992. Conditionally-perfect secrecy and a provably-secure randomized cipher. *Journal of Cryptology* **5**(1): 53–66.

Pearson, Karl. 1900. On the criterion that a given system of deviations from the probable in the case of a correlated system of variables is such that it can be reasonably supposed to have arisen from random sampling. *London, Edinburgh, and Dublin Philosophical Magazine and Journal of Science,* series 5, **50**: 157–75.

RAND Corporation. 1955. *A Million Random Digits with 100,000 Normal Deviates*. Glencoe, Ill.: Free Press.

Shannon, C. E. 1949. Communication theory of secrecy systems. *Bell System Technical Journal* **28**: 656–715.

Thomson, William [Lord Kelvin]. 1901. Nineteenth century clouds over the dynamical theory of heat and light. *London, Edinburgh, and Dublin Philosophical Magazine and Journal of Science,* series 6, **2**: 1–40.

Tippett, L.H.C. 1927. Random sampling numbers. In *Tracts for Computers*, no. **15**. London: Cambridge University Press.

Tu, Shu-Ju, and Ephraim Fischbach. 2005. A study on the randomness of the digits of $\pi$ . *International Journal of Modern Physics C* **16**(2): 281–94.

Vincent, C. H. 1970. The generation of truly random binary numbers. *Journal of Physics E* **3**(8): 594–98.

Volchan, Sérgio B. 2002. What is a random sequence? *American Mathematical Monthly* **109**: 46–63.

von Neumann, John. 1951. Various techniques used in connection with random

digits. In *Collected Works,* vol. 5, pp. 768–70. New York: Pergamon Press.

## 3 金を追って

Angle, John. 1986. The surplus theory of social stratification and the size distribution of personal wealth. *Social Forces* **65**: 293–326.

———. 1992. The inequality process and the distribution of income to blacks and whites. *Journal of Mathematical Sociology* **17**: 77–98.

———. 1993. Deriving the size distribution of personal wealth from ?gthe rich get richer, the poor get poorer. *Journal of Mathematical Sociology* **18**: 27–46.

———. 1996. How the gamma law of income distribution appears invariant under aggregation. *Journal of Mathematical Sociology* **21**: 325–58.

Blaug, Mark, ed. 1992. *Vilfredo Pareto (1848–1923)*. London: Edward Elgar.

Bouchaud, Jean-Philippe, and Marc Mézard. 2000. Wealth condensation in a simple model of economy. *Physica A* **282**: 536–45.

Bourguignon, François, and Christian Morrisson. 2002. Inequality among world citizens: 1820–1990. *American Economic Review* **92**(4): 727–44.

Chakraborti, Anirban. 2002. Distributions of money in model markets of economy. arxiv.org/abs/cond-mat/0205221.

Chakraborti, Anirban, and Bikas K. Chakrabarti. 2000. Statistical mechanics of money: How saving propensity affects its distribution. *European Physical Journal* **B17**: 167–70.

Champernowne, D. G. 1953. A model of income distribution. *Economic Journal* **63**: 318–51.

———. 1974. A comparison of measures of inequality of income distribution. *Economic Journal* **84**: 787–816.

Chen, Shaohua, and Martin Ravallion. 2004. How have the world's poorest fared since the early 1980s? World Bank Policy Research Working Paper 3341.

Drăgulescu, A., and V. M. Yakovenko. 2000. Statistical mechanics of money. *European Physical Journal* **B17**: 723–29.

———. 2001. Evidence for the exponential distribution of income in the USA. *European Physical Journal* **B20**: 585–89.

Ispolatov, S., P. L. Krapivsky, and S. Redner. 1998. Wealth distributions in

asset exchange models. *European Physical Journal* **B2**: 267–76.

Kadanoff, Leo P. 1971. An examination of Forrester's Urban Dynamics. *Simulation* **16**: 261–68.

Laguna, M. F., S. Risau Gusman, and J. R. Iglesias. 2005. Economic exchanges in a stratified society: End of the middle class? arxiv.org/abs/physics/0505157.

Lambert, Peter J. 1993. *The Distribution and Redistribution of Income: A Mathematical Analysis.* 2nd ed. Manchester, U.K.: Manchester University Press.

Lux, Thomas. 2005. Emergent statistical wealth distributions in simple monetary exchange models: A critical review. arxiv.org/abs/cs.MA/ 0506092.

Mandelbrot, Benoit B. 1997. *Fractals and Scaling in Finance: Discontinuity, Concentration, Risk*. New York: Springer Verlag.

Mantegna, Rosario N., and H. Eugene Stanley. 2000. *An Introduction to Econophysics: Correlations and Complexity in Finance*. New York: Cambridge University Press.〔『経済物理学入門——ファイナンスにおける相関と複雑性』中嶋眞澄訳, エコノミスト社 , 2000〕

Montroll, Elliott W., and Wade W. Badger. 1974. *Introduction to Quantitative Aspects of Social Phenomena*. New York: Gordon and Breach.

Pareto, Vilfredo. 1896, 1897, reprinted 1964. *Cours d'économie politique*. Geneva: Librairie Droz.

Ruskin, John. 1862. *Unto This Last: Four Essays on the First Principles of Political Economy*. Edited with an introduction by Lloyd J. Hubenka. Lincoln: University of Nebraska Press.

Sen, Amartya Kumar. 1973, 1997. *On Economic Inequality*. Oxford: Clarendon Press.〔『不平等の経済理論』杉山武彦訳, 日本経済新聞社 , 1977 ; 拡大版は鈴村興太郎 , 須賀晃一訳, 東洋経済新報社 , 2000〕

Sinha, Sitabhra. 2005. Evidence for power-law tail of the wealth distribution in India. arxiv.org/abs/cond-mat/0502166.

Souma, Wataru. 2002. Physics of personal income. arxiv.org/abs/ cond-mat/0202388.

Stanley, H. E., P. Gopikrishnan, V. Plerou, and L.A.N. Amaral. 2000. Quantifying fluctuations in economic systems by adapting methods of statistical physics. *Physica A* **287**: 339–61.

## 4　遺伝暗号をひねり出す

Alff-Steinberger, C. 1969. The genetic code and error transmission. *Proceedings of the National Academy of Sciences of the U.S.A.* **64**: 584–91.

Antoneli, Fernando, Jr., Michael Forger, and José Eduardo M. Hornos. 2004. The search for symmetries in the genetic code: Finite groups. *Modern Physics Letters B* **18**: 971–78.

Béland, Pierre, and T.F.H. Allen. 1994. The origin and evolution of the genetic code. *Journal of Theoretical Biology* **170**: 359–65.

Böck, A., K. Forchhammer, J. Heider, W. Leinfelder, G. Sawers, B. Veprek, and F. Zinoni. 1991. Selenocysteine: The 21st amino acid. *Molecular Microbiology* **5**: 515–20.

Brenner, S. 1957. On the impossibility of all overlapping triplet codes in information transfer from nucleic acid to proteins. *Proceedings of the National Academy of Sciences of the U.S.A.* **43**: 687–94.

Crick, Francis H. C. 1966. The genetic code.yesterday, today, and tomorrow. In *The Genetic Code, Proceedings of the XXXI Cold Spring Harbor Symposium on Quantitative Biology,* pp. 3–9. Cold Spring Harbor, N.Y.: Cold Spring Harbor Laboratory of Quantitative Biology.

———. 1988. *What Mad Pursuit: A Personal View of Scientific Discovery*. New York: Basic Books.〔『熱き探究の日々——DNA 二重らせん発見者の記録』中村桂子訳，TBS ブリタニカ，1989〕

Crick, Francis H. C., John S. Griffith, and Leslie E. Orgel. 1957. Codes without commas. *Proceedings of the National Academy of Sciences of the U.S.A.* **43**: 416–21.

Freeland, Stephen J., and Laurence D. Hurst. 1998. The genetic code is one in a million. *Journal of Molecular Evolution* **47**: 238–48.

Freeland, Stephen J., Tao Wu, and Nick Keulmann. 2003. The case for an error minimizing standard genetic code. *Origins of Life and Evolution of the Biosphere* **33**: 457–77.

Gamow, George. 1954a. Possible relation between deoxyribonucleic acid and protein structures. *Nature* **173**: 318.

———. 1954b. Possible mathematical relation between deoxyribonucleic acid

and proteins. *Det Kongelige Danske Videnskabernes Selskab, Biologiske Meddelelser* **22**: 1–13.

Gamow, George, Alexander Rich, and Martynas Yčas. 1956. The problem of information transfer from nucleic acids to proteins. In *Advances in Biological and Medical Physics,* vol. 4, pp. 23–68. New York: Academic Press.

Golomb, S. W. 1962. Efficient coding for the desoxyribonucleic channel. In *Proceedings of Symposia in Applied Mathematics, vol. 14, Mathematical Problems in the Biological Sciences*, pp. 87–100. Providence: American Mathematical Society.

Golomb, S. W., Basil Gordon, and L. R. Welch. 1958. *Comma-free codes. Canadian Journal of Mathematics* **10**: 202–9.

Golomb, S. W., L. R. Welch, and M. Delbrück. 1958. Construction and properties of comma-free codes. *Det Kongelige Danske Videnskabernes Selskab, Biologiske Meddelelser* **23**(9): 1–34.

Haig, David, and Laurence D. Hurst. 1991. A quantitative measure of error minimization in the genetic code. *Journal of Molecular Evolution* **33**: 412–17.

Hayes, Brian. 2004. Ode to the code. *American Scientist* **92**: 494–98.

Itzkovitz, Shalev, and Uri Alon. 2007. The genetic code is nearly optimal for allowing arbitrary additional information within protein-coding sequences. Genome Research DOI: 10.1101/gr.5987307.

Jiménez-Montaño, Miguel A., Carlos R. de la Mora-Basáñez, and Thorsten *Poschel. 1995. On the hypercube structure of the genetic code. In Proceedings of the Third International Conference on Bioinformatics and Genome Research*, ed. Hwa A. Lim and Charles A. Cantor, pp. 445–55. River Edge, N.J.: World Scientific.

Judson, Horace Freeland. 1996. *The Eighth Day of Creation: Makers of the Revolution in Biology*. Expanded ed. Plainview, N.Y.: Cold Spring Harbor Laboratory Press.

Leder, Philip, and Marshall W. Nirenberg. 1964. RNA codewords and protein synthesis, II. Nucleotide sequence of a valine RNA codeword. *Proceedings of the National Academy of Sciences of the U.S.A.* **52**: 420–27.

Nirenberg, Marshall W., and J. Heinrich Matthaei. 1961. The dependence of cell-free protein synthesis in *E. coli* upon naturally occurring or synthetic polyribonucleotides. *Proceedings of the National Academy of Sciences of the*

*U.S.A.* **47**: 1588–1602.

Robin, Stephane, François Rodolphe, and Sophie Schbath. 2005. *DNA: Words and Models.* Cambridge, U.K.: Cambridge University Press.

Sella, Guy, and David H. Ardell. 2002. The impact of message mutation on the fitness of a genetic code. *Journal of Molecular Evolution* **54**: 638–51.

Sinsheimer, Robert L. 1959. Is the nucleic acid message in a two-symbol code? *Journal of Molecular Biology* **1**: 218–20.

Woese, Carl R. 1967. *The Genetic Code: The Molecular Basis for Genetic Expression.* New York: Harper and Row.

## 5 死を招く仲違いに関する統計

Ashford, Oliver M. 1985. *Prophet—or Professor? The Life and Work of Lewis Fry Richardson.* Boston: Adam Hilger.

Brecke, Peter. 1999. Violent conflicts 1400 A.D. to the present in different regions of the world. www.inta.gatech.edu/peter/PSS99_paper.html.

Cioffi-Revilla, Claudio A. 1990. *The Scientific Measurement of International Conflict: Handbook of Datasets on Crises and Wars, 1945–1988.* Boulder, Colo.: Lynne Rienner Publishers.

Doyle, Michael W. 1983. Kant, liberal legacies, and foreign affairs. *Philosophy and Public Affairs* **12**(3): 205–35.

Geller, Daniel S., and J. David Singer. 1998. *Nations at War: A Scientific Study of International Conflict.* Cambridge, U.K.: Cambridge University Press.

Layne, Christopher. 1994. Kant or cant: The myth of the democratic peace. *International Security* **19**(2): 5–49.

Maoz, Zeev, and Nasrin Abdolali. 1989. Regime types and international conflict, 1816–1976. *Journal of Conflict Resolution* **33**: 3–35.

Richardson, Lewis Fry. 1960a. Arms and Insecurity: *A Mathematical Study of the Causes and Origins of War.* Edited by Nicolas Rashevsky and Ernesto Trucco. Pittsburgh: Boxwood Press.

———. 1960b. *Statistics of Deadly Quarrels.* Edited by Quincy Wright and C. C. Lienau. Pittsburgh: Boxwood Press.

———. 1961. The problem of contiguity: An appendix to Statistics of Deadly Quarrels. *Yearbook of the Society for General Systems Research,* vol. 6, pp. 140

–87. Ann Arbor, Mich.
——. 1993. *Collected Papers of Lewis Fry Richardson.* Edited by Oliver M. Ashford *et al.* New York: Cambridge University Press.

Richardson, Stephen A. 1957. Lewis Fry Richardson (1881–1953): A personal biography. *Journal of Conflict Resolution* **1**: 300–304.

Russett, Bruce M., Christopher Layne, David E. Spiro, and Michael W. Doyle. 1995. Correspondence: The democratic peace. *International Security* **19**(4): 164–84.

Sarkees, Meredith Reid. 2000. The Correlates of War data on war: an update to 1997. *Conflict Management and Peace Science* **18**(1): 123–44.

Singer, J. David, and Melvin Small. 1972. *The Wages of War, 1816–1965: A Statistical Handbook.* New York: John Wiley.

Sorokin, Pitirim A. 1937. *Social and Cultural Dynamics.* Vol. 3, *Fluctuation of Social Relationships, War, and Revolution.* New York: American Book Company.

Spiro, David E. 1994. The insignificance of the liberal peace. *International Security* **19**(2): 50–86.

Wilkinson, David. 1980. *Deadly Quarrels: Lewis F. Richardson and the Statistical Study of War.* Berkeley: University of California Press.

Wright, Quincy. 1965. *A Study of War, with a Commentary on War Since 1942.* 2nd ed. Chicago: University of Chicago Press.

## 6　大陸を分ける

Band, Lawrence E. 1986. Topographic partition of watersheds with digital elevation models. *Water Resources Research* **22**(1): 15–24.

Beucher, S., and C. Lanteujoul. 1979. Use of watersheds in contour detection. In International Workshop on Image Processing: Real-Time Edge and Motion Detection/Estimation, Rennes, France, Sept. 17–21, 1979. cmm.ensmp.fr/˜beucher/publi/watershed.pdf.

Cayley, A. 1859. On contour and slope lines. *London, Edinburgh, and Dublin Philosophical Magazine and Journal of Science* 18: 264–68. Reprinted in *The Collected Mathematical Papers of Arthur Cayley,* vol. 4, pp. 108–11. Cambridge, U.K.: Cambridge University Press, 1891.

Maxwell, James Clerk. 1870. On hills and dales. *London, Edinburgh, and Dublin Philosophical Magazine and Journal of Science* **40**: 421–25. Reprinted in *The Scientific Papers of James Clerk Maxwell,* vol. 2, pp. 233–40. New York: Dover Publications.

O'Callaghan, John F., and David M. Mark. 1984. The extraction of drainage networks from digital elevation data. *Computer Vision, Graphics, and Image Processing* **28**: 323–44.

Vincent, Luc, and Pierre Soille. 1991. Watersheds in digital spaces: An efficient algorithm based on immersion simulations. *IEEE Transactions on Pattern Analysis and Machine Intelligence* **13**: 583–98.

## 7　歯車の歯について

Archibald, R. C. 1951. Review of The Farey Series of Order 1025, edited by E. H. Neville. *Mathematical Tables and Other Aids to Computation* **5**(35): 135–39.

Baillie, G. H. 1947. *Watchmakers and Clockmakers of the World.* 2nd ed. London: N.A.G. Press.

Brocot, Achille. 1861. Calcul des rouages par approximation, nouvelle méthode. *Revue chronométrique. Journal des horlogers, scientifique et pratique* **3**: 186–94.

Bruckheimer, Maxim, and Abraham Arcavi. 1995. Farey series and Pick's area theorem. *Mathematical Intelligencer* **17**(4): 64–67.

Camus, Charles-Étienne-Louis. 1842. *A Treatise on the Teeth of Wheels, Demonstrating the Best Forms Which Can Be Given to Them for the Purposes of Machinery; Such as Mill-work and Clock-work, and the Art of Finding Their Numbers.* Translated from the French of M. Camus. A new edition, carefully revised and enlarged. With details of the present practice of mill-wrights, engine makers, and other mechanists, by John Isaac Hawkins, civil engineer. London: M. Taylor.

Caruso, Horacio A., and Sebastián M. Marotta. 2000. Vibonacci series of complex numbers. Unpublished manuscript.

Eisenstein, Gotthold. 1850. Letter to M. A. Stern, Jan. 14, 1850. Reprinted in Gotthold Eisenstein, *Mathematische Werke, vol. 2,* pp. 818–23. New York: Chelsea, 1975.

Farey, J. 1816. On a curious property of vulgar fractions. *Philosophical Magazine and Journal* **47**: 385–86.

Freeth, T., Y. Bitsakis, X. Moussas, J. H. Seiradakis, A. Tselikas, H. Mangou, M. Zafeiropoulou, R. Hadland, D. Bate, A. Ramsey, M. Allen, A. Crawley, P. Hockley, T. Malzbender, D. Gelb, W. Ambrisco, and M. G. Edmunds. 2006. Decoding the ancient Greek astronomical calculator known as the Antikythera mechanism. *Nature* **444**: 587–91.

Graham, Ronald L., Donald E. Knuth, and Oren Patashnik. 1989. *Concrete Mathematics: A Foundation for Computer Science.* Reading, Mass.: Addison-Wesley.

Haros. 1802. Tables pour évaluer une fraction ordinaire avec autant de décimales qu'on voudra; et pour trouver la fraction ordinaire la plus simple, et qui approche sensiblement d'une fraction décimale. *Journal de l'École polytechnique,* cahier **11**, tome 4, pp. 364–68.

Lagarias, J. C., and C. P. Tresser. 1995. A walk along the branches of the extended Farey tree. *IBM Journal of Research and Development* **39**(3): 283–94.

Lehmer, D. H. 1929. On Stern's diatomic series. *American Mathematical Monthly* **36**(2): 59–67.

Merritt, Henry Edward. 1947. *Gear Trains: Including a Brocot Table of Decimal Equivalents and a Table of Factors of All Useful Numbers up to 200,000.* London: Sir Isaac Pitman and Sons.

Pulzer, Peter. 2000. Emancipation and its discontents: The German-Jewish dilemma. Centre for German-Jewish Studies, University of Sussex. www.sussex.ac.uk/Units/cgjs/pubs/rps/RP1B.htm

Stern, M. A. 1858. Ueber eine zahlentheoretische Funktion. *Journal für die reine und angewandte Mathematik* **55**: 193–220.

Viswanath, Divakar. 1998. Random Fibonacci sequences and the number 1–13198824. *Mathematics of Computation* **69**(231): 1131–55.

Zeeman, E. C. 1986. Gears from the Greeks. *Proceedings of the Royal Institution of Great Britain* **58**: 137–56.

## 8 一番簡単な難問

Borgs, Christian, Jennifer T. Chayes, and Boris Pittel. 2001a. Sharp threshold

and scaling window for the integer partitioning problem. In *Proceedings of the 2001 ACM Symposium on the Theory of Computing,* pp. 330–36.

———. 2001b. Phase transition and finite-size scaling for the integer partitioning problem. *Random Structures and Algorithms* **19**: 247–88.

Cheeseman, Peter, Bob Kanefsky, and William M. Taylor. 1991. Where the really hard problems are. In *Proceedings of the International Joint Conference on Artificial Intelligence, vol. 1,* pp. 331–37.

Dubois, O., R. Monasson, B. Selman, and R. Zecchina, eds. 2001. Special issue on phase transitions in combinatorial problems. *Theoretical Computer Science* **265**(1).

Erdős, Paul, and A. Rényi. 1960. On the evolution of random graphs. *Publications of the Mathematical Institute of the Hungarian Academy of Sciences 5*: 17–61.

Fu, Yaotian. 1989. The use and abuse of statistical mechanics in computational complexity. In *Lectures in the Sciences of Complexity,* ed. Daniel L. Stein, pp. 815–26. Reading, Mass.: Addison-Wesley.

Gent, Ian P., and Toby Walsh. 1996. Phase transitions and annealed theories: Number partitioning as a case study. In *Proceedings of the 1996 European Conference on Artificial Intelligence,* pp. 170–74.

Graham, Ronald L. 1969. Bounds on multiprocessing timing anomalies. *SIAM Journal on Applied Mathematics* **17**: 416–29.

Karmarkar, Narendra, and Richard M. Karp. 1982. The differencing method of set partitioning. Technical Report UCB/CSD 82/113, Computer Science Division, University of California, Berkeley.

Karmarkar, Narendra, Richard M. Karp, George S. Lueker, and Andrew M. Odlyzko. 1986. Probabilistic analysis of optimum partitioning. *Journal of Applied Probability* **23**: 626–45.

Mertens, Stephan. 2000. Random costs in combinatorial optimization. *Physical Review Letters* **84**: 1347–50.

———. 2001. A physicist's approach to number partitioning. *Theoretical Computer Science* **265**: 79–108.

## 9 名前をつける

Airline Codes Web Site. www.airlinecodes.co.uk

Alter, Adam L., and Daniel M. Oppenheimer. 2006. Predicting short-term stock fluctuations by using processing fluency. *Proceedings of the National Academy of Sciences of the U.S.A.* **103**: 9369–72.

Book Industry Study Group. 2004. The evolution in product identification: Sunrise 2005 and the ISBN-13. www.bisg.org/docs/ The_Evolution_in_Product_ID.pdf.

EPCglobal Tag Data Standards Version 1.3. Version of March 8, 2006. www.epcglobalinc.org/standards.

Federal Communications Commission. Undated. Index of Media Bureau CDBS public database files. www.fcc.gov/mb/databases/cdbs.

Garfield, Eugene. 1961. An algorithm for translating chemical names to molecular formulas. Ph.D. diss., University of Pennsylvania. www.garfield.library.upenn.edu/essays/v7p441y1984.pdf.

Jeffrey, Charles. 1973. *Biological Nomenclature.* New York: Crane, Russak.

Jockey Club. 2003. The American Stud Book: Principal Rules and Requirements. Lexington, Ky.: Jockey Club. www.jockeyclub.com/pdfs/RULES_2003_PRINT.pdf.

Knuth, Donald E. 1973. Hashing. In *The Art of Computer Programming.* Vol. 3, *Sorting and Searching.* Reading, Mass.: Addison-Wesley. 〔『Sorting and searching 日本語版』有澤誠・和田英一監訳，アスキー，2006〕

McNamee, Joe. 2003. Why do we care about names and numbers? www.circleid.com/article/336_0_1_0.

Mockpetris, P. 1987. Domain names: Implementation and specification. Network Working Group Request for Comments 1035. www.ietf.org/ rfc/rfc1035.txt.

NeuStar, Inc. 2003. North American Numbering Plan Administration Annual Report, Jan. 1–Dec. 31, 2003. www.nanpa.com/reports/ 2003_NANPA_Annual_Report.pdf.

Savory, Theodore. 1962. *Naming the Living World: An Introduction to the Principles of Biological Nomenclature.* London: English Universities Press.

Uniform Code Council, Inc. Undated. 2005 Sunrise: Executive summary. www.

uc-council.org/ean_ucc_system/stnds_and_tech/2005_sunrise.html.

## 10 第三の基数

Bharati Krsna Tirtha, Swami. 1965. *Vedic Mathematics, or Sixteen Simple Mathematical Formulae from the Vedas (for One-Line Answers to All Mathematical Problems).* Varanasi, India: Hindu Vishvavidyalaya Sanskrit Publication Board.

Cauchy, Augustin. 1840. Sur les moyens d'éviter les erreurs dans les calculs numériques. *Comptes rendus hebdomadaires des séances de l'Académie des sciences* **11**: 789–98.

Colson, John. 1726. A short account of negativo-affirmative arithmetick. *Philosophical Transactions of the Royal Society of London* **34**: 161–73.

Ekhad, Shalosh B., and Doron Zeilberger. 1998. There are more than $2^{n/17}$ $n$-letter ternary square-free words. *Journal of Integer Sequences* **1**, article 98.1.9.

Engineering Research Associates, Inc. 1950. *High-Speed Computing Devices.* New York: McGraw-Hill.

Erdős, Paul, and Ronald L. Graham. 1980. *Old and New Problems and Results in Combinatorial Number Theory.* Geneva: L'Enseignement mathématique, Université de Genève.

European Museum on Computer Science and Technology. 1998. Nikolai Brusentsov—the creator of the trinary computer. www.icfcst.kiev.ua/museum/Brusentsov.html.

Frieder, G., A. Fong, and C. Y. Chow. 1973. A balanced-ternary computer. *Conference Record of the 1973 International Symposium on Multiple-Valued Logic,* pp. 68–88.

Gardner, Martin. 1964. The "tyranny of 10" overthrown with the ternary number system. *Scientific American* **210**(5): 118–24.

Glusker, Mark, David M. Hogan, and Pamela Vass. 2005. The ternary calculating machine of Thomas Fowler. *IEEE Annals of the History of Computing* **27**(3): 4–22.

Grimm, Uwe. 2001. Improved bounds on the number of ternary square-free words. arxiv.org/abs/math.CO/0105245.

Grosch, Herbert R. J. 1991. *Computer: Bit Slices from a Life.* Novato, Calif.: Third Millennium Books.

Knuth, Donald E. 1981. *The Art of Computer Programming.* Vol. 2, *Seminumerical Algorithms. 2nd ed.* Reading, Mass: Addison-Wesley, pp. 190–93.〔同タイトルの日本語版は，有澤誠・和田英一監訳，アスキー，2004，ほか〕

Lalanne, Léon. 1840. Note sur quelques propositions d'arithmologie élémentaire. *Comptes rendus hebdomadaires des séances de l'Académie des sciences* **11**: 903–5.

Leslie, John. 1820. *The Philosophy of Arithmetic, Exhibiting a Progressive View of the Theory and Practice of Calculation, with Tables for the Multiplication of Numbers as Far as One Thousand.* Edinburgh: William and Charles Tait.

Ornstein, Leonard. 1969. Hierarchic heuristics: Their relevance to economic pattern recognition and high-speed data-processing. Unpublished manuscript available at citeseer.ist.psu.edu/ornstein69hierarchic.html.

Rine, David C., ed. 1984. *Computer Science and Multiple-Valued Logic: Theory and Applications.* 2nd ed. Amsterdam: North-Holland.

Shannon, C. E. 1950. A symmetrical notation for numbers. *American Mathematical Monthly* **57**: 90–93.

Sun, Xinyu. 2003. New lower bound on the number of ternary square-free words. *Journal of Integer Sequences* **6**(3), article 03.3.2.

Thue, Axel. 1912. Über die gegenseitige lage gleicher teile gewisser Zeichenreihen. In *Selected Mathematical Papers of Axel Thue,* pp. 413–77. Oslo: Universitetsforlaget.

Vardi, Ilan. 1991. The digits of $2^n$ in base three. In *Computational Recreations in Mathematica,* pp. 20–25. Reading, Mass.: Addison-Wesley.〔『Mathematica 計算の愉しみ』時田節訳，トッパン，1991〕

## 11　アイデンティティーの危機

Baker, Henry G. 1993. Equal rights for functional objects; or, The more things change, the more they are the same. *ACM OOPS Messenger* **4**(4): 2–27.

Bird, Richard. 1976. *Programs and Machines: An Introduction to the Theory of Computation.* New York: John Wiley and Sons.〔『プログラム理論入門』土居

範久訳, 培風館, 1981〕

Davis, Philip J. 1981. Are there coincidences in mathematics? *American Mathematical Monthly* **88**: 311–20.

Kent, William. 1991. A rigorous model of object reference, identity, and existence. *Journal of Object-Oriented Programming* **4**(3): 28–36.

Khoshafian, Setrag N., and George P. Copeland. 1986. Object identity. In *OOPSLA '86 Proceedings* (Conference on Object-Oriented Programming Systems, Languages, and Applications), *Sigplan Notices* **21**(11): 406–16.

Minsky, Marvin. 1988. *The Society of Mind.* New York: Touchstone/ Simon & Schuster.〔『心の社会』安西祐一郎訳, 産業図書, 1990〕

Ohori, Atsushi. 1990. Representing object identity in a pure functional language. In *Proceedings of the Third International Conference on Database Theory,* Paris, Dec. 1990. New York: Springer Verlag.

Pacini, Giuliano, and Maria Simi. 1978. Testing equality in Lisp-like environments. *BIT* **18**: 334–41.

Peano, Giuseppe. 1889. The principles of arithmetic, presented by a new method. In *Selected Works of Giuseppe Peano.* Translated and edited by Hubert C. Kennedy. Toronto: University of Toronto Press, 1973.

Russell, Bertrand. 1956. On denoting. In *Logic and Knowledge: Essays, 1901–1950,* pp. 39–56. London: Macmillan.〔「指示について」清水義夫訳, 所収『現代哲学基本論文集』第 I 巻, 勁草書房, 1986〕

## 12　長く使える時計

Brand, Stewart. 1999. *The Clock of the Long Now: Time and Responsibility.* New York: Basic Books.

Dershowitz, Nachum, and Edward M. Reingold. 1990. Calendrical calculations. *Software: Practice and Experience* **20**: 899–928.

Hayes, Brian. 1995. Computing science: Waiting for 01-01-00. *American Scientist* **83**: 12–15.

King, Henry C. 1978. *Geared to the Stars: The Evolution of Planetariums, Orreries, and Astronomical Clocks.* In collaboration with John R. Mill-burn. Toronto: University of Toronto Press.

Knuth, Donald E. 1962. The calculation of Easter . . . *Communications of the*

*Association for Computing Machinery* **5**: 209–10.

——. 1973. *The Art of Computer Programming. Vol. 1, Fundamental Algorithms.* Reading, Mass.: Addison-Wesley. (Chapter 1.3.2, Exercise 14, pp. 155–56; answers to exercises pp. 511–13.)〔同タイトルの日本語版は，有澤誠，和田英一監訳，アスキー，2004，ほか〕

Lehni, Roger. 1992. *Strasbourg Cathedral's Astronomical Clock.* Translated by R. Beaumont-Craggs. Paris: Editions La Goelette.

Lemley, Brad. 2005. Time machine. *Discover* **26**(11): 29–35.

Lloyd, H. Alan. 1958. *Some Outstanding Clocks over Seven Hundred Years, 1250–1950.* London: Leonard Hill Limited.

Maurice, Klaus, and Otto Mayr, eds. 1980. *The Clockwork Universe: German Clocks and Automata, 1550–1650.* New York: Neale Watson Academic Publications.

Mayr, Otto. 1986. *Authority, Liberty, and Automatic Machinery in Early Modern Europe.* Baltimore: Johns Hopkins University Press.〔『時計じかけのヨーロッパ——近代初期の技術と社会』忠平美幸訳，平凡社，1997〕

Reese, Ronald Lane, Steven M. Everett, and Edwin D. Craun. 1981. The origin of the Julian period: An application of congruences and the Chinese remainder theorem. *American Journal of Physics* **49**: 658–61.

Reingold, Edward M., and Nachum Dershowitz. 1993. Calendrical calculations, II: Three historical calendars. *Software: Practice and Experience* **23**: 383–404.

Stansifer, Ryan. 1992. The calculation of Easter. *ACM Sigplan Notices* **27**(12): 61–65.

Van den Bossche, Benoît. 1997. *Strasbourg: La cathédrale.* Photographs by Claude Sauvageot. Saint-Léger-Vauban: Zodiaque.

## 著者略歴

(Brian Hayes)

アメリカの科学者団体シグマ・ザイ（Sigma Xi）発行の雑誌，*American Scientist* 誌の上級ライター／コラムニストとして，数学やコンピュータ・サイエンスに関する記事および書評を中心に執筆活動をしている．以前は *Scientific American* 誌の編集者を長く務めていた（1972-1984）．1990 から 1992 年には *American Scientist* 誌の編集者を務めた．2001 年までニューヨーク科学アカデミーが発行していた雑誌 *The Sciences* にもコラムを執筆し，そのうちの一編で 1999 年に全米雑誌賞（National Magazine Award）を受賞（本書収録の「長く使える時計」）．ほかの著書に *Infrastructure: A Field Guide to the Industrial Landscape*（W. W. Norton, 2005）がある．

## 訳者略歴

冨永 星〈とみなが・ほし〉京都大学理学部数理科学系を卒業，自由の森学園の教員などを経て，現在は翻訳業．『数学ができる人はこう考える』（白揚社，2003）『若き数学者への手紙』（日経 BP，2007）『数学者のアタマの中』（岩波書店，2009）『素数の音楽』『シンメトリーの地図帳』（新潮社，2005，2010）といった一般向け数学書の翻訳に取り組む傍ら，『セックス・ブック』（河出書房新社，2008），『単位の歴史』（大月書店，2009 年），『ビジュアル版宇宙への旅』（岩崎書店，2009）など，児童，青少年向け書籍の翻訳も手がけている．

ブライアン・ヘイズ

# ベッドルームで群論を

数学的思考の愉しみ方

冨永星 訳

2010 年 9 月 10 日 第 1 刷発行
2011 年 2 月 4 日 第 4 刷発行

発行所 株式会社 みすず書房
〒113-0033 東京都文京区本郷 5 丁目 32-21
電話 03-3814-0131(営業) 03-3815-9181(編集)
http://www.msz.co.jp

本文印刷所 萩原印刷
扉・表紙・カバー印刷所 栗田印刷
製本所 誠製本


ISBN 978-4-622-07548-6
[ベッドルームでぐんろんを]

| | | | |
|---|---|---|---|
| 科学の未来 | F.ダイソン<br>はやし・はじめ/はやし・まさる訳 | 2730 |
| 叛逆としての科学<br>本を語り、文化を読む22章 | F.ダイソン<br>柴田裕之訳 | 3360 |
| 転回期の科学を読む辞典 | 池内了 | 2940 |
| 科学者心得帳<br>科学者の三つの責任とは | 池内了 | 2940 |
| パブリッシュ・オア・ペリッシュ<br>科学者の発表倫理 | 山崎茂明 | 2940 |
| ガリレオ<br>コペルニクス説のために，教会のために | A.ファントリ<br>大谷啓治監修 須藤和夫訳 | 12600 |
| 機械と神<br>みすずライブラリー 第2期 | L.ホワイト<br>青木靖三訳 | 1890 |
| 魔術から科学へ<br>みすずライブラリー 第2期 | P.ロッシ<br>前田達郎訳 | 3150 |

（消費税5%込）